高等职业教育人才培养创新教材出版工程

机械制造工艺

主　编　张兴发

副主编　王艳戎　李恩田

科学出版社

北　京

内 容 简 介

　　本书系统阐述了机械加工技术、数控加工技术、特种加工技术及机械装配技术。全书共分九章,其内容包括:机械制造方法与过程、机械加工工艺系统、机械加工工艺规程的制定、机械加工精度、机械加工表面质量、零件表面的加工、数控加工工艺、特种加工工艺和机械装配工艺基础。本书对基本工艺知识、零件加工工艺,以及组装成机器的全部工艺过程,结合实践做了完整的论述,力求内容精练、深入浅出、边学边做、学用结合。此外,每章末均附有思考与习题以供学习参考。

　　本书以就业为导向,结构体系完整,内容突出实用性、技能性,反映实际生产的工艺情况,体现现代加工工艺的先进性。

　　本书可作为高职高专、成人大专等机械专业的教材,也可供自学及相关人员参考。

图书在版编目(CIP)数据

机械制造工艺 / 张兴发主编 . —北京:科学出版社,2009
　(高等职业教育人才培养创新教材出版工程)
　ISBN 978-7-03-023687-6

　Ⅰ. 机…　Ⅱ. 张…　Ⅲ. 机械制造工艺-高等学校:技术学校-教材
Ⅳ. TH16

中国版本图书馆 CIP 数据核字(2008)第 197625 号

责任编辑:毛　莹 / 责任校对:张　琪
责任印制:张克忠 / 封面设计:耕者设计工作室

科 学 出 版 社 出版
北京东黄城根北街 16 号
邮政编码:100717
http://www.sciencep.com

丽 源 印 刷 厂 印刷
科学出版社发行　各地新华书店经销

*

2009 年 2 月第　一　版　　　开本:B5(720×1000)
2009 年 2 月第一次印刷　　　印张:16
印数:1—4 000　　　　　　　字数:302 000

定价:**28.00 元**

(如有印装质量问题,我社负责调换)

出版说明

　　为进一步适应我国高等职业教育需求的迅猛发展，推动学校向"以就业为导向"的现代高等职业教育新模式转变，促进学校办学特色的凝练，高等职业教育人才培养创新教材出版工程四川编委会本着平等、自愿、协商的原则，开展高等院校间的高等职业教育教材建设协作，并与科学出版社合作，积极策划、组织、出版各类教材。

　　在教材建设中，编委会倡导以专业建设为龙头的教材选题方针，在对专业建设和课程体系进行梳理并达成较为一致的意见后，进行教材选题规划，提出指导性意见。根据新时代对高技能人才的需求，专门针对现代高等职业教育"以就业为导向"的培养模式，反映知识更新和科技发展的最新动态，将新知识、新技术、新工艺、新案例及时反映到教材中来，体现教学改革最新理念和职业岗位新要求，思路创新，内容新颖，突出实用，成系配套。

　　教材选题的类型主要是理论课教材、实训教材、实验指导书，有能力进行教学素材和多媒体课件立体化配套的优先考虑；能反映教学改革最新思路的教材优先考虑；国家级、省级精品课程教材优先考虑。

　　这批教材的书稿主要是从通过教学实践、师生反响较好的讲义中经院校推荐，由编委会择优遴选产生的。为保证教材的出版和提高教材的质量，作者、编委会和出版社做出了不懈的努力。

　　限于水平和经验，这批教材的编审、出版工作可能仍有不足之处，希望使用教材的学校及师生积极提出批评和建议，共同为提高我国高等职业教育教学、教材质量而努力。

高等职业教育人才培养创新教材出版工程

四川编委会

2004 年 10 月 20 日

前　言

　　工艺就是加工方法,机械制造工艺就是用机械加工的方法来制造合格的零件。机械加工由机床、刀具、工艺三大部分组成,是机械制造业的主体。随着科学技术的飞速发展,机床、刀具、工艺的技术也得到空前提高。机械制造工艺的发展有着悠久的历史,故教材的编写应该本着"推陈出新,立足于用,与时俱进"的指导思想进行。

　　本书是以《教育部关于加强高职高专教育人才培养工作意见》为指导,结合编者多年从事高职高专教学、科研的亲身经历和体验编写而成。为此本书在内容上推陈出新,具有一定的先进性;高职高专教育突出的特色就是动手能力的培养,因此,全书贯穿着实用性、可操作性、立足于用;同时本书注意和先进知名企业配合,工厂所用的先进加工方法,就是本教材所讲述的机械加工方法。学生毕业后马上就可以到企业上岗,与时俱进。

　　本书力求做到通俗易懂、文字简练、图文并茂、易于学生掌握,并为学生今后的工作奠定良好基础。本书课堂教学安排在 60 学时左右,课堂教学以外应配有实验、习题、实训及课程设计等教学环节,使读者进一步了解本课程的真谛。

　　参加编写本书的人员有:张兴发、尹存涛(绪论、第 1~3 章),秦庆礼(第 4 章),王艳戎(第 5 章),李恩田(第 6 章),钟如全、燕杰春(第 7 章),唐秀兰、李睿(第 8 章),陈大钧、王建平(第 9 章)。本书由张兴发任主编,王艳戎、李恩田任副主编。在此向为本书提供热心帮助的老师和同仁表示衷心的感谢。

　　由于水平所限,编写时间仓促,书中难免有欠妥之处,敬请批评指正。

编　者

2008 年 1 月 1 日

目　　录

绪　　论

1. 机械制造业的地位、作用

党中央在十五届五中全会通过的《关于制定国民经济和社会发展第十个五年计划的建议》中明确提出"要大力振兴装备制造业,依托重点技术改造和重大工程项目,提高设计和制造水平,推进机电一体化,为各行业提供先进和成套的技术装备"。党的"十六大"指出"坚持以信息化带动工业化,以工业化促进信息化,走出一条科技含量高、经济效益好、资源消耗低、环境污染少、人力资源优势得到充分发挥的新型工业化路子"。"用高新技术和先进实用技术改造传统产业,大力振兴装备制造业"是强国富民的光辉大道。这充分证明了机械制造业在经济建设中的地位和作用。

机械制造业是一个国家经济发展的重要支柱,其发展的水平代表着国家经济实力、科学技术水平和国防现代化程度。它是为国民经济各部门(如交通、农业、电力、汽车、冶金、化工、军工等)提供技术装备的基础工业部门。而机械制造业的生产能力主要取决于机械制造工艺和装备的先进程度,装备制造业是国家综合制造实力的集中体现,重大装备的研发能力是衡量一个国家的工业水平和综合国力的重要标志。

科学技术的飞速发展和经济时代的到来,促使机械制造业的生产模式日新月异。当前提高制造业的生产能力的决定因素,不再是劳动力和资本的密集积累,而是各种高新技术的迅猛发展和在制造业领域中卓有成效的应用,进而改变了现代企业的产品结构、生产方式、工艺过程和装备及生产组织结构等,使机械制造业以崭新的面貌展现在世人面前。

国际市场的竞争异常激烈,归根到底是各国制造业生产能力的竞争,也就是人才的竞争。现代知识经济的增长有别于以往的经济形态。机械制造业的发展,对知识的创新与利用的直接依赖成为最重要的成长因素,知识的应用与创新、高科技知识的结晶溶于机械产品之中,将极大地促进机械制造业的蓬勃发展和产品的更新换代。只有这样才能在国际市场竞争中永葆青春,立于不败之地。

2. 对机械制造业的要求

机械制造业应具备的主要功能中,除了一般的功能要求外,还有强调柔性化、精密化、自动化、机电一体化、节省原材料、符合工业工程和绿色工程的要求。

（1）一般的要求。零件加工后，应在尺寸精度、几何形状精度、相互位置精度和表面粗糙度等方面满足加工精度的要求；为提高加工效率，切削速度越来越高。机械装备应具有强度、刚度和抗振性。但不能一味加大零件的尺寸和重量，使其成为"傻、大、黑、粗"的产品。应利用新技术、新工艺、新材料，对主要零部件进行设计，在不增加重量或少增加重量的前提下，使装备的强度、刚度和抗振性得到保证；机械设备在使用过程中受到切削力的作用，产生切削热、摩擦热，并在周围环境热的影响下，产生热变形，影响加工性能的稳定性，对自动化程度要求高的机械装备尤为重要；提高机械装备的耐用度，装备在长期使用中机件的磨损、老化使其丧失原有的工作精度，对加工精度要求高的机械装备对耐用度的要求显得十分重要；技术经济方面的要求，机械装备的投入费用将分摊到产品成本中去。所以不应盲目地追求技术上的先进，无计划地加大投入，使产品丧失在市场上的竞争能力。

（2）柔性化的要求。包括产品结构柔性化和产品功能柔性化两个方面。产品结构柔性化是指产品设计采用模块化设计方法，如果产品发生变化时，只需要对结构做少量的重组和局部的修改或软件的调整，就可以方便快捷地推出产品满足市场的需要；产品功能柔性化是指进行少量的调整或修改软件，就可以改变产品或系统的运行功能，以适应不同的产品加工需要（如柔性制造系统）。

（3）精密化的要求。随着市场竞争的白热化，对产品的技术要求越来越苛刻，对制造精度的要求越来越高。采用传统措施，一味提高机械制造精度已无法奏效，需采用误差补偿技术（即数字技术），分析误差产生的原因，建立误差的数学模型并输入计算机，经计算机处理进行误差补偿。

（4）自动化要求。机械制造业实现自动化，除了可提高劳动生产率外，还可提高产品的稳定性，改善劳动条件。

（5）机电一体化的要求。机电一体化产品，使机械、电气、气动、液压、计算机软件、硬件充分发挥各自的特点，将不同类型的元器件和子系统用接口连接起来，构成一个完整的系统。该系统功能强、节能节材，具有一定的柔性。

（6）节省原材料的要求。用现代的设计方法，合理的选取安全系数，对主要零部件进行精确的计算和优化，改进产品的结构，采用先进的制造装备提高材料的利用率。

（7）符合工业工程的要求。目标是设计一个生产系统及其控制方法，在保证工人和用户健康和安全的条件下，以最低的成本生产出符合质量要求的产品。

（8）符合绿色工程要求。企业必须纠正不惜牺牲环境和消耗资源增加产出的错误做法。绿色产品设计考虑的内容极为广泛，材料的选择应该是无毒、无污染、易回收、可重用、易降解的;产品的制造过程要考虑对环境的保护、资源回收、废弃物的再生、原材料的再循环以及包装材料的回收利用及对环境的影响等。

目前,振兴我国机械制造业的条件已经具备,时机已经成熟。我们要以高度的使命感和责任心,采取强有力的措施,克服前进中存在的问题,为把我国从制造业大国建设成为制造业强国而努力。

第 1 章 机械制造方法与过程

1.1 制 造 方 法

机械制造方法是将原材料改变其形状和特性最终形成产品的方法。产品的制造一般包括机械加工和装配两个方面,而机械加工与机械装配方法又有多种不同的分类方法,制造方法的分类如图 1-1 所示。

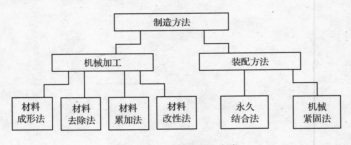

图 1-1 制造方法的分类

1.1.1 机械加工

1) 材料成形法

材料成形法是将原材料加热成液体、半液体,在特定的模具中冷却成形、变形或将粉末状的原材料在特定型腔中加热、加压成形的方法。例如,铸造、锻造、粉末冶金、挤压、轧制、拉拔等方法。

2) 材料去除法

材料去除法是将原材料利用机械能、热能、光能、化学能等能量去除毛坯上多余材料而获得所需零件尺寸、形状的方法。例如,切削加工、激光加工、电火花加工、电解加工、超声波加工、电子束加工、离子束加工等。

3) 材料累加法

材料累加法是将原材料加热、加压或其他手段结合成零件的方法,又称质量增加工艺。例如,快速成形制造、焊接等。快速成形制造是由 CAD 模型直接驱动多轴伺服系统,将零件的多维实体按一定厚度分层,以平面制造方式层层堆叠,并使每个薄层自动黏结成形,形成完整的实体零件。该方法主要用于产品开发、研制。

4）材料改性法

材料改性法主要用于改变材料性能、消除内应力、改善加工性能及提高零件的使用性能。例如,热处理工艺中的退火、正火、淬火等。

1.1.2　机械装配方法

1）永久结合法

在装配方法中采用永久结合法的有焊接、黏结。

2）机械紧固法

机械紧固法是装配工艺中最常用的方法。例如,螺纹联接、铰链联接、滑动导轨副联接等。

1.2　机械制造工艺过程的基本概念

机械产品的制造包括产品开发、设计、研制、生产、检验、经营和售后服务等多个环节。其核心是产品的制造,它是将设计转化为产品的关键,直接影响产品的质量,关系到企业的前途和发展。

1.2.1　生产过程与工艺过程

生产过程是将原材料转变为成品的全过程。在生产过程中,改变生产对象的尺寸、形状、相对位置和性质等,使其成为成品或半成品的过程称为工艺过程。

1.　生产过程

产品的生产过程一般包括生产的技术准备(如原材料采购,工装、工具的准备,专用装备准备等)、毛坯制造(如铸件、锻件)、机械加工、热处理、产品的装配、机器的安装调试、工装的设计与制造,直至产品的包装、销售等各个环节。

产品的生产过程是一个系统工程。为了科学高效地组织生产,现代工业的发展总趋势是组织专业化生产。例如,一个产品往往由几个企业或厂家联合生产完成。因此,一个企业的成品可以是另一个企业的原材料或半成品,一个企业的生产过程可能只是某个产品生产过程的一部分。企业的生产过程又由各部门的生产过程组成。按产品结构性质等分成部件或零件分别在若干个专业化工厂进行生产,最后将其零、部件集中在一个工厂组装成完整的产品。例如,数控机床的生产,数控机床上的滚珠丝杠、伺服系统、强电柜、液压、气动元件、CNC 系统等零部件都是由专业厂家生产的,最后由机床厂装配成完整的数控机床。专业化生产有利于零件标准化、部件通用化和产品系列化,从而保证了产品的质量,提高了生产效率,同时降低了生产成本。

2. 工艺过程

采用机械加工方法按一定顺序改变毛坯尺寸、形状、相对位置和表面质量等，使其成为合格零件的过程称为工艺过程。它是生产过程的重要组成部分。工艺过程包括毛坯制造、机械加工、热处理、质量检验、装配、试车等。

技术人员根据产品批量、设备条件和工人技能等情况，将采用的工艺过程编写成工艺文件，该文件就称为工艺规程。工艺规程的编制、执行和生产组织管理，将工艺过程划分为工序、工步、走刀（行程）、安装和工位等几部分。

1）工序

一个或一组工人，在一个工作地或一台机床上对一个或同时对几个工件连续完成的那一部分工艺过程称为工序。划分工序的根据是工作地点不变化和工作过程连续。改变其中任意一个条件就构成另一个工序。例如，在磨床上磨削一批轴，既可以对每一根轴连续地进行粗磨和精磨，也可以先对整批轴进行粗磨，然后再依次对它们进行精磨。前者，只包括一个工序；而后者，由于磨削过程的连续性中断，虽然加工是在同一台磨床上进行的，但却成为两个工序。

工序不仅是制定工艺过程的基本单元，也是制订生产计划和进行质量检验、生产管理的基本单元。

2）工步

工步指采用同一刀具，在切削速度不变和进给量一定条件下，对同一表面进行连续加工所完成的那一部分工序内容。生产中也常称为进给。整个工艺过程由若干个工序组成。每个工序可包括一个工步或几个工步。每个工步通常包括一个走刀，也可包括几个走刀。为了提高生产率，用几把刀具同时加工几个加工表面的工步，称为复合工步，也可以看作一个工步，如组合钻床加工箱体孔，如图 1-2 所示。

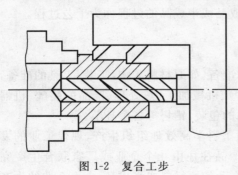

图 1-2　复合工步

3）走刀（行程）

在一个工步中，若加工表面余量不能一次切除，需要用同一把刀具对同一表面进行多次切削，刀具对工件每切削一次就称为一次走刀。若加工一根轴要切去的金属层很厚，则需分几次切削，这时每切削一次就称为一次走刀。每个工步可以一次走刀或多次走刀。

4）安装

安装包括定位和夹紧。在一道工序中，工件在机床上或在夹具中占据某一正确位置并被夹紧的过程称为安装。有时工件在机床上需经过多次安装,才能完成一个工序的工作内容。

　　5) 工位

　　工件一次安装后,工件在机床上所占的每一个位置称工位。为减少工件的安装次数,常采用转位(或移位)夹具、各种回转工作台,使工件在一次装夹后,先后获得几个工位而便于进行加工,即工件相对于机床或刀具每占据一个加工位置所完成的那部分工序内容。如图 1-3 所示,在一台四工位回转工作台一次安装中,顺次完成装卸工件、钻孔、扩孔和铰孔四工位,将工件加工完毕。这样减少了装夹次数,各工位的加工与装卸时间重合,从而节约装卸时间,使生产率大大提高。

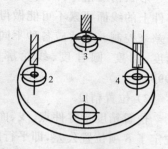

图 1-3　多工位加工
1-上、下料位;2-钻孔;3-扩孔;4-铰孔

1.2.2　加工精度

　　1. 加工精度的概念

　　加工精度是加工后零件表面的实际尺寸、形状、位置三种几何参数与图纸要求的理想几何参数的符合程度。符合的程度越高,偏差(加工误差)就越小,则加工精度越高。加工精度包括尺寸精度,几何形状精度和相互位置精度。

　　零件实际几何参数与理想几何参数的偏离数值称为加工误差。加工误差的大小反映了加工精度的高低。误差越大加工精度越低,误差越小加工精度越高。理想几何参数对表面之间的相互位置而言,就是绝对的平行、垂直、同轴、对称等。

　　任何加工方法所得到的实际参数都不会绝对准确,从零件的功能看,只要加工误差在零件图要求的公差范围内,就认为保证了加工精度。

　　机器的质量取决于零件的加工质量和机器的装配质量,零件加工质量包含零件加工精度和表面质量两大部分。

　　加工精度包括三个方面内容。

　　1) 尺寸精度

　　尺寸精度指加工后零件的实际尺寸与零件尺寸的公差带中心的相符合程度。在保证零件使用要求的前提下,允许零件尺寸在一定的范围内变动即称为公差,也就是允许的最大加工误差。零件的加工误差在公差范围内即为合格件。精度越高则公差值越小。国家"极限与配合"标准中将尺寸精度的标准公差等级分为 20 级,分别用 IT01~IT18 表示,IT01 的公差值最小,精度最高。公差等级的应用见第 1.4 节获得合格零件的方法。

2）形状精度

形状精度指零件表面上的线、面要素的实际形态相对于理想形态的准确程度，零件上的线面要素不可能做得绝对准确，仅能控制在一定的误差范围内，即用形状公差来控制。为适应各种不同情况，国家规定了 6 项形状公差标准，即直线度、平面度、圆度、圆柱度、线轮廓度、面轮廓度（GB/T 1182—1996 ～ GB/T 1184—1996）。

3）位置精度

位置精度指零件点、线、面要素的实际位置相对于理想位置的准确程度，国家规定了 8 项位置公差，即平行度、垂直度、倾斜度、同轴度、对称度、位置度、圆跳动和全跳动（GB/T 1182—1996～GB/T1184—1996）。

2．获得尺寸精度的方法

机械加工中获得工件尺寸精度的方法主要有以下几种。

1）试切法

先试切出很小部分加工表面，测量所得的尺寸。根据加工要求，适当调整刀具切削刃相对于工件的位置，再试切然后测量，当被加工表面尺寸达到要求后，再切削整个待加工表面。

试切法加工精度较高，不需要复杂的装置，但效率低、费时（需做多次调整、试切、测量、计算），对工人的技术水平和计量器具的精度要求较高，质量不稳定，故只用于单件小批生产。

2）调整法

加工前根据零件图纸要求的尺寸，预先调整好机床、夹具、刀具和工件的相对准确位置，在加工过程中保证此位置不变，对一批零件进行加工的方法称为调整法。因为尺寸事先已调整好，零件尺寸自动获得。这种加工方法的工件尺寸精度取决于调整精度。

调整法加工稳定性好，生产率较高，对工人的技术水平要求不高。常用于各类半自动机、自动机和自动生产线上，适用于成批和大量生产。

3）定尺寸法

用刀具自身结构的相应尺寸来保证零件被加工部位尺寸的方法称为定尺寸法。用标准尺寸的刀具对零件进行加工，被加工面的尺寸由刀具尺寸决定，即用具有一定尺寸精度的刀具，如钻头、扩孔钻、铰刀、丝攻等，来保证工件被加工孔和螺纹的精度。

定尺寸法操作简单，生产率较高，加工精度比较稳定，除与机床的精度有关外，主要取决于刀具本身的制造精度。

4）自动控制法

在加工过程中，用测量装置、进给机构和控制装置组成一个自动加工的伺服系统，控制装置控制进给机构在进给过程中进行尺寸的测量，并将所测结果与设计要求的尺寸比较后，使机床继续工作，或使机床停止工作，这就是自动控制法。

自动控制法加工的质量稳定、生产率高、加工柔性好、能适应多品种加工，是目前机械制造的发展方向。

3. 几何形状形成方法

任何零件的表面都是刀具与工件相对运动形成的，如图 1-4 和图 1-5 所示，即由母线沿导线运动的结果而生成。该运动是生成零件表面几何形状的运动，又称表面成形运动，如加工圆柱面：母线是圆，导线是直线，圆沿着直线运动而生成圆柱面，如图 1-4（a）、（b）、（e）所示（车削、钻削、磨削）；加工平面：母线是直线，导线也是直线，直线沿着直线运动而生成平面，如图 1-4（c）、（d）所示（铣削、刨削）；加工曲面：母线是曲线，导线是直线，母线沿导线运动生成曲面（其中圆弧可以是上凸的，也可以是下凹的），就生成如图 1-5（e）所示的表面。加工回转体表面：母线是曲线，导线是圆，母线沿导线运动生成回转体表面，如图 1-5（d）所示。加工圆锥面：母线是直线，导线是圆则生成的是圆锥面，如图 1-5（b）所示。当然母线可以是直线、抛物线、双曲线等，也可以是任意列表曲线，或是曲线的某一部分的组合等。导线也可以是直线、圆弧、抛物线、双曲线或是曲线某一部分的组合等。母线、导线几何线条越复杂组成的几何形状表面就越复杂。

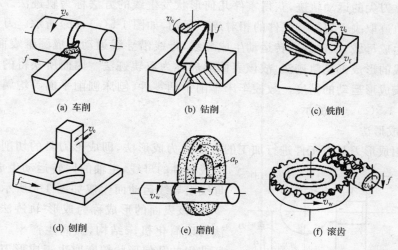

(a) 车削　　　　　　　(b) 钻削　　　　　　　(c) 铣削

(d) 刨削　　　　　　　(e) 磨削　　　　　　　(f) 滚齿

图 1-4　表面形成运动

可逆表面，导线和母线可以互换，但生成的表面几何形状不变。这种表面称为可逆表面如圆柱面,如图 1-5(a)所示。

非可逆表面,导线和母线不可以互换,如果互换生成的几何形状就要改变,如图 1-5(b)所示,母线必须是直线,导线是圆。如果要互换则生成的就不是圆锥表面,而是斜圆柱表面。下面讲述获得零件表面几何形状及形状精度的方法,即母线、导线的生成方法。

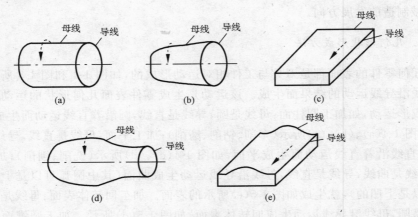

图 1-5　表面几何形状的生成

4. 获得几何形状发生线的方法

1) 轨迹法

依靠刀尖的运动轨迹,获得零件几何形状发生线的方法称为轨迹法。即刀尖的运动轨迹取决于刀具和工件的相对成形运动,如图 1-5(a)、(b)所示。刀具的斜线运动生成母线,工件的回转运动生成导线,母线沿导线运动生成圆锥表面,因母线和导线的形成都是轨迹法,故该表面形成称为双轨迹法。因而所获得的形状精度取决于成形运动的精度。数控车床车削手柄零件、刨床刨削平面等均属双轨迹法,如图 1-5(c)、(d)所示。

2) 成形法

利用成形刀具对工件进行加工的方法称为成形法,即成形刀具的切削刃就是

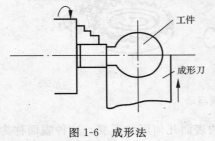

图 1-6　成形法

形成零件的母线,主轴的回转运动生成导线,母线沿导线运动而生成如图 1-6 所示的手柄零件,该表面的形成称为成形-轨迹法。成形法可以简化机床结构,提高生产率。成形法所获得的几何形状精度取决于成形刀具切削刃的几何形状精度。图 1-6 所示为用成形法车削的手柄。

3）相切法

利用刀具旋转轨迹包络线作为零件几何形状的母线的方法（相切法）。刀具（或工作台）移动生成导线（轨迹法），母线沿导线运动的结果形成平面（如铣削）的方法称相切-轨迹法。几何形状精度取决于刀具制造精度和刀具中心运动的轨迹精度，如图 1-7 所示。

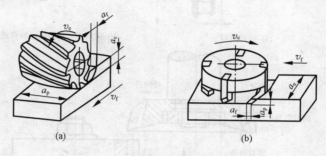

图 1-7　相切法

4）范成法（滚切法）

利用工件和刀具做范成切削运动进行加工零件的方法称为范成法。范成法是切削刃和工件做范成运动所形成的包络线即渐开线（范成法），刀具的旋转运动和刀架的直线运动生成的是直线（相切法），母线沿导线的运动结果形成渐开面。即圆柱齿轮的几何表面生成是范成-相切法（图 1-4（f））。插齿机插直齿圆柱齿轮：刀具和工件做范成运动所形成的渐开线（范成法）生成母线，刀具的往复直线运动直线（轨迹法）生成导线，如图 1-8 所示。插齿所形成的渐开面是范成-轨迹法。刀具切削刃形状必须是被加工面的共轭曲线，它所获得的精度取决于切削刃的形状和范成运动的精度等。

5）数控法

将形成零件的导线（或者母线）用数控程序或代码形式送入数控系统，经过运算处理，控制伺服系统完成零件的加工方法。这种方法获得零件几何精度更加方便、精确、简单。特别适合零件几何形状复杂、产品品种多变、产品精度要求高的单件小批生产，如汽轮机叶片的加工等。

5. 获得零件相互位置精度的方法

零件的表面位置精度，主要取决于机床精度、工件的安装精度和夹具精度。例如，阶梯轴的外圆与端面的垂直度，箱体孔隙中各孔的平行度、垂直度，同一轴线上的各孔同轴度等。

1）直接找正安装法

用百分表划针盘或目测，在机床上直接找正工件，使其相对机床和夹具得到一

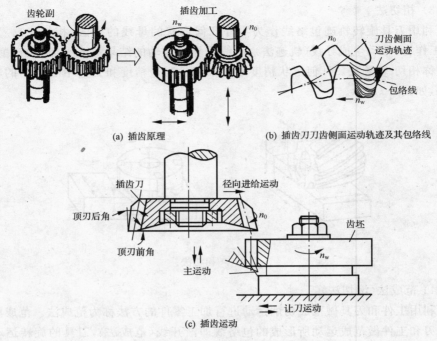

(a) 插齿原理

(b) 插齿刀刀齿侧面运动轨迹及其包络线

(c) 插齿运动

图 1-8　范成法

个正确位置的方法。安装后完成加工并保证其精度，如轴类零件的外圆与端面的垂直度，同一轴线上各表面的同轴度等。例如，在车床上用四爪卡盘和百分表找正后将工件夹紧，可加工出同轴度很高的各圆柱表面，如图 1-9 所示。

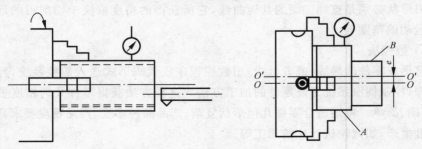

图 1-9　找正安装法

2）划线找正安装法

对于形状比较复杂，尺寸较大的铸件和锻件毛坯，如箱体、机床床身等零件，安装是用划针根据毛坯或半成品上所划的线为基准找正它在机床上正确位置的一种安装方法。如图 1-10 所示的车床床身毛坯，为保证床身各加工面和非加工面的位置尺寸及各加工面的余量，可先在平台上划好线，然后在龙门刨床工作台上用可调

支承支起床身毛坯,用划针按线找正并夹
紧,再对床身底平面加工。此法费时,对工
人的水平要求较高,一般适用于批量较小,
毛坯精度较低,及大型零件等不便使用夹具
的地方。

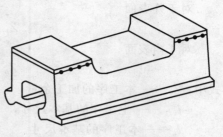

图 1-10　划线找正安装法

　　3)夹具安装法

　　通过夹具保证工件表面与定位基准面
之间的位置精度,由于夹具在机床上已预先
定位,工件只要放在夹具中即可。这种方法定位迅速、精度高、稳定。缺点是夹具
的制造周期长、费用高,多适用于成批、大量生产中。

1.2.3　加工余量

　　加工余量是指加工过程中从加工表面切去的材料层厚度。余量有工序余量和
加工总余量(毛坯余量)之分。工序余量是同一被加工表面相邻两工序尺寸之差;
加工总余量是某一表面毛坯尺寸与零件图样的设计尺寸之差。

　　加工总余量和工序余量的关系为

$$Z_0 = Z_1 + Z_2 + \cdots + Z_n = \sum_{i=1}^{n} Z_i$$

式中,Z_0——总加工余量;

　　　Z_i——各工序的工序余量。

　　图 1-11(a)、(b)所示平面的加工余量是单边余量,它等于实际切除的材料层
厚度。

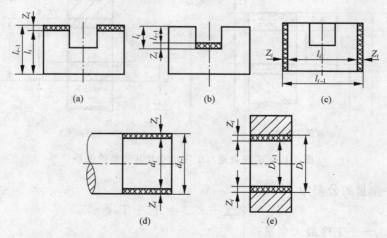

图 1-11　单边余量和双边余量

对于外表面

$$Z_i = l_{i-1} - l_i$$

对于内表面

$$Z_i = l_i - l_{i-1}$$

式中，Z_i——本工序的加工余量；

　　l_{i-1}——上工序的基本尺寸；

　　l_i——本工序的基本尺寸。

图 1-11(c)～(e)所示回转表面的加工余量是指直径上的，是双边余量，其实际切除的材料层厚度是加工余量之半。

对于外圆表面

$$2Z_i = d_{i-1} - d_i$$

对于内圆表面

$$2Z_i = D_i - D_{i-1}$$

式中，$2Z_i$——本工序直径上的加工余量；

　　d_{i-1}、D_{i-1}——上工序的基本直径；

　　d_i、D_i——本工序的基本直径。

由于毛坯制造和各工序尺寸都有误差，各工序实际切除的余量值是变动的，所以加工余量又分为公称余量、最大余量和最小余量。相邻两工序的基本尺寸之差即公称余量。为了便于加工，工序尺寸都按"入体原则"标注极限偏差，即按被包容面取上偏差为零；包容面取下偏差为零。毛坯尺寸则按双向布置上、下偏差。工序余量与工序尺寸及其公差的关系如图 1-12 所示。

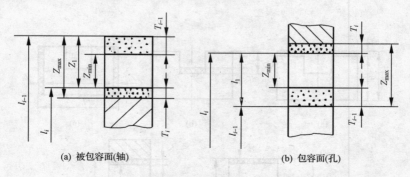

(a) 被包容面(轴)　　　　　　　　(b) 包容面(孔)

图 1-12　工序余量与工序尺寸及其公差的关系

工序余量的公差为

$$T_Z = Z_{\max} - Z_{\min} = T_i + T_{i-1}$$

式中，$Z_{\max}$——工序最大余量；

　　$Z_{\min}$——工序最小余量；

T_i——本工序尺寸的公差；

T_{i-1}——上工序尺寸的公差。

加工余量的大小对工件的加工质量和生产率有较大的影响。余量过大浪费工时，增加成本；余量过小造成废品。确定加工余量的基本原则是在保证加工质量的前提下，越小越好。在确定时应考虑以下因素：

（1）上工序的表面粗糙度 Ra 和缺陷层 Da，本工序必须把上工序留下的表面粗糙度和缺陷层全部切除；

（2）上工序的尺寸公差 T_{i-1}，本工序的基本余量包括了上工序的尺寸公差；

（3）上工序的形位误差 ρ_a，本工序应纠正上工序留下的形位误差。这里的形位误差是指不由尺寸公差所控制的形位误差。形位误差具有方向性，是一项空间误差，需要采用矢量合成；

（4）本工序加工时的装夹误差 ε_b。包括定位误差、夹紧误差和夹具在机床上的装夹误差。这些误差会使工件在加工时位置发生偏移，所以加工余量还必须考虑装夹误差的影响。例如，用三爪自定心卡盘夹紧工件外圆磨削内孔时，若由于装夹误差使工件加工中心与机床回转中心偏移了 e 距离，从而会使内孔的加工余量不均匀，为了能磨出内孔表面，磨削余量要增大 $2e$ 值才能保证。装夹误差也是空间误差，有方向性，与形位误差采用矢量合成。

综上所述，本工序的加工余量应大于表面粗糙度、缺陷层、尺寸公差、形位误差和装夹误差之和。

在具体确定时，要结合具体情况进行修正。

（1）经验估计法。凭经验来确定加工余量。为防止因余量不够而产生废品，所估加工余量一般偏大。此法常用于单件小批生产。

（2）查表法。根据工艺手册或工厂中的统计经验资料查表，并结合具体情况加以修正来确定加工余量。此法在实际生产中广泛应用。

（3）分析计算法。根据一定的试验资料和计算公式，对影响加工余量的各项因素进行综合分析和计算来确定加工余量。它是最经济合理的方法，但必须有全面和可靠的试验数据资料。目前，实验数据十分贵重，在军工生产或大量生产的工厂中采用。

在确定加工余量时，要分别确定加工总余量（毛坯余量）和工序总余量。加工总余量的大小和毛坯制造精度有关。用查表法确定工序余量时，粗加工工序余量不能用查表法得到，而是由加工总余量减去其他各工序余量之和而得。

1.3　机械制造的生产纲领及生产类型

产品的制造过程是否满足优质、高效、低消耗量的要求，不仅取决于对产品零件的技术要求以及企业生产条件等因素的掌握,更取决于产品产量的大小及产品制造的生产组织类型。生产类型不同,则生产过程不同,生产的综合效果也不同。

1.3.1 生产纲领

企业在计划期内应当生产的产品产量称为生产纲领。企业一年制造的合格产品数量称为年产量。生产纲领对工厂的生产过程与管理有着决定性影响。编制零件的机械加工工艺过程时需确定零件的生产纲领。零件的生产纲领应将备品及废品计入在内。零件的年产量可按下式计算:

$$N = Qn(1+\alpha\%)(1+\beta\%)$$

式中,N——零件的生产纲领,件/年;

Q——产品的年产量,台/年;

n——每台产品含该零件的数量;

$\alpha\%$——备品率;

$\beta\%$——废品率。

1.3.2 生产类型

根据产品的大小、复杂程度和生产纲领的不同,对设备的专业化、自动化程度,所采取的加工方法、制造的装备条件的要求均不相同。因此,生产纲领的大小对零件制造过程及制造的生产组织有着重要的影响,决定零件的生产类型(表 1-1)。一般把机械制造生产分为三种类型(表 1-2)。

表 1-1　生产纲领与生产类型的关系

生产类型	零件年生产纲领/件		
	重型机械	中型机械	轻型机械
单件生产	≤5	≤20	≤100
小批生产	>5~100	>20~200	>100~500
中批生产	>100~300	>200~500	>500~5000
大批生产	>300~1000	>500~5000	>5000~50000
大量生产	>1000	>5000	>50000

(1)单件生产。制造相同零件的数量少,品种多变,生产中新产品试制及工装的制造便属于该项类型。单件生产中,一般采用普通设备及标准附件,极少采用工装,常靠试切、划线等方法保证加工精度。因此加工质量不稳定,对工人的技术水平要求高,生产率不高。

(2)成批生产。产品有一定的数量分批投入制造,生产呈周期性重复。机床设备的生产就属于此种类型。设备选用时,通用、专用、数控机床相结合。工装应用通用与专用兼顾,工艺方法应用灵活。

表 1-2　各种生产类型的工艺特征

类型 特点	单件小批量	中批生产	大批生产
加工对象	经常变换	周期性变换	固定不变
毛坯及加工余量	模样手工造型，自由锻。加工余量大	部分用金属模或模锻。加工余量中等	广泛用金属模机器造型、压铸、精铸、模锻。加工余量小
机床设备及其布置形式	通用机床，按类别和规格大小，采用机群式布置	通用机床与专用机床结合，按零件分类布置，流水线与机群式结合	广泛采用专用机床，按流水线或自动线布置
夹具	通用夹具，组合夹具和必要的专用夹具	广泛使用专用夹具，可调夹具	广泛使用高效专用夹具
刀具和量具	通用刀量具	按产量和精度，通用刀量具和专用刀量具结合	广泛使用高效专用刀量具
工件装夹方法	划线找正装夹，必要时用通用或专用夹具	部分划线找正，多用互换装配方法	广泛使用专用夹具
装配方法	多用配刮	少量配刮，多用互换装配方法	采用互换装配方法
生产率	低	一般	高
成本	高	一般	低
操作工人技术要求	高	一般	低

（3）大量生产。产品产量很大，品种单一而固定，大多长期重复生产同一产品，如轴承、螺母等标准件生产。大量生产时，广泛采用数控机床、专用机床、自动生产线、专用工装等。加工自动化程度高、效率高、质量稳定。

1.4　获得合格零件的方法

合格零件就是加工精度和表面粗糙度满足图纸上要求的零件。零件是由多种典型的表面组成的，如外圆、孔、沟槽、平面、成形表面等，往往又有很多加工方法供选择。对于每一种典型切削表面，均可选出多种加工方法，都能达到图纸上所要求的加工精度及表面粗糙度（即合格零件）。因此，在识别或理解零件图纸上的要求后，便可根据企业实际情况，选择最适合本企业的加工工艺。要依靠科技进步，以最少的投资，充分挖掘企业的潜力，创造最大的经济效益。

加工工艺方案的技术论证，需要在诸多方案中择优选取并进行决策。这是企业成功与否的关键所在。

典型的加工方法是指在分析、总结企业内部各种生产工艺方法、生产经验以及与加工有关的规范后,提出的带有指导意义的加工方法准则。它随着设备更新、生产工艺发展而变化,具有较大灵活性。

在正常加工条件下,采用符合质量标准的设备、工艺装备和标准技术等级的工人,不延长加工时间所能保证的加工精度,称为经济加工精度,简称经济精度。经济表面粗糙度的概念雷同于经济精度的概念。各种加工方法所能达到的经济加工精度和表面粗糙度参见表 1-3。

表 1-3　常用加工方法的经济加工精度和表面粗糙度

面	加工方法	经济加工精度等级	表面粗糙度 $Ra/\mu m$	适用范围
圆表面	粗车	IT11 以下	12.5～50	适用于淬火钢以外的各种金属
	粗车-半精车	IT8～IT10	3.2～6.3	
	粗车-半精车-精车	IT7～IT8	0.8～1.6	
	粗车-半精车-精车-滚压(或抛光)	IT7～IT8	0.025～0.2	
	粗车-半精车-磨削	IT7～IT8	0.4～0.8	主要用于淬火钢,也可用于淬火钢,但不宜加工有色金属
	粗车-半精车-粗磨-精磨	IT6～IT7	0.1～0.4	
	粗车-半精车-粗磨-精磨-超精加工(或轮式超精磨)	IT5	0.1～Rz0.1	
	粗车-半精车-精车-金刚石车	IT6～IT7	0.025～0.2	主要用于要求较高的有色金属
	粗车-半精车-粗磨-精磨-或镜面磨	IT5 以上	0.025～Rz0.05	极高精度的外圆加工
	粗车-半精车-粗磨-精磨-研磨	IT5 以上	0.1～Rz0.05	
柱孔	钻	IT11～IT12	12.5	未淬火钢及铸铁的实心毛坯,有色金属(但表面粗糙度稍粗糙,孔径<15～20mm)
	钻-铰	IT9	1.6～3.2	
	钻-粗铰-精铰	IT7～IT8	0.8～1.6	
	钻-扩	IT10～IT11	6.3～12.5	同上,但孔径>15～20mm
	钻-扩-铰	IT8～IT9	1.6～3.2	
	钻-扩-粗铰-精铰	IT7	0.8～1.6	
	钻-扩-机铰-手铰	IT6～IT7	0.1～0.4	
	钻-扩-拉	IT7～IT9	0.1～1.6	大批大量生产(精度由拉刀的精度而定)
	粗镗(或扩孔)	IT11～IT12	6.3～12.5	除淬火钢外各种材料,毛坯有铸出孔或锻出孔
	粗镗(粗扩)-半精镗(精扩)	IT8～IT9	1.6～3.2	
	粗镗(粗扩)-半精镗(精扩)-精镗(铰)	IT7～IT8	0.8～1.6	
	粗镗(粗扩)-半精镗(精扩)-精镗-浮动镗刀精镗	IT6～IT7	0.4～0.8	
	粗镗(扩)-半精镗-磨孔	IT7～IT8	0.1～0.8	主要用于淬火钢,未淬火钢,不适用有色金属
	粗镗(扩)-半精镗-粗磨-精磨	IT6～IT7	0.1～0.2	

续表

面	加工方法	经济加工精度等级	表面粗糙度 $Ra/\mu m$	适用范围
柱孔	粗镗-半精镗-精镗-金刚镗	IT6～IT7	0.05～0.4	主要用于精度要求较高的有色金属
	钻-(扩)-粗铰-精铰-珩磨；钻-(扩)-拉-珩磨	IT6～IT7	0.025～0.2	精度要求很高的孔
	以研磨代替上述方案中的珩磨	IT6 以上		
面	粗车-半精车	IT9	3.2～6.3	
	粗车-半精车-精车	IT7～IT8	0.8～1.6	端面
	粗车-半精车-磨削	IT8～IT9	0.2～0.8	
	粗刨(或粗铣)-精刨(或精铣)	IT8～IT9	1.6～6.3	不淬硬平面(端铣表面粗糙度较细)
	粗刨(或粗铣)-精刨(或精铣)-刮研	IT6～IT7	0.1～0.7	精度要求较高的淬硬平面或不淬硬平面；批量较大时不宜采用宽刃精刨方案
	以宽刃刨削上述方案刮研	IT7	0.2～0.8	
	粗刨(或粗铣)-精刨(或精铣)-磨削	IT7	0.1～0.8	精度要求高的淬硬平面或不淬硬平面
	粗刨(或粗铣)-精刨(或精铣)-粗磨-精磨	IT6～IT7	0.02～0.4	
	粗铣-拉	IT7～IT9	0.2～0.8	大量生产，较小的平面(精度视拉刀精度而定)

需要指出，经济加工精度的数值不是一成不变的，随着科学技术的发展、工艺的改进，设备及工艺装备的更新，经济加工精度会逐步提高。在选择表面加工方法时，除应保证零件的加工精度和表面粗糙度要求之外，还应综合考虑下列因素：

（1）工件材料的性质。加工方法的选择，常受工件材料性质的限制。例如，淬火钢的精加工要用磨削，而有色金属的精加工为避免磨削时堵塞砂轮，常采用金刚镗或高速精细车等高速切削方法。

（2）工件的结构形状和尺寸。以内圆表面加工为例，回转体零件上有较大直径的孔可采用车削或磨削，箱体上 IT7 级的孔常用镗削或铰孔，孔径较小时宜用铰削，孔径较大或长度较短的孔宜选镗削。

（3）生产类型。选择加工方法时必须考虑生产率和经济性。大批量生产时，尽可能选用专用高效率的加工方法。例如，平面和孔采用拉削。但在生产纲领不大的情况下，应采用一般的加工方法，如镗孔或钻、扩、铰孔及铣、刨平面等。

（4）具体生产条件。应充分利用现有设备和工艺手段，挖掘企业潜力。

加工方法的选择，除上述因素还应注意充分考虑利用新工艺、新技术的可能性，注意利用企业协作网络的工艺能力提高工艺水平，注意零件的特殊要求等。

本 章 小 结

　　本章介绍机械制造工艺的基础知识,力图使学生对工艺过程的基本概念、生产过程和工艺过程、工件获得尺寸精度的方法、加工余量、加工精度和生产纲领等内容有全面了解,为今后的学习打下基础。

思考与习题

　　1. 什么是生产过程? 什么叫工艺过程?

　　2. 何为工序、工步、工位、安装、走刀?

　　3. 零件加工精度包括哪些内容?

　　4. 获得零件尺寸精度有哪些方法?

　　5. 零件的几何形状是如何形成的? 获得几何发生线有哪几种方法?

　　6. 获得零件位置精度有哪些方法?

　　7. 什么是加工余量? 工序余量和加工总余量有何区别?

　　8. 确定加工余量有哪几种方法?

　　9. 什么叫生产纲领? 包括哪些内容?

　　10. 什么是合格零件?

第2章 机械加工工艺系统

机械加工中,由机床、夹具、刀具和工件等组成的统一体称为工艺系统。

2.1 金属切削机床

设备的选择是工艺过程选择的主要内容之一。在做出技术选择决策之后,需要根据加工工艺的要求选择相应的设备。然而,进行设备选择时不仅限于考虑技术上的可行性,更要考虑经济方面的可行性。企业的经营目标和各项政策对所选的高档设备与先进程度是有很大影响的。在决定选择自动化或非自动化工厂、使用专用设备或通用设备时,均应从技术、经济两方面考虑。

选择设备的主要因素是经济和设备功能上的要求。此外,质量、便利等因素可能修正设备的取舍选择。在满足对设备的功能要求的条件下,应采用最经济的加工设备。可见,经济因素是设备选择中的一个重要影响因素。

设备选择决策通常包括:通用、专用设备及其自动化程度的选择;设备的自制、购买或租用的决策。下面分别予以介绍。

1. 通用、专用设备的选择

-企业可能同时拥有通用与专用的设备。例如,机械加工厂既有通用车床、铣床、钻床等,同时又有专用的自动化连续加工设备。进行通用、专用设备选择时,除了对诸多常见因素进行定性分析外,还需应用财务分析方法,对诸如初始费用、单位运行费、折旧期限、投资回收状况等进行定量分析。此外,用盈亏平衡分析也是十分有效的定量分析方法。

2. 设备的购置与租赁决策

当进行设备选择决策时,还会遇到购买与租赁两者利弊的问题。有些企业实行以租赁代替购买的政策;大多数企业只是对一些大型设备实行租赁。然而,不论是租赁还是购买,企业均需仔细研究其成本和纳税等问题。

从运行成本看,购买设备,企业需负担借款利息、设备折旧费和维修费;租借则需负担租金,租金里一般包含了价款因素和利息因素。分析比较时,要考虑现值、折旧方法和折旧年限问题。从机会成本(投资风险因素)看,要权衡购置与租赁的投资回收率和风险因素。当一个企业感到租赁可以获得更高的投资回收率时,便会宁可租而不买。购买要承担设备过时和维修的责任。对于更新换代快、维修费用高的设备,购买时要尤为慎重。而租赁可能会使企业享受不到设备随货币贬值而升值的利益。同时,长期租赁,易受合同限制失去灵活性。从税务利益考虑,租金可以作为经营费用而使企业少缴部分所得税,具有"税收屏蔽"作用。当然,由于利息与折旧均记入成本,减少了毛利,购置也可少纳部分所得税。由此可见,设备的租赁与购买各有利弊,在进行决策时,要综合考虑上述因素,并且最终还要通过财务分析得出确切的决策依据。

3. 设备的选择

机床是加工工件的主要生产设备,选择时主要考虑零件的精度要求、结构尺寸和生产纲领等因素的影响,同时结合采用工序集中和分散的情况来确定,可按下列原则进行。

(1) 所选机床应与加工工件相适应,即机床的精度应与工件的技术要求相适应;机床的主要规格尺寸应与加工零件的外轮廓尺寸相适应;机床的生产率应与零件的生产纲领相适应。

(2) 要考虑生产现场的实际情况,即现有设备的类型、规格及实际精度、设备的分布排列及负荷情况、操作者的实际技术水平等。

(3) 还要考虑生产工艺技术的发展,如在一定的条件下考虑采用计算机辅助制造(CAM)、成组技术(GT)等新技术时,则有可能选用高生产率的专用、自动、组合等机床。

综合考虑上述因素,在选择时,应充分利用现有设备。当现有设备的规格尺寸和实际精度不能满足零件的设计要求时,应优先考虑采用新技术、新工艺来进行设备改造,实施"以小干大"、"以粗干精"等行之有效的方法。

4. 金属切削机床的分类

金属切削机床是用刀具对金属材料进行加工的设备。机床的种类和规格很多,为便于区别、使用和管理,需要对其进行分类,根据机床的加工性质和所用刀具国家标准将机床分为十二大类(GB/T 15375—1994):车床、钻床、镗床、磨床、齿轮加工机床、螺纹加工机床、铣床、刨插床、拉床、特种加工机床、锯床及其他机床。在每类机床中又按工艺范围、布局形式等分为若干组,每组又细分为若干个系。

除上述分法外,还可按其他特征进行进一步分类。对同一类机床按通用程度分为:

(1) 通用机床。加工范围广,可用于多种零件的不同工序,如卧式车床、铣床等。该类机床由于通用性强,结构较为复杂,适用于单件小批生产。

(2) 专门化机床。加工范围较窄,专门用于某一类或某几类零件的某一种或几种工序,如凸轮轴车床、螺纹磨床等。

(3) 专用机床。加工范围最窄,能用于加工某一种零件的某一特定工序,一般按工艺要求专门设计,如导轨磨床等。这类机床自动化程度高,生产率较高,主要用于成批大量生产。

同类机床中,按加工精度又可分为普通精度级、精密级和高精度级机床;按机床自动化程度分为手动、机动、半自动和自动机床;还可按机床的尺寸、重量的不同分为仪表机床、大型和重型机床、超重型机床;按机床布局分为卧式、立式、台式、龙门式机床等。按机床主轴工作部件的数目分,还有单轴、多轴机床;按刀架的数目又分为单刀、多刀的机床。

5. 机床型号的编制

机床型号是机床代号,用简明的方式表达机床的种类、特性及主要技术参数等。我国的机床型号是按 1985 年颁布的标准 JB 1838—1985《金属切削机床型号编制方法》实行。表示方式如下:

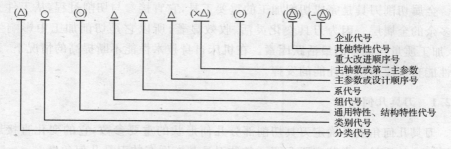

注:(1) 有"( )"的代号或数字,无内容时则不表示;若有内容则不带括号;
　　(2) 有"○"符号者,为大写的汉语拼音字母;
　　(3) 有"△"符号者,为阿拉伯数字;
　　(4) 有"⊿"符号者,为大写的汉语拼音字母,或阿拉伯数字,或二者兼有。

普通机床型号是由类-组-系及主要参数组成,用汉语拼音字母和阿拉伯数字按一定规律排列组合。机床类别及特性代号均采用汉语拼音的大写字母。机床类别代号及其读音见表 2-1;机床的特性代号见表 2-2。机床的组别系别的代号用两位数字表达。其类、组、系划分可参见标准 JB 1838—1985。机床的主参数、第二主参数用折算值表达机床规格。机床的重大改进顺序号按 A、B、C 字母的顺序选用。例如,X6132 表示工作台台面宽度为 320mm 的卧式万能升降台铣床;MM7132A 表示工作台台面宽度为 320mm 的经第一次重大改进的精密卧式矩形工作台平面磨床。

表 2-1　机床的类别代号

类别	车床	钻床	镗床	磨床			齿轮加工机床	螺纹加工机床	铣床	刨插床	拉床	锯床	其他机床
代号	C	Z	T	M	2M	3M	Y	S	X	B	L	G	Q
读音	车	钻	镗	磨	二磨	三磨	牙	丝	铣	刨	拉	割	其

表 2-2　机床通用特性代号

通用特性	高精度	精密	自动	半自动	数控	加工中心（自动换刀）	仿形	轻型	加重型	简式或经济型	柔性加工单元	数显	高速
代号	G	M	Z	B	K	H	F	Q	C	J	R	X	S
读音	高	密	自	半	控	换	仿	轻	重	简	柔	显	速

2.2　切削原理与刀具

　　金属切削刀具是完成切削加工的重要工具，它直接参与切削过程，从工件上切除多余的金属层。因为刀具变化灵活、收效显著，所以它是切削加工中影响生产率、加工质量与成本的最活跃因素。在机床自身技术性能不断提高的情况下，刀具的性能直接决定机床性能的发挥。

2.2.1　刀具几何角度

　　刀具几何角度是确定刀具切削部分几何形状的重要参数，它的变化直接影响金属加工的质量。本节主要介绍了各种刀具基本形态的刀具几何角度。

　　1. 刀具各参数基本概念

　　如图 2-1 所示，刀具切削部分主要由以下几个部分组成。

　　前刀面 A_γ——切屑沿其流出的表面。

　　主后面 A_α——与过渡表面相对的面。

　　副后面 A'_α——与已加工表面相对的面。

　　主切削刃——前刀面与主后面相交形成的刀刃。

　　副切削刃——前刀面与副后面相交形成的刀刃。

　　刀具几何角度是在参考平面中确定的，一般有基面、正交平面、法平面参考系，如图 2-2 所示。

　　基面 p_r——过切削刃选定点平行或垂直刀具安装面（或轴线）的平面。

　　切削平面 p_s——过切削刃选定点与切削刃相切并垂直于基面的平面。

　　正交平面 p_o——过切削刃选定点同时垂直于切削平面和基面的平面。

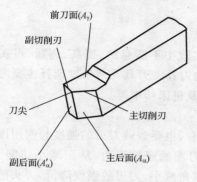

图 2-1　车刀的切削部分

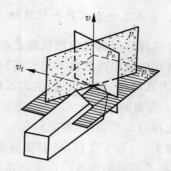

图 2-2　正交平面参考系

2. 刀具的标注角度

这里所讲的刀具几何角度是由正交平面参考系确定,是刀具工作图上标注的角度,亦称标注角度。如图 2-3 所示,车刀各标注角度如下所述。

前角 γ_o——在主切削刃选定点的正交平面 p_o 内,前刀面与基面之间的夹角。

后角 α_o——在正交平面 p_o 内,主后刀面与基面之间的夹角。

主偏角 k_r——主切削刃在基面上的投影与进给方向的夹角。

刃倾角 λ_s——在切削平面 p_s 内,主切削刃与基面 p_r 的夹角。

以上四角中,前角 γ_o 与后角 α_o 分别是确定前刀面与后刀面方位的角度,而主偏角 k_r 与刃倾角 λ_s 是确定主切削刃方位的角度。和以上四个角度相对应,又可定义确定副后刀面和副切削刃的如下四角:副前角 γ_o'、副后角 α_o'、副偏角 k_r'、副倾角 λ_s'。

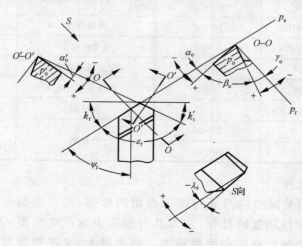

图 2-3　车削刀具几何角度

3. 刀具几何形状的合理选择

要选择好刀具几何形状需要在生产实践中不断总结、提高、创新、再实践。从而提高切削效率降低成本得到高耐用度的刀具。刀具几何角度选择主要考虑工件材料、刀具材料、切削用量、工艺系统刚性及机床功率等。

1) 前角的选择

选择刀具前角时,首先应保证刀刃锋利,也要兼顾刀刃的强度与耐用度。刀具前角增大,刀刃变锋利,减小切屑流出前刀面的摩擦阻力,从而减小切削力、切削热,提高了刀具耐用度。由于前角增大,楔角减小,刀刃的强度降低,刀头散热体积减小,使刀具切削温度升高,耐用度降低。刀具前角的选择,主要由工件材料,刀具材料和切削条件决定。

选择前角的原则是在保证刀具耐用度的前提下,尽量选取较大的前角。

刀具的合理前角参考值如表 2-3 所示。

表 2-3　硬质合金刀具合理前角参考值

工件材料		合理前角/(°)	工件材料		合理前角/(°)
碳钢 σ_b/GPa	≤0.445	20～25	不锈钢	奥氏体	15～30
	≤0.558	15～20		马氏体	15～-5
	≤0.784	12～15	淬硬钢	≥HRC40	-5～-10
	≤0.98	5～10		≥HRC50	-10～-15
40Cr	正火	13～18	高强度钢		8～-10
	调质	10～15	钛及钛合金		5～15
灰铸铁	≤220HBS	10～15	变形高温合金		5～15
	>200HBS	5～10	铸造高温合金		0～10
铜	纯铜	25～35	高锰钢		8～-5
	黄铜	15～35	铬锰钢		-2～-5
	青铜(脆黄铜)	5～15			
铝及铝合金		25～35			
软橡胶		50～60			

2) 后角的选择

后角的作用是减小后刀面与加工表面的摩擦,加工表面在后刀面有一个被挤压然后又弹性回复的过程,使刀具与加工表面产生摩擦,刀具后角越小,则与加工表面接触的挤压和摩擦越大。后角增大,又使楔角减小、强度降低、散热条件变坏、耐用度降低。因此,后角的合理选择主要考虑因素是切削厚度和切削条件。

3）主偏角的选择

主偏角的大小主要影响刀具耐用度，主偏角减小时，刀尖角增大，刀尖强度提高，刀尖散热体积增大。所以，主偏角减小，可提高刀具耐用度。但主偏角减小，将使切削力增大，从而切削时使工件产生的挠度增大，降低加工精度。同时切削力的增大易引起振动，因此对刀具耐用度和加工精度产生不利影响。

由上述可知，主偏角的增大或减小对切削加工既有利又有害，所以在选择时应综合考虑。

4）副偏角的选择

副偏角的作用是减小副切削刃与已加工表面的摩擦力，以防切削时产生振动。它的大小对表面粗糙度和耐用度有较大影响。减小副偏角，刀尖强度增大、散热面积增大、提高刀具耐用度，但副偏角太小又会使后刀面与工件的摩擦加剧，使刀具耐用度降低，另外易引起加工中振动，因此副偏角的选择也需根据具体情况而定。

5）刃倾角的选择

刃倾角 λ_s 是在主切削平面 p_s 内，主切削刃与基面 p_r 的夹角。因此，主切削刃的变化能控制排屑的方向。当 λ_s 为负值时，切屑将流向已加工表面，容易损害加工表面，如图 2-4（a）所示；当 λ_s 为正值时，切屑将流向机床床头箱，影响操作者工作，如图 2-4（b）所示。但精车时，为避免切屑擦伤工件表面，λ_s 可采用正值。另外，刃倾角 λ_s 的变化能影响刀尖的强度和抗冲击性能。当 λ_s 取负值时，保护刀尖免受冲击，增强刀尖强度。所以，一般大前角刀具通常选用负的刃倾角，既可以增强刀尖强度又避免刀尖切入时产生冲击。刃倾角主要根据刀尖强度和排屑方向而定。其数值如表 2-4 所示。

表 2-4　车削刃倾角参考值

适用范围	精车细长轴	精车有色金属	粗车一般钢和铸铁	粗车余量不均、淬硬钢等	冲击较大的断续车削	大刃倾角薄切屑
λ_s	$0° \sim 5°$	$5° \sim 10°$	$0° \sim -5°$	$-5° \sim -10°$	$-5° \sim -15°$	$45° \sim 75°$

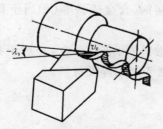
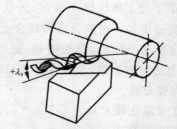

(a) $-\lambda_s$ 切屑流向已加工表面方向　　　(b) $+\lambda_s$ 切屑流向待加工表面方向

图 2-4　刃倾角对排屑方向的影响

2.2.2　刀具的主要种类

刀具可分为常规刀具和模块化刀具两大类。模块化刀具是发展方向。发展模块化刀具的主要优点：减少换刀停机时间，提高生产加工时间；加快换刀及安装时间，提高小批量零件生产的经济性；提高刀具的标准化和合理化的程度；提高刀具的管理及柔性加工的水平；扩大刀具的利用率，充分发挥刀具的性能；有效地消除刀具测量工作的中断现象，可采用线外预调。由于模块刀具的发展，数控刀具已形成了三大系统，即车削刀具系统、钻削刀具系统和镗铣刀具系统。

1）按结构分类

（1）整体式。

（2）镶嵌式。它分为焊接式和机夹式。机夹式根据刀体结构不同，分为可转位和不转位。

（3）减振式。当刀具的工作臂长与直径之比较大时，为了减少刀具的振动，提高加工精度，多采用此类刀具。

（4）内冷式。切削液通过刀体内部由喷孔喷射到刀具的切削刃部。

（5）特殊形式。例如，复合刀具、可逆攻螺纹刀具等。

2）按制造所采用的材料分类

（1）高速钢刀具。高速钢通常是型坯材料，韧性较硬质合金好，硬度、耐磨性和红硬性较硬质合金差，不适于切削硬度较高的材料，也不适于进行高速切削。高速钢刀具使用前生产者需自行刃磨，且刃磨方便，适于各种特殊需要的非标准刀具。

（2）硬质合金刀具。硬质合金刀片切削性能优异，在数控车削中被广泛使用。硬质合金刀片有标准规格系列产品，具体技术参数和切削性能由刀具生产厂家提供。

硬质合金刀片按国际标准分为三大类：P 类、M 类、K 类。

P 类适于加工钢、长屑可锻铸铁（相当于我国的 YT 类）；

M 类适于加工奥氏体不锈钢、铸铁、高锰钢、合金铸铁等（相当于我国的 YW 类），M-S 类适于加工耐热合金和钛合金；

K 类适于加工铸铁、冷硬铸铁、短屑可锻铸铁、非钛合金（相当于我国的 YG 类），K-N 类适于加工铝、非铁合金，K-H 类适于加工淬硬材料。

（3）陶瓷刀具。

（4）立方氮化硼刀具。

（5）金刚石刀具。

3）按切削工艺分类

（1）车削刀具。它分为外圆、内孔、外螺纹、内螺纹，切槽、切端面、切端面环槽、切断等。

　　数控车床一般使用标准的机夹可转位刀具。机夹可转位刀具的刀片和刀体都有标准,刀片材料采用硬质合金、涂层硬质合金。

　　数控车床机夹可转位刀具类型有外圆刀具、外螺纹刀具、内圆刀具、内螺纹刀具、切断刀具、孔加工刀具(包括中心孔钻头、镗刀、丝锥等)。

　　机夹可转位刀具夹固不重磨刀片时通常采用螺钉、螺钉压板、杠销或楔块等结构。

　　常规车削刀具为长条形方刀体或圆柱刀杆。

　　数控车床使用的刀具从切削方式上分为三类:圆表面切削刀具、端面切削刀具和中心孔类刀具。

　　(2) 钻削刀具。它分为小孔、短孔、深孔、攻螺纹、铰孔等。

　　钻削刀具可用于数控车床、车削中心,又可用于数控镗铣床和加工中心,因此它的结构和联接形式有多种。有直柄、直柄螺钉紧定、锥柄、螺纹联接、模块式联接(圆锥或圆柱联接)等多种。

　　(3) 镗削刀具。它分为粗镗、精镗等刀具。

　　镗刀从结构上可分为整体式镗刀柄、模块式镗刀柄和镗头类。从加工工艺要求上可分为粗镗刀和精镗刀。

　　(4) 铣削刀具。它分面铣、立铣、模具铣刀等刀具。

　　① 面铣刀(也叫端铣刀)。面铣刀的圆周表面和端面上都有切削刃,端部切削刃为副切削刃。面铣刀多制成套式镶齿结构和刀片机夹可转位结构,刀齿材料为高速钢或硬质合金,刀体为 40Cr。

　　② 立铣刀。立铣刀是数控机床上用得最多的一种铣刀。立铣刀的圆柱表面和端面上都有切削刃,它们可同时进行切削,也可单独进行切削。结构有整体式和机夹式等,高速钢和硬质合金是铣刀工作部分的常用材料。

　　③ 模具铣刀。模具铣刀由立铣刀发展而成,可分为圆锥形立铣刀、圆柱形球头立铣刀和圆锥形球头立铣刀三种,其柄部有直柄、削平型直柄和莫氏锥柄。它的结构特点是球头或端面上布满切削刃,圆周刃与球头刃圆弧连接,可以做径向和轴向进给。铣刀工作部分用高速钢或硬质合金制造。

　　4) 特殊型刀具

　　特殊型刀具有带柄自紧夹头、强力弹簧夹头刀柄、可逆式(自动反向)攻螺纹夹头刀柄、增速夹头刀柄、复合刀具和接杆类等。

2.2.3　可转位车刀

1. 可转位车刀的特点

　　可转位车刀是用机械夹固的方式将可转位刀片固定在刀槽中而组成的,当刀片上一条切削刃磨钝后,松开夹紧机构,将刀片转过一个角度,调换一个新的刀刃,夹紧后即可继续进行切削。和焊接式车刀相比,它有如下特点:

(1) 刀片未经焊接,无热应力,可充分发挥刀具材料性能,耐用度高;

(2) 刀片更换迅速、方便,可节省辅助时间,提高生产率;

(3) 刀杆多次使用,可降低刀具费用;

(4) 能使用涂层刀片、陶瓷刀片、立方氮化硼和金刚石复合刀片;

(5) 结构复杂,加工要求高,一次性投资费用较大;

(6) 不能由使用者随意刃磨,使用不灵活。

2. 可转位刀片

图 2-5 所示为可转位刀片标注示例。它有 10 个代号,任何一个型号必须用前 7 位代号。不管是否有第 8 或第 9 位代号,第 10 位代号必须用短划线"—"与前面代号隔开,如

$$T \quad N \quad U \quad M \quad 16 \quad 04 \quad 08 \quad —A2$$

号位 1 表示刀片形状。其中正三角形刀片(T)和正方形刀片(S)最常用,菱形

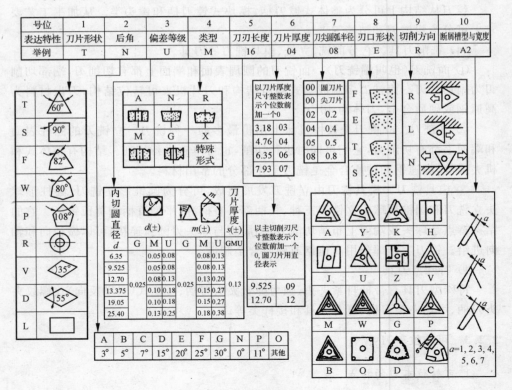

号位	1	2	3	4	5	6	7	8	9	10
表达特性	刀片形状	后角	偏差等级	类型	刀刃长度	刀片厚度	刀尖圆弧半径	刃口形状	切削方向	断屑槽型与宽度
举例	T	N	U	M	16	04	08	E	R	A2

图 2-5　可转位车刀刀片标注示例

刀片(V 和 D)适用于仿形和数控加工。

号位 2 表示刀片后角。0°后角(N)使用最广。

号位 3 表示刀片精度。刀片精度共分 11 级,其中 U 为普通级,M 为中等级,使用较多。

号位 4 表示刀片结构。常见的有带孔和不带孔的,主要与采用的夹紧机构有关。

号位 5~7 分别表示切削刃长度、刀片厚度和刀尖圆弧半径。

号位 8 表示刃口形式。例如,F 表示锐刃,无特殊要求可省略。

号位 9 表示切削方向。R 表示右切刀片,L 表示左切刀片,N 表示左、右均可。

号位 10 表示断屑槽槽型与槽宽。表 2-5 列出了各常用可转位车刀刀片断屑槽槽型特点及适用场合。

表 2-5　常用可转位车刀刀片断屑槽槽型特点及适用场合

名　　称	槽型代号	刀片角度			特点及适用场合
		γ_{nb}	α_{nb}	λ_{nb}	
直　槽	A				槽宽前、后相等。用于切削用量变化不大的外圆车削与镗孔
外斜槽	Y				槽前宽后窄,切屑易折断。宜用于中等背吃刀量
内斜槽	K	20°	0°	0°	槽前窄后宽,断屑范围宽。用于半精和粗加工
直通槽	H				适用范围广。用于 45°弯头车刀,适于大用量切削
外斜通槽	J				具有 Y、H 型特点,断屑效果好
正刃倾角型	C			0°	加大刃倾角,背向力小。用于系统刚性差的情况

3. 可转位车刀的定位夹紧机构

可转位车刀的定位夹紧机构应满足定位正确、夹紧可靠、装卸转位方便、结构简单等要求。

(1) 杠杆式夹紧机构,如图 2-6 所示,拧紧压紧螺钉 5,杠杆 1 摆动,刀片压紧在两个定位面上,将刀片夹紧。刀垫 2 通过弹簧套 8 定位,调节螺钉 7 调整弹簧 6 的弹力。杠杆式夹紧机构定位精度高,夹紧可靠,使用方便,但结构复杂。

(2) 楔块式夹紧机构,如图 2-7 所示。拧紧螺钉 4,楔块 5 推动刀片 3 紧靠在圆柱销2上,将刀片夹紧。楔块式夹紧机构结构简单,更换刀片方便,但定位精度不高,夹紧力与切削力的方向相反。

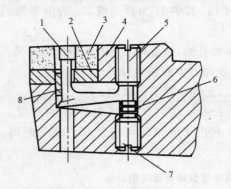
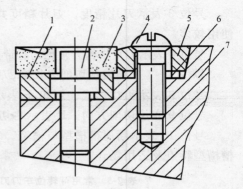

图 2-6　杠杆式夹紧机构

1-杠杆;2-刀垫;3-刀片;4-刀柄

5-压紧螺钉;6-弹簧;7-调节螺钉;8-弹簧套

图 2-7　楔块式夹紧机构

1-刀垫;2-圆柱销;3-刀片;4-拧紧螺钉

5-楔块;6-弹簧垫圈;7-刀柄

（3）螺纹偏心式夹紧机构,如图2-8所示。利用螺纹偏心销1上部的偏心轴将刀片夹紧。螺纹偏心式夹紧机构结构简单,但定位精度不高,要求刀片精度不高。

（4）压孔式夹紧机构,如图2-9所示。拧紧沉头螺钉2,利用螺钉斜面将刀片夹紧。压孔式夹紧机构结构简单,刀头部分小,用于小型刀具。

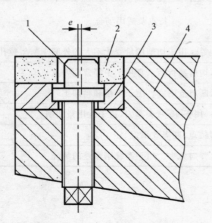
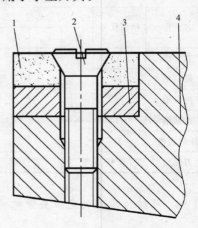

图 2-8　螺纹偏心式夹紧机构

1-偏心销;2-刀片;3-刀垫;4-刀柄

图 2-9　压孔式夹紧机构

1-刀片;2-沉头螺钉;3-刀垫;4-刀柄

（5）上压式夹紧机构,如图2-10所示。拧紧螺钉5,压板6将刀片夹紧。上压式夹紧机构夹紧可靠,但切屑容易擦伤夹紧元件。

（6）拉垫式夹紧机构,如图2-11所示。拧紧螺钉3,使拉垫1移动,拉垫1上的圆销将刀片夹紧。拉垫式夹紧机构夹紧可靠,但刀头部分刚性较差。

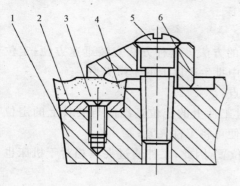

图 2-10　上压式夹紧机构
1-刀柄;2-刀垫;3,5-螺钉;4-刀片;6-压板

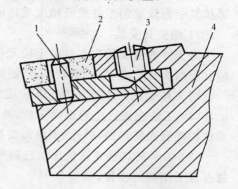

图 2-11　拉垫式夹紧机构
1-拉垫;2-刀片;3-螺钉;4-刀柄

2.3　机床夹具概述

在机械加工过程中,为了保证加工精度,固定工件,使之占有确定位置以接受加工或检测的工艺装备统称为机床夹具,简称夹具。例如,车床上使用的三爪自定心卡盘、铣床上使用的平口钳等都是机床夹具。

1. 工件的安装

工件的安装包含了两个方面的内容。

(1) 定位。它使同一工序中的一批工件都能准确地安放在机床的合适位置上,使工件相对于刀具及机床占有正确的加工位置。

(2) 夹紧。工件定位后,还需对工件压紧夹牢,使其在加工过程中不发生位置变化。

2. 工件的安装方法

当零件较复杂、加工面较多时,需要经过多道工序的加工,其位置精度取决于工件的安装方式和安装精度。工件常用的安装方法如下所述。

1) 直接找正安装

用划针、百分表等工具直接找正工件位置并加以夹紧的方法称直接找正安装法。此法生产率低,精度取决于工人的技术水平和测量工具的精度,一般只用于单件小批生产。

2) 划线找正安装

先用划针画出要加工表面的位置,再按划线用划针找正工件在机床上的位置并加以夹紧。由于划线既费时,又需要技术高的划线工,所以一般用于批量不大,形状复杂而笨重的工件或低精度毛坯的加工。

　　3）用夹具安装

　　将工件直接安装在夹具的定位元件上的方法。这种方法安装迅速方便,定位精度较高而且稳定,生产率较高,广泛用于中批生产以上的生产类型。

　　用夹具安装工件的方法有以下几个特点:

　　(1) 工件在夹具中的正确定位,是通过工件上的定位基准面与夹具上的定位元件相接触而实现的,因此,不再需要找正便可将工件夹紧;

　　(2) 由于夹具预先在机床上已调整好位置,因此,工件通过夹具相对于机床也就占有了正确的位置;

　　(3) 通过夹具上的对刀装置,保证了工件加工表面相对于刀具的正确位置。

　　由此可见,在使用夹具的情况下,机床、夹具、刀具和工件所构成的工艺系统,环环相扣,相互之间保持正确的加工位置,从而保证工序的加工精度。其中,工件的定位是极为重要的一个环节。

2.4　工件的定位和夹紧

　　在机械加工中,必须使机床、夹具、刀具和工件之间保持正确的相互位置,才能加工出合格的零件。这种正确的相互位置关系,是通过工件在夹具中的定位、夹具在机床上的安装、刀具相对于夹具的调整来实现的。

2.4.1　工件定位的基本原理

　　1. 六点定位原理

　　一个尚未定位的工件,其空间位置是不确定的,均有六个自由度,如图 2-12 所示,即沿空间坐标轴 X、Y、Z 三个方向的移动和绕这三个坐标轴的转动(分别以 $\vec{X}$、$\vec{Y}$、$\vec{Z}$ 和 $\hat{X}$、$\hat{Y}$、$\hat{Z}$ 表示)。

　　定位,就是限制自由度。如图 2-13 所示的长方体工件,欲使其完全定位,可以设置六个固定点,工件的三个面分别与这些点保持接触,在其底面设置三个不共线的点 1、2、3(构成一个面),限制工件的三个自由度:$\vec{Z}$、$\hat{X}$、$\hat{Y}$;侧面设置两个点 4、5(成一条线),限制了 $\vec{Y}$、$\hat{Z}$ 两个自由度;端面设置一个点 6,限制 $\vec{X}$ 自由度。于是工件的六个自由度便都被限制了。这些用来限制工件自由度的固定点,称为定位支承点,简称支承点。

　　用合理分布的六个支承点限制工件六个自由度的法则,称为六点定位原理。

　　在应用"六点定位原理"分析工件的定位时,应注意以下几点:

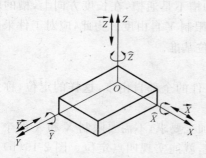

图 2-12　工件的六个自由度

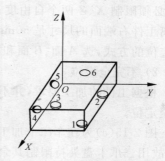

图 2-13　长方体形工件的定位

（1）定位支承点限制工件自由度的作用，应理解为定位支承点与工件定位基准面始终保持紧贴接触。若二者脱离，则意味着失去定位作用。

（2）一个定位支承点仅限制一个自由度，一个工件仅有六个自由度，所设置的定位支承点数目，原则上不应超过六个。

（3）分析定位支承点的定位作用时，不考虑力的影响。工件的某一自由度被限制，并非指工件在受到使其脱离定位支承点的外力时，不能运动。欲使其在外力作用下不能运动，是夹紧的任务；反之，工件在外力作用下不能运动，即被夹紧，也并非是说工件的所有自由度都被限制了。所以，定位和夹紧是两个概念，绝不能混淆。

2. 工件定位中的几种情况

1）完全定位

工件的六个自由度全部被限制的定位，称为完全定位。当工件在 X、Y、Z 三个坐标方向上均有尺寸要求或位置精度要求时，一般采用这种定位方式。

例如在图 2-14 所示的工件上铣槽，槽宽（20 ± 0.05）mm 取决于铣刀的尺寸；为了保证槽底面与 A 面的平行度和尺寸 $60_{-0.2}^{0}$mm 两项加工要求，必须限制 $\vec{Z}$、$\hat{X}$、$\hat{Y}$ 三个自由度；为了保证槽侧面与 B 面的平行度和尺寸（30 ± 0.1）mm 两项加工要

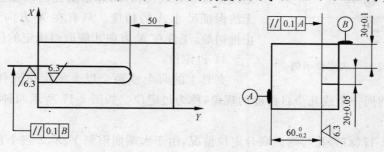

图 2-14　完全定位示例分析

求,必须限制 $\vec{X}$、$\vec{Z}$ 两个自由度;由于所铣的槽不是通槽,在长度方向上,槽的端部距离工件右端面的尺寸是 50mm,所以必须限制 $\vec{Y}$ 自由度。为此,应对工件采用完全定位的方式,选 A 面、B 面和右端面作定位基准。

2) 不完全定位

根据工件的加工要求,并不需要限制工件的全部自由度,这样的定位,称为不完全定位。

图 2-15(a)为在车床上加工通孔,根据加工要求,不需要限制 $\vec{X}$ 和 $\hat{X}$ 两个自由度,故用三爪卡盘夹持限制其余四个自由度,就能实现四点定位。图 2-15(b)为平板工件磨平面,工件只有厚度和平行度要求,故只需限制 $\vec{Z}$、$\hat{X}$、$\hat{Y}$ 三个自由度,在磨床上采用电磁工作台即可实现三点定位。

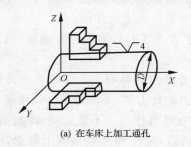
(a) 在车床上加工通孔

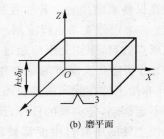
(b) 磨平面

图 2-15　不完全定位示例

3) 欠定位

根据工件的加工要求,应该限制的自由度没有完全被限制的定位,称为欠定位。欠定位无法保证加工要求,所以是绝不允许的。

如图 2-16 所示,工件在支承 1 和两个圆柱销 2 上定位,按此定位方式,$\vec{X}$ 自由度没被限制,属欠定位。工件在 X 方向上的位置不确定,如图中的双点划线位置和虚线位置,因此钻出孔的位置也不确定,无法保证尺寸 A 的精度。只有在 X 方向设置一个止推销后,工件在 X 方向才能取得确定的位置。

图 2-16　欠定位示例

4) 过定位

夹具上的两个或两个以上的定位元件,重复限制工件的同一个或几个自由度的现象,称为过定位。如图 2-17 所示两种过定位的例子。

图 2-17(a)为孔与端面联合定位情况,由于大端面限制 $\vec{Y}$、$\hat{X}$、$\hat{Z}$ 三个自由度,长销限制 $\vec{X}$、$\vec{Z}$ 和 $\hat{X}$、$\hat{Z}$ 四个自由度,可见 $\hat{X}$、$\hat{Z}$ 被两个定位元件重复限制,出现过定

位。图 2-17(b)为平面与两个短圆柱销联合定位情况,平面限制 $\vec{Z}$、$\hat{X}$、$\hat{Y}$ 三个自由度,两个短圆柱销分别限制 $\vec{X}$、$\vec{Y}$ 和 $\vec{Y}$、$\vec{Z}$ 共四个自由度,则 $\vec{Y}$ 自由度被重复限制,出现过定位。过定位可能导致下列后果:① 工件无法安装;② 造成工件或定位元件变形。

　　由于过定位往往会带来不良后果,一般确定定位方案时,应尽量避免。消除或减小过定位所引起的干涉,一般有两种方法。

　　改变定位元件的结构,使定位元件重复限制自由度的部分不起定位作用。例如,将图 2-17 (b)右边的圆柱销改为削边销;对图 2-17(a)的改进措施见图 2-18,其中图 2-18(a)是在工件与大端面之间加球面垫圈,图 2-18(b)将大端面改为小端面,从而避免过定位。

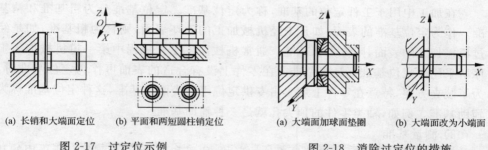

　　(a) 长销和大端面定位　　(b) 平面和两短圆柱销定位　　　　(a) 大端面加球面垫圈　　(b) 大端面改为小端面

　　　　图 2-17　过定位示例　　　　　　　　　　　图 2-18　消除过定位的措施

2.4.2　基准及其分类

　　基准是机械制造中应用十分广泛的一个概念,机械产品从设计时零件尺寸的标注、制造时工件的定位、检验时尺寸的测量、一直到装配时零部件的装配位置确定等,都要用到基准的概念。基准就是用来确定生产对象上几何要素之间几何关系所依据的点、线或面。从设计和工艺两个方面分析,可把基准分为两大类:设计基准和工艺基准。

　　1. 设计基准

　　设计者在设计零件时,根据零件在装配结构中的装配关系以及零件本身结构要素之间的相互位置关系,确定标注尺寸(或角度)的起始位置。这些尺寸(或角度)的起始位置称作设计基准。设计基准可以是点,也可以是线或面。例如,在图 2-19 中所示的阶梯轴,端面 1 和中心线 2 就是设计基准。

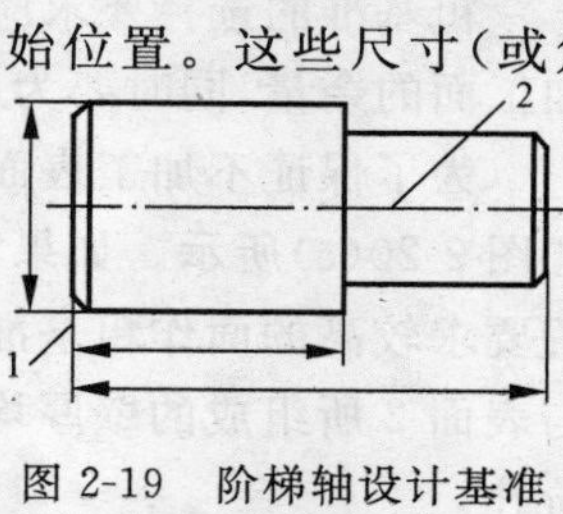

　　2. 工艺基准

　　工艺基准是在工艺过程中所采用的基准。工艺基

图 2-19　阶梯轴设计基准
1-端面;2-中心线

准按其作用的不同又可分为工序基准、定位基准、测量基准和装配基准。分别说明如下：

1）工序基准

在工序图上用来确定本工序所加工表面加工后的尺寸、形状、位置的基准，称为工序基准。在设计工序基准时，主要应考虑如下三个方面的问题：

（1）优先考虑用设计基准为工序基准；

（2）所选工序基准应尽可能用于工件的定位和工序尺寸的检查；

（3）当采用设计基准为工序基准有困难时，可另选工序基准，但必须可靠地保证零件设计尺寸的技术要求。

2）定位基准

在加工中用于工件定位的基准，称为定位基准。定位基准分为粗基准和精基准。作为定位基准的表面，如是未经机械加工的毛坯表面，则称为粗基准；如是经过机械加工的表面，则称为精基准。通常机械加工工艺规程中第一道机械加工工序所采用的定位基准都是粗基准。在零件上没有合适的表面可作为定位基准时，为了装夹方便，特意在零件上加工出专供定位用的表面作基准，这种定位基准称为辅助基准。例如，轴类零件的顶尖孔就是一种辅助基准。

3）测量基准

在加工中或加工后用来测量工件的形状，位置和尺寸误差，测量时所采用的基准，称为测量基准。

4）装配基准

在机器装配时，用来确定零件或部件在产品中的相对位置所采用的基准，称为装配基准。

3. 定位基准的选择

定位基准是加工中获得零件尺寸的直接基准，合理选择定位基准是工艺设计中一项重要工作内容。

1）粗基准的选择

粗基准的选择要求应能保证加工面与非加工面之间的位置要求及合理分配各加工面的余量，同时要为后续工序提供精基准，一般按下列原则选择。

为了保证不加工表面与加工表面之间的位置要求，应选不加工表面做粗基准，如图 2-20（a）所示。如果零件上有多个不加工表面，则应以其中与加工表面相互位置要求较高的面作粗基准，如图 2-20（b）所示，该零件有三个不加工表面，若表面 4 与表面 2 所组成的壁厚均匀度要求较高时，则应选择表面 2 作为粗基准来加工台阶孔。

合理分配各加工面的余量。在分配余量时，应考虑以下两点：

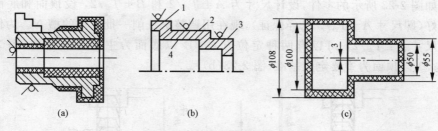

图 2-20　粗基准的选择

（1）应保证各主要加工面都有足够的余量。为满足这一要求，选择毛坯余量最小的表面作粗基准，如图 2-20（c）所示的锻轴毛坯，应选择 $\phi55$mm 外圆表面作粗基准。

对于工件上的某些重要表面（如床身导轨面和箱体的重要孔等），为了尽可能使其加工余量均匀，则应选择重要表面作粗基准。如图 2-21 所示的车床床身，导轨表面是重要表面，要求耐磨性好，且在整个导轨表面内具有大体一致的力学性能。因此，加工时应选择导轨表面作为粗基准加工床腿底面，然后再以床腿底面为精基准加工导轨平面。

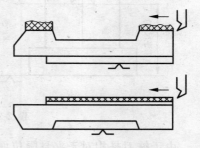

图 2-21　床身加工粗基准选择

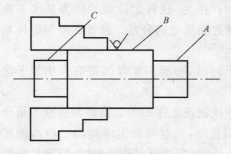

图 2-22　重复使用粗基准示例

（2）粗基准应避免重复使用。在同一尺寸方向上，粗基准通常只允许使用一次，以免产生较大的定位误差。如图 2-22 所示的小轴加工，如重复使用 B 面去加工 A、C 面，则必然会使 A 面与 C 面的轴线产生较大的同轴度误差。

选作粗基准的表面应平整，没有浇口、冒口或飞边等缺陷，以便定位可靠。

2）精基准的选择

选择精基准时应从整个工艺过程来考虑如何保证工件的尺寸精度和位置精度，并使装夹方便可靠。其选择的原则如下所述。

（1）基准重合原则。选择加工表面的设计基准为定位基准，称为基准重合原则。采用基准重合原则可以避免由定位基准与设计基准不重合引起的基准不重合误差，零件的尺寸精度和位置精度能可靠地得到保证。在对加工面位置尺寸有决定作用的工序中，尤其是当位置公差要求很小时，一般不应违反这一原则，否则会因基准不重合而引起定位误差，增大加工难度。

　　如图 2-23 所示的零件,设计尺寸为 $A \pm T_A/2$ 和 $B \pm T_B/2$,设顶面和底面已加工好(即尺寸 $A \pm T_A/2$ 已经保证),现在用调整法铣削一批零件的槽 N。为保证设计尺寸 $B \pm T_B/2$,可以有两种定位方案:① 以底面为主要定位基准(图 2-23 (a));② 以顶面为主要定位基准(图 2-23(b))。

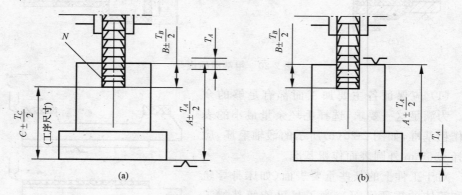

图 2-23　基准不重合误差

　　由于铣刀是相对于夹具限位面(或机床工作台面)调整的,对于一批零件来说,刀具调整好后位置不再变动。第一种方案加工后尺寸 B 的大小除受本工序加工误差 T_C 的影响外,还与上道工序的加工误差 T_A 有关。如果采用第二种方案,则尺寸 A 的公差 T_A 对于尺寸 B 便无影响。第一种方案较第二种方案所增加的误差是由所选的定位基准与设计基准不重合而产生的,这种定位误差称为基准不重合误差。它的大小等于设计基准与定位基准之间尺寸的公差。设计基准与定位基准之间的尺寸就称为定位尺寸。

　　当定位尺寸的方向与工序尺寸的方向不同时,基准不重合误差的大小等于定位尺寸公差在工序尺寸方向上的投影。

　　显然,采用基准不重合的定位方案,必须控制该工序的加工误差和基准不重合误差的总和。这样既缩小了本道工序的加工允差,又对前面工序提出了较高的要求,从而会使加工成本提高,因而应当避免。所以,在选择定位基准时,应当尽量使定位基准与设计基准(工序基准)相重合。

　　有时工件的加工要求比较高,采用基准重合方案一次加工不能达到预定的要求,这时常常采用互为基准反复加工的方案。如车床主轴的前锥孔与主轴支承轴颈间有严格的同轴度要求,加工时就是先以轴颈外圆为定位基准加工锥孔,再以锥孔为定位基准加工外圆,如此反复多次,即可最终达到加工要求。

　　必须注意,基准重合原则是针对一个工序的主要加工要求而言的。当工序中加工要求较多时,对于其他的加工要求并不一定都是基准重合的,这时应根据保证这些加工要求必须限制的自由度,找出相应的定位基准,并对基准不重合误差进行分析和计算,使之符合加工要求。

在实际情况下,有时基准重合会带来一些新的问题,如装夹工件不方便或夹具结构太复杂等,而使得实现起来很困难甚至不可能,此时就不得不放弃这一原则,而采用其他的方案。

(2) 基准统一原则。在零件加工过程中尽可能地采用统一的定位基准,称为基准统一原则。这样能最大限度保证各加工表面间的位置精度,避免基准转换产生的误差,并可使各工序所使用夹具的结构相同或相似,简化夹具的设计和制造。如轴类零件,采用两顶尖孔作统一的定位基准;一般箱体零件常采用一个大平面和两个距离较远的孔为统一的精基准;圆盘和齿轮零件常用一端面和短孔为精基准。

基准重合和基准统一原则是选择精基准的两个重要原则,但有时会遇到两者相互矛盾的情况,这时对尺寸精度较高的加工表面应服从基准重合原则,以免使工序尺寸的实际公差减少,给加工带来困难。除此以外,应主要考虑基准统一原则。

(3) 自为基准原则。当精加工或光整加工工序要求余量小而均匀,应选择加工表面本身作为定位基准,称为自为基准原则。该加工表面与其他表面之间的相互位置精度则由先行工序保证。图 2-24 所示磨削床身导轨面,就是以导轨面本身为基准来找正定位。此外,拉孔、浮动铰孔、浮动镗孔、无心磨外圆及珩磨等都是自为基准的例子。

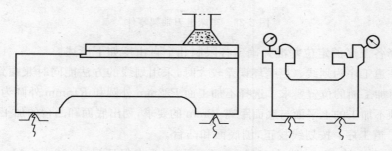

图 2-24　自为基准的例子

(4) 互为基准原则。对于相互位置精度要求很高的表面,可以采用互为基准反复加工的方法,称为互为基准原则。如车床主轴为保证轴颈与前端锥孔的高同轴度要求,常以主轴轴颈和锥孔互为基准反复加工。又如加工精密齿轮时,当把齿面淬硬后,需要进行磨齿,因其淬硬层较薄,故磨削余量要小而均匀。为此,就需先以齿面分度圆为基准磨内孔,再以内孔为基准磨齿面。这样加工不仅可以使磨齿余量小而均匀,而且还能保证这个内齿轮分度圆对内孔有较小的同轴度误差。

(5) 便于装夹原则。所选精基准应能保证工件定位准确、稳定、夹紧方便可靠。精基准应该是精度较高、表面粗糙度较小、支撑面积较大的表面。

3) 基准选择实例

如图 2-25 所示为车床进刀轴架零件,加工工艺过程如下:

(1) 划线。

(2) 粗、精刨底面和凸台。

(3) 粗、精镗孔 $\phi32H7$mm 孔。

(4) 钻、扩、铰 $\phi16H9$mm 孔。

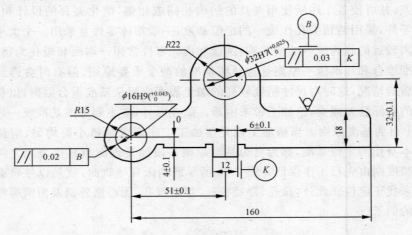

图 2-25　车床进刀轴架零件

选择各工序的定位基准并确定各限制几个自由度如下所述。

第一道工序为划线。当毛坯误差较大时,采用划线的方法能同时兼顾到几个不加工面对加工面的位置要求。选择不加工面 R22mm 外圆和 R15mm 外圆为粗基准,同时兼顾不加工的上平面与底面距离 18mm 的要求,划出底面和凸台的加工线。

第二道工序,按划线找正,刨底面和凸台。

第三道工序,粗、精镗 $\phi32H7$mm 孔。加工要求保证尺寸(32±0.1)mm、(6±0.1)mm 及凸台侧面 K 的平行度 0.03mm。根据基准重合的原则选择底面和凸台为定位基准,底面限制三个自由度,凸台限制两个自由度,无基准不重合误差。

第四道工序,钻、扩、铰 $\phi16H9$mm 孔。除孔本身的精度要求外,本工序应保证的位置要求为尺寸(4±0.1)mm、(51±0.1)mm 及两孔的平行度要求 0.02mm。根据精基准选择原则,可以有三种不同的方案:

(1) 底面限制三个自由度,K 面限制两个自由度。此方案加工两孔采用了基准统一原则,夹具比较简单。设计尺寸(4±0.1)mm 基准重合;(51±0.1)mm 有基准不重合误差,其大小等于 0.2mm;两孔平行度 0.02mm 也有基准不重合误差,其大小等于 0.03mm。由分析可知,此方案基准不重合误差已经超过了加工总误差允许的范围,不可行。

（2）$\phi32H7mm$ 孔限制四个自由度，底面限制一个自由度。此方案对尺寸（4±0.1）mm 有基准不重合误差，且定位销细长，刚性较差，所以也不好。

（3）底面限制三个自由度，$\phi32H7mm$ 孔限制两个自由度。此方案可将工件套在一个长的菱形销上来实现，对于三个设计要求均为基准重合。唯 $\phi32H7mm$ 孔对于底面的平行度误差将会影响两孔在垂直平面内的平行度，应当在镗 $\phi32H7mm$ 孔时加以限制。

综上所述，第三种方案基准基本上重合，夹具结构也不太复杂，装夹方便，故应采用。

2.4.3　机床夹具的类型

夹具是一种装夹工件的工艺装备，它广泛地应用于机械制造过程的切削加工、热处理、装配、焊接和检测等工艺过程中。

在金属切削机床上使用的夹具统称为机床夹具。在现代生产中，机床夹具是一种不可缺少的工艺装备，它直接影响着工件加工的精度、劳动生产率和产品的制造成本等。

机床夹具的种类繁多，可以从不同的角度对机床夹具进行分类，常用的分类方法有以下几种。

1）按夹具的使用特点分类

根据夹具在不同生产类型中的通用特性，机床夹具可分为通用夹具、专用夹具、可调夹具、组合夹具和拼装夹具五大类。

（1）通用夹具。已经标准化的可加工一定范围内不同工件的夹具，称为通用夹具，其结构、尺寸已规格化，而且具有一定通用性，如三爪自定心卡盘、机床用平口虎钳、四爪单动卡盘、台虎钳、万能分度头、顶尖、中心架和磁力工作台等。这类夹具适应性强，可用于装夹一定形状和尺寸范围内的各种工件。这些夹具已作为机床附件由专门工厂制造供应，只需选购即可。其缺点是夹具的精度不高，生产率也较低，且较难装夹形状复杂的工件，故一般适用于单件小批量生产中。

（2）专用夹具。专为某一工件的某道工序设计制造的夹具，称为专用夹具。在产品相对稳定、批量较大的生产中，采用各种专用夹具，可获得较高的生产率和加工精度。专用夹具的设计周期较长、投资较大。

专用夹具一般在批量生产中使用。除大批大量生产之外，中小批量生产中也需要采用一些专用夹具，但在结构设计时要进行具体的技术经济分析。

（3）可调夹具。某些元件可调整或更换，以适应多种工件加工的夹具，称为可调夹具。可调夹具是针对通用夹具和专用夹具的缺陷而发展起来的一类新型夹具。对不同类型和尺寸的工件，只需调整或更换原来夹具上的个别定位元件和夹紧元件便可使用。它一般又可分为通用可调夹具和成组夹具两种。前者的通用范围比通用夹具更大;后者则是一种专用可调夹具,它按成组原理设计能加工一族相似的工件,故在多品种,中、小批量生产中使用有较好的经济效果。

(4) 组合夹具。采用标准的组合元件、部件,专为某一工件的某道工序组装的夹具,称为组合夹具。组合夹具是一种模块化的夹具。标准的模块元件具有较高精度和耐磨性,可组装成各种夹具。夹具用毕可拆卸,清洗后留待组装新的夹具。由于使用组合夹具可缩短生产准备周期,元件能重复多次使用,并具有减少专用夹具数量等优点,因此组合夹具在单件、中小批量多品种生产和数控加工中,是一种较经济的夹具。

(5) 拼装夹具。用专门的标准化、系列化的拼装零部件拼装而成的夹具,称为拼装夹具。它具有组合夹具的优点,但比组合夹具精度高、效能高、结构紧凑。它的基础板和夹紧部件中常带有小型液压缸。此类夹具更适合在数控机床上使用。

2) 按使用机床分类

夹具按使用机床不同,可分为车床夹具、铣床夹具、钻床夹具、镗床夹具、齿轮机床夹具、数控机床夹具、自动机床夹具、自动线随行夹具以及其他机床夹具等。

3) 按夹紧的动力源分类

夹具按夹紧的动力源可分为手动夹具、气动夹具、液压夹具、气液增力夹具、电磁夹具以及真空夹具等。

2.4.4　数控加工夹具的特点

作为机床夹具,首先要满足机械加工时对工件的装夹要求。同时,数控加工的夹具还有它本身的特点。这些特点如下所述:

(1) 数控加工适用于多品种、中小批量生产,为能装夹不同尺寸、不同形状的多品种工件,数控加工的夹具应具有柔性,经过适当调整即可夹持多种形状和尺寸的工件。

(2) 传统的专用夹具具有定位、夹紧、导向和对刀四种功能,而数控机床上一般都配备有接触式测头、刀具预调仪及对刀部件等设备,可以由机床解决对刀问题。数控机床上由程序控制的准确定位精度,可实现夹具中的刀具导向功能。因此数控加工中的夹具一般不需要导向和对刀功能,只要求具有定位和夹紧功能,就能满足使用要求,这样可简化夹具的结构。

(3) 为适应数控加工的高效率,数控加工夹具应尽可能使用气动、液压、电动等自动夹紧装置快速夹紧,以缩短辅助时间。

(4) 夹具本身应有足够的刚度,以适应大切削用量切削。数控加工夹具有工序集中的特点,在工件的一次装夹中既要进行切削力很大的粗加工,又要进行达到工件最终精度要求的精加工,因此夹具的刚度和夹紧力都要满足大切削力的要求。

(5) 为适应数控多方面加工,要避免夹具结构包括夹具上的组件对刀具运动轨迹的干涉,夹具结构不要妨碍刀具对工件各部位的多面加工。

(6) 夹具的定位要可靠,定位元件应具有较高的定位精度,定位部位应便于清屑,无切屑积留。如工件的定位面偏小,可考虑增设工艺凸台或辅助基准。

(7) 对刚度小的工件,应保证最小的夹紧变形,如使夹紧点靠近支承点,避免把夹紧力作用在工件的中空区域等。当粗加工和精加工同在一个工序内完成时,如果上述措施不能把工件变形控制在加工精度要求的范围内,应在精加工前使程序暂停,让操作者在粗加工后精加工前变换夹紧力(适当减小),以减小夹紧变形对加工精度的影响。

本 章 小 结

本章介绍机械加工工艺系统的组成,主要包括金属切削机床的分类、型号、主要参数及选用的方法;金属切削刀具、车刀的几何参数及选用方法、刀具的种类、机夹刀具的结构、刀片的几何形状、代号、选用方法、夹紧机构工作原理等;以及机床夹具部分中定位夹紧的概念、六点定位原理、完全定位、不完全定位、欠定位、过定位等内容,使学生全面的掌握工艺系统全部内容,更好地为机械制造服务。

思考与习题

1. 何为机械加工工艺系统? 如何进行加工设备的选择?
2. 金属切削机床是如何分类的? CA6140 型号字母和数字各代表什么意思?
3. 刀具是如何分类的? 车刀有哪些角度? 在切削过程中各起什么作用?
4. 车刀的前角、后角、主偏角、刃倾角是如何选择的?
5. 什么是可转位车刀? 它有哪些特点?
6. 可转位刀片的十个代号各代表什么意思?
7. 对可转位刀片的定位夹紧有何要求?
8. 可转位刀片常用的夹紧机构有几种? 它们的工作原理是什么?
9. 什么是定位? 什么叫夹紧?
10. 试述六点定位原理。
11. 什么叫完全定位和不完全定位?
12. 什么是欠定位? 什么是过定位? 产生欠定位和过定位如何消除?
13. 什么叫基准? 夹具是如何分类的?

第3章 机械加工工艺规程的制定

3.1 工艺规程的作用与编制

3.1.1 工艺文件的作用与类型

工艺规程是在具体的生产条件下说明并规定工艺过程的工艺文件。根据生产过程工艺性质的不同，有毛坯制造、零件机械加工、热处理、表面处理以及装配不同的工艺规程。其中规定零件制造工艺过程和操作方法等的工艺文件称为机械加工工艺规程；用于规定产品或部件的装配工艺过程和装配方法的工艺文件是机械装配工艺规程。它们是在具体的生产条件下，确定的最合理或较合理的制造过程和方法，并按规定的形式书写成工艺文件来指导制造过程。

工艺规程是制造过程的纪律性文件。其中机械加工工艺规程包括工件加工工艺路线及所经过的车间和工段、各工序的内容及所采用的机床和工艺装备、工件的检验项目及检验方法、切削用量、工时定额及工人技术等级等内容。机械装配工艺规程包括装配工艺路线、装配方法、各工序的具体装配内容和所用的工艺装备、技术要求以及检验方法等内容。

1. 机械制造工艺规程的作用

（1）工艺规程是指导生产的主要技术文件。合理的工艺规程是在总结生产实践经验的基础上，依据工艺理论和必要的工艺试验而制定的，是保证产品质量与经济效益的指导性文件。在生产中应严格执行既定的工艺规程。但工艺规程也不是固定不变的，工艺人员应不断总结工人的革新创造，及时吸取国内外先进工艺技术，对现行工艺不断地予以改进和完善，以便更好地指导生产。

（2）工艺规程是生产组织和管理工作的基本依据。在生产管理中，产品投产前原材料及毛坯的供应、通用工艺装备的准备、机械负荷的调整、专用工艺装备的设计和制造、作业计划的编排、劳动力的组织以及生产成本的核算等，都是以工艺规程作为基本依据的。

（3）工艺规程是新建或扩建工厂或车间的基本资料。在新建或扩建工厂或车间时，只有依据工艺规程和生产纲领才能正确确定生产所需要的机床和其他设备的种类、规格和数量；确定车间的面积、机床的布置、生产工人的工种、等级、数量以及辅助部门的安排等。

（4）制定工艺规程的原则。主要原则包括先进性、经济的合理性和当地的劳动条件及环保。

2. 机械加工工艺规程的类型

1）机械加工工艺过程卡片

该卡片是简要说明零件机械加工过程以工序为单位的一种工艺文件，主要用于单件小批生产和中批生产的零件，大批量生产可酌情自定。工艺过程卡片主要列出整个零件加工所经过的工艺路线，包括毛坯、机械加工和热处理等。它是制定其他工艺文件的基础，也是生产技术准备、编制作业计划和组织生产的依据。由于各工序的说明较简单，一般不直接指导工人操作，而是作为生产管理方面使用。在单件小批生产中，则以这种卡片指导生产而不编制较详细的工艺文件，其格式见表 3-1。

表 3-1　机械加工工艺过程卡片

机械加工工艺过程卡片		产品型号		零(部)件图号				
		产品名称		零(部)件名称		共（　）页		第（　）页
材料批号		毛坯种类	毛坯外形尺寸		每个毛坯可制件数		每台件数	备注

工序号	工序名称	工序内容		车间	工段	设备	工序准备	工时	
								准备	条件
插图									
描校									
底图号									
修订号									
				设计（日期）		审核（日期）	标准化（日期）	会签（日期）	
标记	处记	更改文件号	签字	日期	标记	处记	更改文件号	签字	日期

2）机械加工工序卡片

它是在工艺过程卡片的基础上，进一步按每道工序所编制的一种工艺文件，该卡片中要画出工序简图（图上应标明定位基准、工序尺寸及公差、形位公差和表面粗糙度要求、加工部位等）并详细说明该工序中每个工步的加工内容、工艺参数、操作要求以及所用设备和工艺装备等。工序卡片主要用于大批量生产中所有的零件、中批生产中复杂产品的关键零件以及单件小批生产中的关键工序,其格式见表 3-2。

表 3-2 机械加工工序卡

工厂	机械加工工序卡片	产品名称及型号		零件名称	零件图号	工序名称	工序号	第 页
								共 页
		车间	工段	材料名称	材料牌号		力学性能	
		同时加工工件数	每料件数	技术等级	单件时间/min		准-终时间/min	
		设备名称	设备编号	夹具名称	夹具编号		切削液	

工步号	工步内容	进给次数	切削用量			时间定额/min		工艺装备			
			切削深度/mm	进给量/(mm/r)	切削速度/(m/min)	基本时间	辅助时间	名称	规格	编号	数量

编制		抄写		校对		审核			批准	

3）机械加工工艺卡片

机械加工工艺卡片是以工序为单位详细说明整个工艺过程的工艺文件,是用来指导工人生产和帮助车间管理人员和技术人员掌握整个零件加工过程的一种主要技术文件。其内容包括:零件的材料、质量、毛坯的制造方法,各个工序的具体内容及加工后所要求达到的精度和表面粗糙度等,工序卡片的格式见表 3-3。

表 3-3 机械加工工艺卡片

厂 名				产品型号			零(部)件图号			共 页
				产品名称			零(部)件名称			第 页

材料牌号			毛坯种类		毛坯外形尺寸		每毛坯件数		每台件数		备注	

工序	装夹	工步	工序内容	同时加工零件数	切削用量				设备名称及编号	工艺装备名称及编号			技术等级	工时定额	
					背吃刀量/mm	切削速度/(m/min)	每分钟转数或往复次数	进给量/mm		夹具	刀具	量具		准终	单件
									编制(日期)	审核(日期)	会签(日期)				

标记	处记	更改文件号	签字	日期	标记	处记	更改文件号	签字	日期

3.1.2 制定工艺规程的基本要求、依据和步骤

工艺规程设计的原则是:在保证产品质量的前提下,应尽量提高生产率和降低成本。应在充分利用本企业现有生产条件的基础上,尽可能采用国内外先进工艺技术和经验,并保证良好的劳动条件。工艺规程应做到正确、完整、统一和清晰,采用术语、符号、计量单位、编号等都要符合相应标准。

工艺规程设计必须具备下列原始材料:

(1) 产品的装配图和零件的工作图。

(2) 产品验收的质量标准。

(3) 产品的生产纲领。

(4) 毛坯的生产条件或协作关系。

(5) 现有生产条件和资料。它包括工艺装备及专用设备的制造能力,有关机械加工车间的设备和工艺装备的条件,技术工人的水平以及各种工艺资料和技术标准等。

(6) 国内外同类产品的有关工艺资料等。

在掌握上述资料的基础上,机械加工工艺规程设计的步骤主要是:

(1) 分析零件图和产品的装配图。

(2) 确定毛坯。

(3) 选择定位基准。

(4) 拟订工艺路线。

(5) 确定各工序的设备、刀具、量具和辅助工具。

(6) 确定各工序的加工余量、计算工序尺寸及公差。

(7) 确定各工序的切削用量和时间定额。

(8) 确定各主要工序的技术要求及检验方法。

(9) 进行技术经济分析,选择最佳方案。

(10) 填写工艺文件。

机械装配工艺规程设计的主要步骤是:

(1) 进行工艺分析,结合零件图和装配图,了解零件在产品中的功用、工作条件、熟悉其结构、形状和技术要求。

(2) 确定毛坯。

(3) 拟订工艺路线。

(4) 确定各工序的加工余量,计算工序尺寸及公差。

(5) 确定各工序所采用的工艺装备及工艺设备。

(6) 确定各主要工序的切削用量和工时定额。

(7) 确定各主要工序的技术要求及检验方法。

　　（8）工艺方案的技术经济分析。

　　（9）填写工艺文件。

　　拟订零件的机械加工工艺路线主要包括：选择定位基准、确定各表面加工方法、安装各表面加工顺序，这是制定工艺规格的关键，应提出几个方案，择优选用。

3.1.3　工艺文件的内容

　　工艺文件是指将组织生产实现工艺过程的程序、方法、手段及标准用文字及图表的形式来表示，用来指导产品制造过程的一切生产活动，使之纳入规范有序轨道的各种技术文件。企业是否具备先进、科学、合理、齐全的工艺文件是企业能否安全、优质、高产低消耗的制造产品的决定条件。在机械加工中常用的工艺文件种类有工艺文件目录、工艺流程、设备工装明细表铸造、退火、机加工工序卡、作业指导书等。凡是工艺部门编制的工艺计划、工艺标准、工艺方案、质量控制规程也属于工艺文件的范畴。工艺文件是带强制性的纪律性文件，不允许用口头的形式来表达，必须采用规范的书面形式，而且任何人不得随意修改，违反工艺文件属违纪行为。为确保工艺文件在生产中的作用，严明工艺纪律，加强工艺管理，提高工艺水平，控制和提高产品的质量，增加经济效益目标，确保加工工艺、技术、文件的正确和现行有效，保证生产的正常运行，特制定工艺纪律。

　　（1）建立健全工艺管理机构和规章制度，生产设备管理部门对所编制的技术文件的正确性负责。

　　（2）所有的生产用工艺文件，必须由生产设备管理部门进行工艺审查，编制工艺、确定材料定额和设计必要的工装后方能投产，否则车间有权拒绝接受，非标准工艺文件不能在车间使用和流通。

　　（3）生产使用的工艺文件必须清楚、内容完整、正确，凡是无编制和审核人员签名不全的工艺文件，均视为无效和失效文件，不能在车间使用和流通。

　　（4）技术部门要支持工人群众的技术革新和合理化建议，对经鉴定确有成效者，要正式纳入工艺文件，用于生产。

　　（5）车间主任必须熟悉产品工艺文件，并要求操作工人必须按工艺规程操作，检验员以及技术管理人员要监督和检查工艺文件的正确执行。

　　（6）生产工人应不断提高技术水平，操作前必须明确工艺文件，核对检查工装，确认无误后方可使用，首件交检验员、主任及自检，检验合格后方能继续生产。

　　（7）因各种原因需要调整工艺时，要经有关人员的同意，下达有效使用时间、数量的临时工艺、过期作废，临时工艺也必须签字齐全方能生效。

　　（8）凡新设计的制造的工艺装备，都必须经检验合格方能投入使用。对失去精度，不能保证产品质量的工艺装备，要及时修复，经检验合格后才能使用。

（9）操作者应正确使用工装,因使用不合理造成的损失由使用者负责。

（10）操作工必须做好生产前的准备工作,认真细致地看工艺文件,按工艺规程操作生产。

（11）凡涉及工艺文件规定的工艺参数和技术要求,如温度、压力、时间、清洁度、材料配方等,均需认真检查和操作,不得私自更改。

（12）生产人员都应实行三定（定人、定机、定件）,未经培训合格的新工人不得上岗。特殊过程的操作人员要持证上岗,作好监控点的有关记录,所有的生产工人必须三按生产（按规定、按工艺、按标准）。

3.1.4　工艺文件的编制

工艺文件由生产技术科编写。编写工艺文件必须做到流程合理、加工方法正确、工艺参数准确、控制方法合理、格式符合有关标准的规定、真正起到指导生产的作用,对于关键工序设控制点,明确控制内容和控制方法。

1. 编制的依据

（1）工艺规程编制的技术依据是全套设计文件、样机及各种工艺标准。

（2）工艺规程编制的工作量依据是计划日（月）产量及标准工时定额。

（3）工艺规程编制的适用性依据是现有的生产条件及经过努力可能达到的条件。

2. 编制应掌握的原则

（1）既要具有经济上的合理性和技术上的先进性,又要考虑企业的实际情况,具有适用性。

（2）必须严格与设计文件的内容相符合,应尽量体现设计的意图,最大限度地保证设计质量的实现。

（3）要严肃认真、一丝不苟、力求文件内容完整正确,表达简洁明了、条理清楚、用词规范严谨,并尽量采用视图加以表达。要做到不用口头解释,根据工艺规程,就可正常地进行一切工艺活动。

（4）要体现质量第一的思想,对质量的关键部位及薄弱环节应重点加以说明。技术指标应前紧后松,有定量要求,无法定量要以封样为准。

（5）尽量提高工艺规程的通用性,对一些通用的工艺要求应上升为通用工艺。

（6）表达形式应具有较大的灵活性及适用性,做到当产量发生变化时,文件需要重新编制的比例压缩到最小程度。

3. 工艺文件的审批

工艺文件由生产科编写,组织质检科等有关部门会签,经主管厂长批准,方可作为正式文件下发执行。

4. 工艺文件的更改

工艺文件一经批准发布,即有法律效力,应保持相对稳定,不宜经常变动,但遇到产品结构的材料、设备和工装等有变更时,应对加工工艺进行相应的变更,对工艺文件进行修改。更改时应由生产技术科工艺员进行修改,做出标记,签名要注明更改日期。

5. 工艺文件的保管和发放

应符合工厂文件、资料、档案管理制度。

3.2　零件的工艺分析

3.2.1　机械零件结构的工艺性

所谓零件的结构工艺性,是指零件在满足使用要求的前提下,制造该零件的可行性和经济性。功能相同的零件,其结构工艺性可以有很大差异。所谓结构工艺性好,是指在现有工艺条件下,既能方便制造又有较低的制造成本。下面将从零件的结构要素和整体装配两方面,对零件的结构工艺性进行分析。

尽管零件的形状、几何尺寸和技术要求十分复杂,具有各自不同的特点,但从几何角度观察分析不难发现,不同的零件都是由一些不同尺寸的简单表面(如平面、回转面、特殊型面等)组合而成的,因此应从形体分析入手弄清零件结构,构成零件的表面类型。表面类型是选择加工方法的基本依据,如外圆面可由车削和磨削加工,内孔可由钻、扩、铰、镗和磨削等方法获得。

此外,各种类型表面的不同组合构成了零件不同的特点,对零件的加工工艺将发生重要影响。例如,以圆柱面为主的表面,既可组成轴、盘类零件,也可构成套、环类零件;对于轴而言,既可以是粗而短的轴,也可以是细而长的轴。由于这些零件的结构特点不同,使其加工工艺出现很大差异。同样,对于使用性能相同而结构不同的两个零件,它们的制造工艺和制造成本也可能有很大差别。

在对零件进行结构工艺性分析时应注意充分领会产品使用要求和设计人员的设计意图,不应孤立地看问题,遇到工艺问题和设计要求有矛盾时,必须共同磋商解决办法。表3-4所列是一些零件结构工艺性实例,供参考。

表 3-4　改善零件工艺性

提高工艺性方法	结构		结果
	改进前	改进后	
铣加工			
改进内壁形状	$R_2 < \left(\dfrac{1}{5} \sim \dfrac{1}{6} H\right)$　R_1	$R_2 > \left(\dfrac{1}{5} \sim \dfrac{1}{6} H\right)$　R_1	可采用较高刚性刀具
统一圆弧尺寸	r_1　r_2　r_3　r_4	r	减少刀具数和更换刀具次数，减少辅助时间
选择合适的圆弧半径 R 和 r	r　R	r　ϕd　R	提高生产效率
用两面对称结构			减少编程时间，简化编程

提高工艺	结　　　构		结　果
性方法	改进前	改进后	
	铣　加　工		
合理改进 凸台分布			减少加工 劳动量
改进结构 形状			减少加工 劳动量
			减少加工 劳动量
改进尺寸 比例			可用较高 刚度刀具 加工，提 高生产率

续表

提高工艺性方法	结　构		结　果
	改进前	改进后	
	铣　加　工		

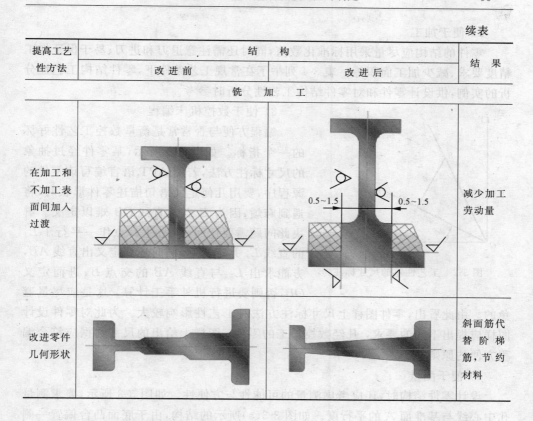

提高工艺性方法	改进前	改进后	结果
在加工和不加工表面间加入过渡		0.5~1.5　　0.5~1.5	减少加工劳动量
改进零件几何形状			斜面筋代替阶梯筋,节约材料

3.2.2　零件整体结构的工艺性

1. 机械加工对零件结构的要求

1) 便于装夹

零件的结构应便于加工时的定位和夹紧,装夹次数要少。如图 3-1(a)所示零件,拟用顶尖和鸡心夹头装夹,但该结构不便于装夹。若改为如图 3-1(b)所示结构,则可方便地装置夹头。

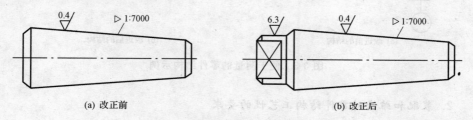

(a) 改正前　　　　　　　　　　　　　　(b) 改正后

图 3-1　便于装夹的零件结构示例

2）便于加工

零件的结构应尽量采用标准化数值,同时还需注意退刀和进刀、易于保证加工精度要求、减少加工面积等。表 3-4 列举了在常规工艺条件下,零件结构工艺性分析的实例,供设计零件和对零件结构工艺性分析时参考。

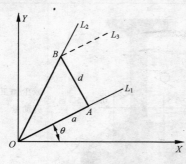

图 3-2　工艺性差的尺寸标注

3）便于数控机床编程

编程方便与否常常是衡量数控工艺性好坏的一个指标。如图 3-2 所示,某零件经过抽象的尺寸标注方法,若用 APT 语言编写该零件的源程序,要用几何定义语句描述零件形状时,将遇到麻烦,因为 B 点及直线 OB 难以定义。解决此问题需要迂回,即先过 B 点作一平行于 L_1 的直线 L_3 并定义它,同时还要定义出直线 AB,方能求出 L_3 与直线 AB 的交点 B,进而定义 OB,否则要进行机外手工计算,这是应尽量避免的。由此看出,零件图样上尺寸标注方法对工艺性影响较大。为此对零件设计图样应提出不同的要求,凡经数控加工的零件,图样上给出的尺寸数据应符合编程方便的原则。

4）便于测量

设计零件结构时,还应考虑测量的可能性与方便性。如图 3-3 所示,要求测量孔中心线与基准面 A 的平行度。如图 3-3(a)所示的结构,由于底面凸台偏置一侧而平行度难以测量。在图 3-3(b)中增加一对称的工艺凸台,并使凸台位置对称,此时测量就方便多了。

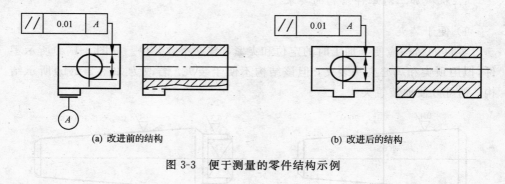

(a) 改进前的结构　　　　　　　　　　　　(b) 改进后的结构

图 3-3　便于测量的零件结构示例

2. 装配和维修对零件结构工艺性的要求

零件的结构应便于装配和维修时的拆装。图 3-4(a)左图所示结构无透气口,销钉孔内的空气难以排出,故销钉不易装入,改进后的结构如图 3-4(a)右图所示。

在图 3-4(b)中为保证轴肩与支承面紧贴,可在轴肩处切槽或孔口处倒角。图 3-4 (c)所示为两个零件配合,由于同一方向只能有一个定位基面,故图 3-4(c)左图所 示不合理,而右图所示为合理的结构。在图 3-4(d)中,左图所示螺钉装配空间太 小,螺钉装不进,改进后的结构如图 3-4(d)右图所示。

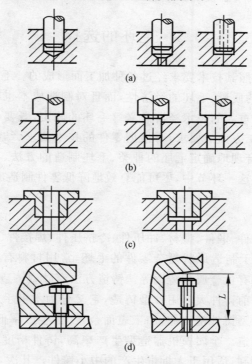

图 3-4 零件的装配与维修特性

3.2.3 零件的技术要求分析

零件图样上的技术要求,既要满足设计要 求,又要便于加工,而且应齐全和合理。其技术 要求包括下列几个方面:

(1) 加工表面的尺寸精度、形状精度和表面 质量;

(2) 各加工表面之间的相互位置精度;

(3) 工件的热处理和其他要求,如动平衡、 镀铬处理和去磁等。

如图 3-5 所示为汽车钢板弹簧吊耳。使用 时,钢板弹簧与吊耳两侧面是不接触的。建议将

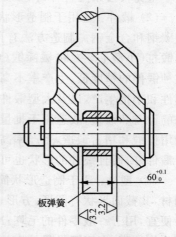

图 3-5 汽车钢板弹簧吊耳

吊耳内侧的表面粗糙度由原设计要求 $Ra=3.2\mu m$ 改为 $Ra=12.5\mu m$，这样在铣削时可只用粗铣不用精铣，减少铣削时间。零件的尺寸精度、形状精度、位置精度和表面粗糙度的要求，对确定机械加工工艺方案和生产成本影响很大。因此，必须认真审查，以避免过高的要求使加工工艺复杂化和增加不必要的费用。

3.3　毛坯的选择

零件是由毛坯按照其技术要求经过各种加工而形成的。毛坯种类选择的恰当与否，不仅影响产品的质量、毛坯的经济性，而且对制造成本也有很大影响，因此，正确地选择毛坯有着重大的技术经济意义。毛坯的确定，既要考虑热加工方面的因素，也要兼顾冷加工方面的要求，再根据零件的技术要求、结构特点、材料、生产纲领等方面的情况，合理地确定毛坯的种类、毛坯制造的方法、毛坯的形状和尺寸等。以便从确定毛坯这一环节中，尽可能有效地降低零件制造成本。

3.3.1　毛坯的种类

毛坯的种类有铸件、锻件、型材、冲压件、冷挤压件、焊接件、粉末冶金等。

（1）铸件：适用于制造形状复杂零件的毛坯，常用材料有灰铸铁、可锻铸铁、球墨铸铁、合金铸铁、有色金属和铸钢等。铸造方法有砂型铸造、离心铸造、压力铸造和精密铸造等。目前铸件大多用砂型铸造，它又分为木模手工造型和金属模机器造型。木模手工造型铸件精度低，加工表面余量大，生产率低，适用于单件小批生产或大型零件的铸造。金属模机器造型生产率高，铸件精度高，但设备费用高，铸件的重量也受到限制，适用于大批量生产的中小铸件。其次，少量质量要求较高的小型铸件可采用特种铸造（如压力铸造、离心制造和熔模铸造等）。

（2）锻件：适用于制造形状比较简单、机械强度要求高的毛坯，主要材料有各种碳钢和合金钢。制造方法有自由锻、模锻和精密锻造等。自由锻造锻件可用手工锻打（小型毛坯）、机械锤锻（中型毛坯）或压力机压锻（大型毛坯）等方法获得。这种锻件的精度低、生产率不高、加工余量较大，而且零件的结构必须简单，适用于单件和小批生产，以及大型锻件的制造。模锻的生产率比自由锻高得多，但需要特殊的设备和锻模，故适用于批量较大的中小型锻件的生产。在大批大量生产中，一般用模锻和精密锻造，生产率高，锻件精度也高。模锻件的精度和表面质量都比自由锻件好，而且锻件的形状也可较为复杂，因而能减少机械加工余量。

（3）型材：适于制造形状简单、尺寸不大的毛坯，主要材料是各种冷拉和热轧钢材，其截面形状有圆形、方形、六角形和各种异形截面。热轧的型材精度低，但价格便宜，用于一般零件的毛坯；冷拉的型材尺寸较小、精度高，易于实现自动送料，但价格较高，多用于批量较大的生产，适用于自动机床加工。

　　（4）冲压件：适于制造形状复杂，生产批量较大的中、小尺寸板材毛坯，冲压件有时可以不再加工或直接进行精加工。

　　（5）冷挤压件：适于制造形状简单、尺寸小、生产批量大的毛坯，主要材料为塑料、较大的有色金属和钢材。冷挤压毛坯精度高，广泛用于挤压各种精度要求高的仪表件和航空发动机中的小零件。

　　（6）焊接件：将型钢或钢板焊接成所需要的结构，适于在单件小批生产中制造大型毛坯。其优点是制造简便、周期短、毛坯质量轻、节约材料。缺点是焊接件抗振性差，由于内应力的重新分布引起的变形大，焊接件在机加工之前需经时效处理。

　　（7）粉末冶金：以金属粉末为原材料，用压制成形和高温烧结来制造零件，尺寸精度高。成形后一般不再进行切削加工，材料损失少，工艺设备简单，适于大批量生产。但金属粉末成本高，且不适于压制结构复杂的零件以及薄壁、有锐角的零件。

3.3.2　毛坯的选择原则

　　在具体选择毛坯类型时要综合考虑零件所用材料的工艺性（可塑性、锻造性）及零件对材料所提出的力学性能要求、零件的形状及尺寸大小、生产批量、毛坯车间现有的生产条件及采用先进毛坯制造方法的可能性等多方面的因素影响。改进毛坯制造方法以提高毛坯精度，采用净型和准净型毛坯，实现少、无切削加工是毛坯生产的发展方向。

　　具体确定时可结合有关资料进行，同时还要全面考虑下列因素的影响。

　　（1）零件的材料及其力学性能。当零件的材料确定后，毛坯的类型也就大致确定了。例如，材料是铸铁就选铸造毛坯；材料是钢材且力学性能要求高时，可选锻件；当力学性能要求较低时，可选型材或铸钢。

　　（2）生产类型。大批量生产时，可选精度和生产率都比较高的毛坯制造方法。用于毛坯制造的费用可由材料消耗和机械加工成本的降低来补偿。如锻件应采用模锻、冷轧或冷拉型材；铸件采用金属模机器造型或精铸。单件小批生产时，可选成本较低的毛坯制造方法，如木模手工造型和自由锻等。

　　（3）零件的形状和尺寸。形状复杂的毛坯常用铸造方法。尺寸大的零件可采用砂型铸造或自由锻造；中、小型零件可用较先进的铸造方法或模锻、精锻等。常见的一般用途的钢质阶梯轴零件，如各台阶的直径相差不大可选用棒料；如各台阶的直径相差较大宜用锻件。

　　（4）现有生产条件。确定毛坯时，必须结合具体的生产条件，如现场毛坯制造的实际水平和外协的可能性等。尤其应注意发挥行业协作的网络功能，实行专业化协作是实现优质低耗的重要途径。

（5）充分考虑利用新工艺、新技术和新材料的可能性。例如，考虑加强精铸、精锻、冷轧、冷挤压、粉末冶金和工程塑料等在机械中的应用。这样可大大减少机械加工量，甚至有时不用机械加工，其经济效益非常显著。

3.3.3 毛坯选择实例

1. 轴类零件

轴类零件的材料多用钢材，一般的光轴、直径相差不大的阶梯轴常用热轧或冷拔棒料做毛坯；重要的轴、有较大直径差的阶梯轴，为节省材料、减少机加工时，多采用锻件；只有某些大型、结构复杂的轴才选用铸钢件。此外，铸件的纤维组织分布合理，可提高轴的强度。

选型材做毛坯时，可用锯切、气割等方法下料。

2. 盘套类零件

盘套类零件一般由钢、铸铁、青钢或黄铜制成；孔径小的盘套，一般选择热轧或冷拔棒料，也可采用实心铸件；孔径大的套筒，常选择无缝钢管或带孔的铸件、锻件。大量生产时，可采用冷挤压和粉末冶金等先进的毛坯制造工艺，既提高生产率，又节约材料。

3. 箱体类零件

一般箱体多采用灰铸铁或铝合金成形。为减少加工量，对于箱体上的孔，单件小批量生产时孔径大于 $\phi50$、成批生产时孔径大于 $\phi30$ 的均应作出预孔。

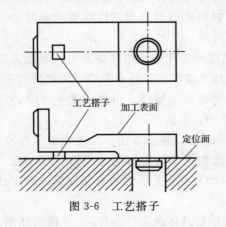

图 3-6 工艺搭子

3.3.4 工艺搭子的设置

由于结构的原因，有些零件加工时不易装夹稳定，为了装夹方便迅速，可在毛坯上制出凸台，即所谓的工艺搭子，如图 3-6 所示。工艺搭子只在装夹工件时用，零件加工完成后，一般都要切掉，但如果不影响零件的使用性能和外观质量可以保留。

3.3.5 整体毛坯的采用

在机械加工中，有时会遇到如磨床主轴部件中的三瓦轴承、发动机的连杆和车床的开合螺母等类零件，为了保证这类零件的加工质量和加工时方便，常将其做成整体毛坯,加工到一定阶段后再切开,如图 3-7 所示的连杆整体毛坯。

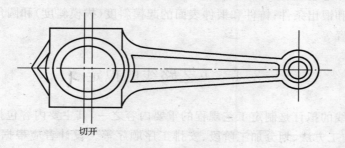

切开

图 3-7　连杆整体毛坯

3.3.6　合件毛坯的采用

为了便于加工过程中的装夹,对于一些形状比较规则的小型零件,如 T 形键、扁螺母、小隔套等,应将多件合成一个毛坯,待加工到一定阶段后或者大多数表面加工完毕后,再加工成单件。如图 3-8(a)所示为 T815 汽车上的一个扁螺母,毛坯取一长六方钢。图 3-8(b)表示在车床上车槽、倒角。图 3-8(c)表示在车槽及倒角后,用钻头钻孔。钻孔的同时也就切成若干个单件。在确定合件毛坯的长度尺寸时,不但要考虑切割刀具的宽度和零件的个数,还应考虑切成单件后,切割的端面是否需要进一步加工,若要加工,则应留有一定的加工余量。

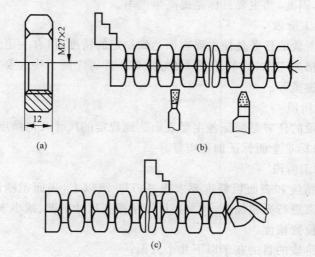

M27×2

12

(a)　　　　　　　　　　　(b)

(c)

图 3-8　扁螺母整体毛坯及加工

在确定了毛坯种类、形状和尺寸后,还应绘制一张毛坯图,作为毛坯生产单位的产品图样。绘制毛坯图是在零件图的基础上,在相应的加工表面加上毛坯余量。

绘制时还要考虑毛坯的具体制造条件，如铸件上的孔、锻件上的孔和空挡、法兰等的最小铸出和锻出条件；铸件和锻件表面的起模斜度（拔模斜度）和圆角；分型面和分模面的位置等。

3.4　工艺路线的拟定

工艺路线的拟订是制定工艺规程的重要内容之一，其主要内容包括：选择定位基准、选择加工方法、划分加工阶段、安排工序顺序等。设计者应根据从生产实践中总结出来的一些综合性工艺原则，结合本厂/企的实际生产条件，制定最佳的工艺路线。

3.4.1　加工阶段的划分

当零件的加工质量要求较高时，往往不可能用一道工序来满足其要求，而要用几道工序来逐步达到所要求的加工质量。为保证加工质量和合理地使用设备、人力，零件的加工过程通常按工序性质不同，可分为粗加工、半精加工、精加工和光整加工四个阶段。

1）粗加工阶段

粗加工阶段的任务是切除毛坯上大部分多余的金属，使毛坯在形状和尺寸上接近零件成品，因此，其主要目标是提高生产率。

2）半精加工阶段

半精加工阶段的任务是使主要表面达到一定的精度，留有一定的精加工余量，为主要表面的精加工（如精车、精磨）做好准备。并可完成一些次要表面加工，如扩孔、攻螺纹、铣键槽等。

3）精加工阶段

精加工阶段的任务是保证各主要表面达到规定的尺寸几何精度和表面粗糙度要求，其主要目标是全面保证加工质量。

4）光整加工阶段

对零件上精度和表面粗糙度要求很高（IT6级以上，表面粗糙度 $Ra = 0.2\mu m$ 以下）的表面，需进行光整加工，其主要目标是提高尺寸精度、减小表面粗糙度。一般不用来提高位置精度。

划分加工阶段的目的在于以下几个方面：

（1）保证加工质量。工件在粗加工时，切除的金属层较厚，切削力和夹紧力都比较大，切削温度也比较高，将会引起较大的变形。如果不划分加工阶段，粗、精加工混在一起，就无法避免上述原因引起的加工误差。按加工阶段加工，粗加工造成的加工误差可以通过半精加工和精加工来纠正，从而保证零件的加工质量。

（2）合理使用设备。粗加工余量大，切削用量大，可采用功率大、刚度好、效率高而精度低的机床。精加工切削力小，对机床破坏小，采用高精度机床。这样发挥了设备的各自优点，既能提高生产率，又能延长精密设备的使用寿命。

（3）便于及时发现毛坯缺陷。对毛坯的各种缺陷，如铸件的气孔、夹砂和余量不足等在粗加工后即可发现，便于及时修补或决定报废，避免继续加工下去造成浪费。

（4）便于安排热处理工序。如粗加工后，一般要安排去应力热处理，以消除内应力。精加工前要安排淬火等最终热处理，其变形可以通过精加工予以消除。

加工阶段的划分也不应绝对化，应根据零件的质量要求、结构特点和生产纲领灵活掌握。在加工质量要求不高、工件刚性好、毛坯精度高、加工余量小、生产纲领不大时，可不必划分加工阶段。对刚性好的重型工件，由于装夹及运输很费事，也常在一次装夹下完成全部粗、精加工。对于不划分加工阶段的工件，为减少粗加工中产生的各种变形对加工质量的影响，在粗加工后，应松开夹紧机构，停留一段时间，让工件充分变形，然后再用较小的夹紧力重新夹紧，进行半精加工。

3.4.2　加工顺序安排

在选定加工方法、划分工序后，工艺路线拟订的主要内容就是合理安排加工工序的顺序。加工顺序是指工序的先后排列，它与加工质量、生产率和经济性要求密切相关。安排加工顺序首先要考虑的是工艺基准面，尤其是定位基准。定位基准选择时应按机械制造工艺学的要求，按粗、精基准的选择原则进行。零件的加工工序通常包括切削加工工序、热处理工序和辅助工序（包括表面处理、清洗和检验等），这些工序的顺序直接影响到零件的加工质量、生产效率和加工成本。因此，在设计工艺路线时，应合理安排好切削加工、热处理和辅助工序的顺序，并解决好工序间的衔接问题。

1. 机械加工工序安排

切削加工工序通常按下列原则安排顺序。

（1）基面先行原则。用做精基准的表面应优先加工出来，因为定位基准的表面越精确，装夹误差就越小。例如，加工轴类零件时，总是先加工中心孔，再以中心孔为精基准加工外圆表面和端面。

（2）先粗后精原则。各个表面的加工顺序按照粗加工—半精加工—精加工—光整加工的顺序依次进行，逐步提高表面的加工精度和减小表面粗糙度。

（3）先主后次原则。零件的主要工作表面、装配基面应先加工，从而能及早发现毛坯中主要表面可能出现的缺陷。次要表面可穿插进行，放在主要加工表面加工到一定程度后、最终精加工之前进行。

（4）先面后孔原则。对箱体、支架类零件，平面轮廓尺寸大，一般先加工平面，再加工孔和其他尺寸。这样安排加工顺序，一方面用加工过的平面定位，稳定可靠；另一方面在加工过的平面上加工孔比较容易，并能提高孔的加工精度，特别是钻孔时，孔的轴线不易偏斜。

2．热处理工序安排

为提高材料的力学性能、改善材料的切削加工性和清楚工件的内应力，在工艺过程中要适当安排一些热处理工序。热处理工序在工艺路线中的安排主要取决于零件的材料和热处理的目的。

（1）预备热处理。目的是改善材料的切削性能，消除毛坯制造时的残余应力，改善组织。其工序位置多在机械加工之前，常用的有退火、回火等。

（2）消除残余应力热处理。由于毛坯在制造和机械加工过程中产生的内应力，会引起工件变形，影响加工质量，因此要安排消除残余应力热处理。消除残余应力热处理最好安排在粗加工之后精加工之前，对精度要求不高的零件，一般将消除残余应力的人工时效和退火安排在毛坯进入机加工车间之前进行。对精度要求较高的复杂铸件，在机加工过程中通常安排两次时效处理：铸造—粗加工—时效—半精加工—时效—精加工。对高精度零件，如精密丝杠、精密主轴等，应安排多次消除残余应力的热处理，甚至采用冰冷处理以稳定尺寸。

（3）最终热处理。目的是提高零件的强度、表面硬度和耐磨性，常安排在精加工工序（磨削加工）之前。常用的热处理方法有淬火、渗碳、渗氮和碳氮共渗等。

3．表面处理工序安排

（1）表面强化工序。例如，滚压、喷丸处理等，一般安排在工艺过程的最后。

（2）表面处理工序。例如，发蓝、电镀等，一般安排在工艺过程的最后。

4．检验及其他工序安排

检验、清洗、去毛刺、去磁、倒棱边、涂防锈油和平衡等构成了工艺规程的辅助工序。

辅助工序也是保证产品质量所必要的工序，若缺少了辅助工序或辅助工序要求不严，将给装配工作带来困难，甚至使机器不能使用。

检查、检验工序是保证产品质量合格的关键工序之一，是主要的辅助工序。除了每个操作工人在操作过程中和操作结束以后都必须自检外，还要在下列情况安排单独的检验工序：

（1）粗加工阶段结束之后。

（2）重要工序之后。

（3）工件从一个车间转换到另一个车间时。

（4）特殊性（磁力探伤，密封性等）检验之前。

（5）零件全部加工结束之后。

除了一般性的尺寸检查（包括形位误差的检查）以外，X 射线检查、超声波探伤检查等多用于工件（毛坯）内部的质量检查，一般安排在工艺过程的开始或热处理工序后。磁力探伤、萤光检验主要用于工件表面质量的检验，通常安排在精加工的前后进行。密封性检验、零件的平衡、零件的重量检验一般安排在工艺过程的最后阶段进行。

切削加工之后，应安排去毛刺处理。零件表层或内部的毛刺影响装配操作、装配质量以至会影响整机性能，因此应给予充分重视。例如，未去净的毛刺和锐边将使零件不便于装配，且危及工人安全。

工件在入库或装配之前，一般都应安排清洗。工件的内孔、箱体内脏易存留切屑，清洗时应特别注意。研磨、珩磨等光整加工工序之后，砂粒易附着在工件表面，要认真清洗，否则会加剧零件在使用中的磨损。润滑油中未去净的铁屑将影响机器的运行，甚至使机器损坏。

采用磁力夹紧工件的工序（如在平面磨床上用电磁吸盘夹紧工件），工件被磁化，应安排去磁处理，并在去磁后进行清洗。

平衡工序包括动、静平衡，一般安排在精加工以后。

其他辅助工序的安排应视具体情况而定。

3.5　工序尺寸及公差

3.5.1　工序尺寸及其公差的确定

生产上绝大部分加工面都是在基准重合（定位基准和工序基准重合）的情况下进行加工的。所以掌握基准重合情况下工序尺寸与公差的确定过程非常重要，具体方法如下：

（1）确定各加工工序的加工余量。有的查表（如总余量），有的计算（如粗加工余量）。

（2）从终加工工序开始，即从设计尺寸开始，到第一道加工工序，逐次加上每道加工工序的余量（有时查表，有时计算），可分别得到各工序基本尺寸（包括毛坯尺寸）。

（3）终加工工序的公差按设计要求确定，其他各加工工序按各自所采用加工方法的加工经济精度确定工序尺寸公差。

（4）填写工序尺寸并按"入体原则"标注工序尺寸公差。

例　某轴直径为 50mm,其尺寸精度要求为 IT5,表面粗糙度 Ra 要求为 0.04μm,并要求高频淬火,毛坯为锻件。其工艺路线为:粗车—半精车—高频淬火—粗磨—精磨—研磨。计算各工序的工序尺寸及公差。

解　先用查表法确定加工余量。由工艺手册查得:研磨余量为 0.01mm,精磨余量为 0.1mm,粗磨余量为 0.3mm,半精车余量为 1.1mm,加工总余量为 6mm,计算可得粗车余量为 4.49mm。

计算各加工工序基本尺寸。研磨后工序基本尺寸为 50mm(设计尺寸),其他各工序基本尺寸依次为:

精磨

$$50mm+0.01mm=50.01mm$$

粗磨

$$50.01mm+0.1mm=50.11mm$$

半精车

$$50.11mm+0.3mm=50.41mm$$

粗车

$$50.41mm+1.1mm=51.51mm$$

毛坯

$$51.51mm+4.49mm=56mm$$

确定各工序的加工经济精度和表面粗糙度。研磨后为 IT5,Ra0.04 μm(零件的设计要求),由工艺手册查表得:

精磨后选定为 IT6,Ra0.16μm;

粗磨后选定为 IT8,Ra1.25μm;

半精车后选定为 IT11,Ra3.2μm;

粗车后选定为 IT13,Ra16μm。

根据上述经济加工精度查公差表,将查得的公差数值按"入体原则"标注在工序基本尺寸上。查工艺手册可得锻造毛坯公差为 ±2mm,则各工序尺寸及公差为:

锻造

$$\phi56\pm2mm$$

粗车

$$\phi51.51_{-0.16}^{0}mm$$

半精车

$$\phi50.41_{-0.16}^{0}mm$$

粗磨

$$\phi50.11_{-0.039}^{0}mm$$

精磨

$$\phi50.01_{-0.016}^{\ \ 0}\text{mm}$$

研磨

$$\phi50.01_{-0.011}^{\ \ 0}\text{mm}$$

在工艺基准(定位基准)无法同设计基准重合的情况下,确定了工序余量之后,需通过工艺尺寸链进行工序尺寸和公差的换算。具体换算方法将在工艺尺寸链中介绍。

3.5.2　工艺尺寸及其计算

1.　工艺尺寸链

在工艺文件上,由加工过程中同一零件的工艺尺寸组成的尺寸链称为工艺尺寸链。

从被加工零件的角度看,机械加工工艺中的每一工序在工件表面上都相应地形成一个或一组确定的尺寸,如图 3-9(a)所示。这些尺寸中,一类尺寸是被加工表面自身的形状形成过程中的中间尺寸,如外圆车削时,每次走刀后都在零件上形成一定的直径尺寸和轴向尺寸。与该表面形成相关的所有工序中,相互关联的加工工艺最后形成一系列相互关联的尺寸,这些相互关联的尺寸在被加工零件上形成尺寸链。这种尺寸链中,有些尺寸是零件表面结构尺寸,有些则是工序加工余量。如图 3-9(b)所示。另一类尺寸是加工余量表面之间的相对位置尺寸,其中一部分尺寸是由加工过程直接得到的,另一部分尺寸则是间接得到的。这两类相互关联的尺寸组成了确定表面之间相互位置的工艺尺寸链,如图 3-9(c)所示。尺寸链中的每一个尺寸称为尺寸链的环,一般称为组成环。组成环是在加工过程中直接形成的尺寸,如图 3-9(b)中的尺寸 A_1、A_2,图 3-9(c)中的尺寸 A_3、A_4 等,这些尺寸包括零件图上的设计尺寸和在加工过程中调整机床时直接控制的尺寸。

封闭环是由其他尺寸间接形成的尺寸,如图 3-9(b)中的 A_z 等。这些尺寸是在加工过程中间接获得的。

组成环按其对封闭环的影响可分为增环和减环。当某一组成环增大时,若封闭环也增大称为增环;若某一组成环增大时封闭环减小称为减环。如图 3-9(b)中 A_1 是增环,A_2 是减环。在一个尺寸链中,只有一个封闭环。在工艺尺寸链中,封闭环是间接得到的尺寸。组成环和封闭环的概念是针对一定的尺寸链而言的,是一个相对概念。同一个尺寸,有可能在一个尺寸链中是组成环,而在另一个尺寸链中是封闭环。

根据组成尺寸链的各环尺寸的几何特征不同,工艺尺寸链可分为长度尺寸链和角度尺寸链。

(1) 长度尺寸链。组成尺寸链的各环均为长度尺寸的工艺尺寸链,如图 3-9

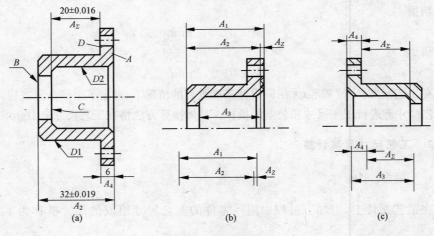

图 3-9　工艺尺寸链

所示。

（2）角度尺寸链。组成尺寸链的各环均为角度尺寸的工艺尺寸链。这种尺寸链多为形位公差构成的尺寸链，如图 3-10 所示。

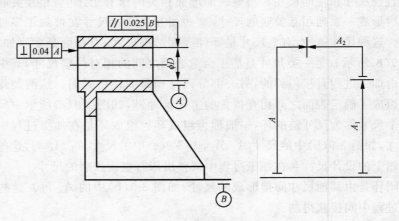

图 3-10　角度尺寸链

按尺寸链各环的空间位置区分，工艺尺寸链有直线尺寸链，平面尺寸链和空间尺寸链三种。其中直线尺寸链最为常见，其定义为各组成环平行于封闭环。以下讨论均以直线长度尺寸链为例。

2. 尺寸链的计算方法

尺寸链的计算方法有极值法和概率法两种。在中、小批量生产和可靠性要求高的场合，多采用极值法；在大批量生产（如汽车工业）中，可采用概率法，极值法的计算公式如下所述。

1）封闭环的基本尺寸

关系尺寸链的封闭性，封闭环的基本尺寸等于所有组成环基本尺寸代数和，即

$$A_\Sigma = \sum_{i=1}^{m} \vec{A}_i - \sum_{j=m+1}^{n-1} \overleftarrow{A}_j$$

式中，A_Σ——封闭环的基本尺寸；

$\vec{A}_i$——增环的基本尺寸；

$\overleftarrow{A}_j$——减环的基本尺寸；

m——增环的数目；

n——尺寸链的总环数。

2）封闭环的极限尺寸

$$A_{\Sigma max} = \sum_{i=1}^{m} \vec{A}_{imax} - \sum_{j=m+1}^{n-1} \overleftarrow{A}_{jmin}$$

$$A_{\Sigma min} = \sum_{i=1}^{m} \vec{A}_{imin} - \sum_{j=m+1}^{n-1} \overleftarrow{A}_{jmax}$$

3）封闭环的极限偏差

由封闭环的极限尺寸减去其基本尺寸即可得到封闭环的极限偏差

$$ES_{A_\Sigma} = \sum_{i=1}^{m} ES_{\vec{A}_i} - \sum_{j=m+1}^{n-1} EI_{\overleftarrow{A}_j}$$

$$EI_{A_\Sigma} = \sum_{i=1}^{m} EI_{\vec{A}_i} - \sum_{j=m+1}^{n-1} ES_{\overleftarrow{A}_j}$$

式中，ES、EI——上偏差和下偏差。

4）封闭环的公差

由上述各式可知，封闭环的公差等于其上偏差减去下偏差，即等于各组成环公差之和

$$T_{A_\Sigma} = ES_{A_\Sigma} - EI_{A_\Sigma} = \sum_{i=1}^{n-1} T_i$$

显然，在极值算法中，封闭环的公差大于任一组成环的公差。当封闭环公差一定时，若组成环数目较多，各组成环的公差就会过小，造成工序加工困难。因此，在分析尺寸链时，应使尺寸链的组成环数最少，即遵循尺寸链最短原则。在大批量生产或封闭环公差较小，组成环较多的情况下，可采用概率算法，其计算公式为

$$T_{A_\Sigma} = \sqrt{\sum_{i=1}^{n-1} T_i^2}$$

3. 工艺尺寸链计算举例

1）基准重合时工序尺寸及其公差的确定

当加工某一表面的各道工序都采用同一个工序基准或定位基准，并与设计基

准重合时,只需考虑各工序的加工余量,可由最后一道工序开始向前推算。

例如,设计尺寸为 $\phi100JS6$ 的某箱体上的主轴孔。加工工序为:粗镗—半精镗—浮动镗。根据工艺手册结合工厂的实际可选定各工序的加工余量及所能达到的经济精度。表 3-5 中列出了各工序尺寸及其公差的计算结果。表中第二、三两列为查手册得到的数据,第四列为计算所得数据,第五列为最终结果。

表 3-5　各工序尺寸及其公差的计算结果

工序名称	工序余量	工序的经济精度	工序尺寸	工序尺寸及公差
浮动镗	0.1	JS6(±0.011)	100	$\phi100\pm0.011$
精镗	0.5	H7($^{+0.035}_{0}$)	$100-0.1=99.9$	$\phi99.9^{+0.035}_{0}$
半精镗	2.4	H10($^{+0.14}_{0}$)	$99.9-0.5=99.4$	$\phi99.4^{+0.14}_{0}$
粗镗	(5)	H13($^{+0.54}_{0}$)	$99.4-2.4=97$	$\phi97^{+0.54}_{0}$
毛坯孔	8	($^{+2}_{-1}$)	$100-8=92$ (或 $97-5=92$)	$\phi92^{+2}_{-1}$

2) 基准不重合时工艺尺寸链的计算

(1) 定位基准与设计基准不重合。如图 3-11(a)所示零件,孔 ϕD 的设计尺寸是(100 ± 0.15)mm,设计基准是 C 孔轴线。镗孔前 A 面、B 孔、C 孔已加工,为使工件装夹方便,镗孔时以 A 面定位,按工序尺寸为 A_3 加工。这时孔的定位尺寸设计基准与工序基准不重合,设计尺寸是间接得到的,因而是封闭环。要保证设计尺寸的要求,必须计算工序尺寸 A_3 的极限偏差要求。其尺寸链如图 3-11(b)所示。

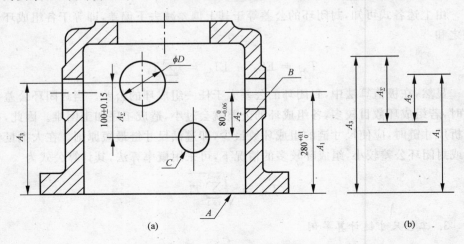

图 3-11　定位基准与设计基准不重合

这一问题属于尺寸链应用的第三种情况,由于其他工序尺寸已知,因而 A_3 就有唯一解。尺寸链中,A_1 为减环,A_2、A_3 为增环,应用尺寸链计算公式可得

$$A_3 = A_\Sigma - A_2 + A_1 = (100 - 80 + 280)\text{mm} = 300\text{mm}$$

$$\text{ES}_{A_3} = \text{ES}_{A_\Sigma} - \text{ES}_{A_2} + \text{ES}_{A_1} = (0.15 - 0 + 0)\text{mm} = 0.15\text{mm}$$

$$\text{EI}_{A_3} = \text{EI}_{A_\Sigma} - \text{EI}_{A_2} + \text{EI}_{A_1} = [-0.15 - (-0.06) + 0.1]\text{mm} = 0.01\text{mm}$$

所以,工序尺寸 A_3 为

$$A_3 = (300^{+0.15}_{+0.01})\text{mm}.$$

(2) 设计基准与测量基准不重合。如图 3-12(a)所示零件,内孔端面 C 的设计基准是 B 面,设计尺寸为便于测量,采用以 A 面为基准,测量尺寸 A_2 来间接保证设计尺寸。这样设计尺寸 $30^{0}_{-0.2}$ 就成为间接保证尺寸。工艺尺寸链如图 3-12(b)所示。

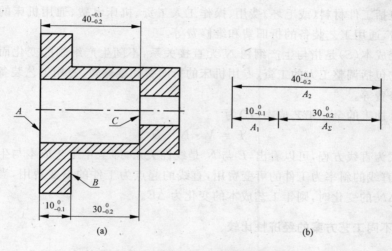

图 3-12 设计基准与测量基准不重合

显然,这类问题也是在已知封闭环的情况下,求某一组成环的尺寸。由图 3-12 可知尺寸 $30^{0}_{-0.2}$,A_1 为减环,A_2 为增环。由尺寸链计算公式可知

$$A_2 = A_\Sigma + A_1 = (30 + 10)\text{mm} = 40\text{mm}$$

$$\text{ES}_{A_2} = \text{ES}_{A_\Sigma} + \text{EI}_{A_1} = [0 + (-0.1)]\text{mm} = -0.1\text{mm}$$

$$\text{EI}_{A_2} = \text{EI}_{A_\Sigma} + \text{ES}_{A_1} = (-0.2 + 0)\text{mm} = -0.2\text{mm}$$

由此,求得工序测量尺寸为

$$A_2 = (40^{-0.1}_{-0.2})\text{mm}$$

3.6 工艺过程的经济分析

制定机械加工工艺规程时,通常应提出几种方案。这些方案应都能满足零件

的设计要求,但成本则会有所不同。为了选取最佳方案,需要进行技术经济分析。

3.6.1　生产成本和工艺成本

制造一个零件或一件产品所必需的一切费用的总和,称为该零件或产品的生产成本。生产成本实际上包括与工艺过程有关的费用和与工艺过程无关的费用两类。因此,对不同的工艺方案进行经济分析和评价时,只需分析、评价与工艺过程直接相关的生产费用,即所谓工艺成本。

在进行经济分析时,应首先统计出每一方案的工艺成本,再对各方案的工艺成本进行比较,以其中成本最低、见效最快的为最佳方案。

工艺成本由两部分构成,即可变成本(V)和不变成本(S)。

可变成本(V)是指与生产纲领 N 直接有关,并随生产纲领成正比例变化的费用。它包括工件材料(或毛坯)费用、操作工人工资、机床电费、通用机床的折旧费和维修费、通用工艺装备的折旧费和维修费等。

不变成本(S)是指与生产纲领 N 无直接关系,不随生产纲领的变化而变化的费用。它包括调整工人的工资、专用机床的折旧费和维修费、专用工艺装备的折旧费和维修费等。

零件加工的全年工艺成本(E)为

$$E = V \cdot N + S$$

此式为直线方程,可以看出,E 与 N 是线性关系,即全年工艺成本与生产纲领成正比,直线的斜率为工件的可变费用,直线的起点为工件的不变费用,当生产纲领产生 ΔN 的变化时,则年工艺成本的变化为 ΔE。

3.6.2　不同工艺方案的经济性比较

在进行不同工艺方案的经济分析时,常对零件或产品的全年工艺成本进行比较,这是因为全年工艺成本与生产纲领呈线性关系容易比较。对不同的工艺方案进行经济比较时,有以下两种情况。

(1)工艺方案的基本投资相近或在采用现有设备的条件下。这时工艺成本即可作为衡量各工艺方案经济性的依据。比较方法如下:

① 当两种工艺方案多数的工序不同而只有少数工序相同时,需比较整个工艺过程的优劣,应以该零件的全年工艺成本进行比较。全年工艺成本分别为

$$E_1 = V_1 N + S_1$$
$$E_2 = V_2 N + S_2$$

式中,V——可变成本,与生产纲领直接有关;

　　　S——不可变成本。

由图 3-13 可知,各方案的优劣与加工零件的年产量有密切关系。当 $N < N_k$

时，$E_1 > E_2$，宜采用第二种方案；当 $N >$
N_k 时，$E_1 < E_2$，宜采用第一种方案。图
中 N_k 为临界产量，当 $N = N_k$ 时，$E_1 =$
E_2，有

$$N_k V_1 + S_1 = N_k V_2 + S_2$$

所以

$$N_k = \frac{S_2 - S_1}{V_1 - V_2}$$

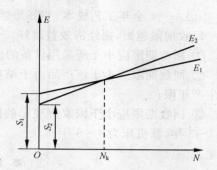

② 当两种工艺方案只有少数工序不
同，多数工序相同时，为了做出选择，可通

图 3-13　两种工艺方案全年工艺成本的比较

过计算零件的单件工艺成本进行比较。单件工艺成本分别为

$$E_{d1} = V_1 + \frac{S_1}{N}$$

$$E_{d2} = V_2 + \frac{S_2}{N}$$

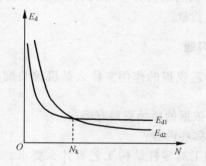

当产量 N 为一定值时，由上面两
式可直接算出各自的单件工艺成本
E_{d1} 和 E_{d2}，若 $E_{d1} > E_{d2}$，则第二种方案
经济性好。当产量 N 为一变量时，根
据上述方程式作出各自的曲线进行比
较，如图 3-14 所示。图中 N_k 为临界产
量点。当 $N < N_k$ 时，$E_{d1} < E_{d2}$，第一
种方案可取；当 $N > N_k$ 时，$E_{d1} > E_{d2}$，
第二种方案可取。

图 3-14　两种工艺方案单件工艺成本的比较

（2）当两种工艺方案的基本投资
相差较大时。这时在考虑工艺成本的同时还要考虑基本投资差额的回收期限。

例如，第一种方案采用了高生产率、价格较高的机床及工艺装备，所以基本投
资较大，但工艺成本较低；第二种方案采用了生产率较低但价格便宜的机床及工艺
装备，基本投资较小，但工艺成本较高。也就是说，工艺成本的降低是以增加基本
投资为代价的，这时单纯比较其工艺成本是难以全面评定其经济性的，而应同时考
虑不同方案的基本投资差额的回收期限，即应考虑第一种方案比第二种方案多花
费的投资需要多长的时间因工艺成本降低而收回来。回收期限计算公式为

$$\tau = \frac{K_1 - K_2}{E_1 - E_2} = \frac{\Delta_K}{\Delta_E}$$

式中，τ —— 回收期限（年）；

Δ_K —— 基本投资差额（元）；

Δ_E—— 全年工艺成本差额(元/年)。

回收期限越短,则经济效益越好。一般回收期限必须满足以下要求:

① 回收期限应小于所采用设备的使用年限;

② 回收期限应小于该产品由于结构性能及国家计划安排等因素所决定的稳定生产年限;

③ 回收期限应小于国家所规定的标准回收期限。如新夹具的回收期限一般为 2～3 年,新机床为 4～6 年。

本 章 小 结

本章主要讲解机械加工工艺规程的内容、零件图纸的审查、零件工艺性分析、毛坯的确定、定位基准的选择、工艺路线的制定、加工余量的确定、工序尺寸及偏差的确定、工艺规程的编制方法、工艺文件的制定及工艺规程的重要性。

工艺是产品的制造方法,是加工过程的法律性文件。它制定的好坏对产品的质量起到关键的作用。

本章的目的是使学生掌握工艺规程的内容、编制方法,认识其重要性,并进一步为产品的更新换代,产品质量的提高作出贡献。

思考与习题

1. 什么是机械加工工艺规程? 试述工艺规程的作用? 什么是机械装配工艺规程?

2. 制定工艺规程的基本原则是什么? 依据的原始资料有哪些?

3. 制定工艺规程的步骤是什么? 包括哪些内容?

4. 什么是零件的结构工艺性? 机械加工对零件结构工艺有什么要求? 装配和维修对零件结构工艺性有什么要求?

5. 毛坯有哪些种类? 如何选择毛坯?

6. 加工工艺路线是如何制定的? 加工阶段是如何划分的?

7. 加工顺序是如何安排的? 检验工序应如何安排?

8. 工序尺寸是如何确定的?

9. 什么叫工艺尺寸链? 何为组成环、增环、减环、封闭环?

10. 尺寸链有几种解法?

第 4 章　机械加工精度

4.1　概　　述

零件是构成机械产品的基本单元,零件的加工质量与机械产品的使用性能和寿命密切相关,因此在制定零件加工工艺规程时应充分考虑零件的加工质量。零件加工过程中一旦出现质量问题,必须分析原因,提出改进措施以保证零件的加工质量。零件的加工质量包括零件的机械加工精度和加工表面质量两方面,本章的任务是讨论零件的机械加工精度问题,它是机械制造工艺学的主要研究问题之一。

4.1.1　机械加工精度的基本概念

机械加工精度是指零件加工后的实际几何参数(尺寸、形状和表面的相对位置)与设计图样规定的理想几何参数的符合程度。符合程度越高,加工精度就越高;反之,符合程度越差,加工精度就越低。在机械加工过程中,由于各种因素的影响,使得加工出的零件不可能与理想的要求完全符合,它们之间总会有一定的偏差,这种偏差常用加工误差来衡量。

加工误差是指加工后零件的实际几何参数(尺寸、形状和表面间的相对位置)与理想几何参数的偏离程度。从保证产品的使用性能分析,不可能把每个零件都加工得绝对精确,可以允许有一定的加工误差。

加工精度和加工误差是从两个不同的角度来评定加工零件的几何参数,加工精度的高和低就是通过加工误差的小和大来判断,因此,保证和提高零件加工精度实际上就是限制和降低加工误差。

加工精度是评定零件质量的一项重要指标。而零件的精度包含三方面的内容:尺寸精度、形状精度和位置精度,这三者之间是有联系的。通常形状公差限制在位置公差内,而位置公差一般限制在尺寸公差内。当尺寸精度要求高时,相应的位置精度、形状精度也要求高。但形状精度要求较高时,相应的位置精度和尺寸精度有时不一定要求高,这要根据零件的功能要求来决定。例如,测量用的检验平板,其工作平面的平面度要求很高。

研究加工精度的目的,就是要分析影响加工精度的各种因素及其存在的规律,从而找出减小加工误差、提高加工精度的合适途径。

4.1.2　获得加工精度的方法

在机械加工中,工件规定的加工精度包括尺寸精度、几何形状精度和表面相互位置精度三个方面。

1. 获得尺寸精度的方法

获得尺寸精度的方法有以下四种。

(1)试切法。试切法是通过试切—测量—调整刀具—再试切,反复进行,直至符合规定的尺寸,然后以此尺寸切出要加工的表面。

(2)定尺寸刀具法。这是使用具有一定形状和尺寸精度的刀具对工件进行加工,并以加工相应尺寸所得到规定尺寸精度的方法。例如,用麻花钻、铰刀、拉刀、槽铣刀和丝锥等刀具加工以获规定的尺寸精度。这种方法所得到的精度与刀具的制造精度关系很大。

(3)调整法。按零件图(或工序图)规定的尺寸和形状,预先调整好机床、刀具、夹具与工件的相对位置,经过加工测量合格后,再连续成批加工工件,其加工精度在很大程度上取决于调整精度。此法广泛应用于半自动机床、自动机床和自动生产线上。

(4)主动测量法。这是一种在加工过程中,采用专门的测量装置主动测量工件的尺寸并控制工件尺寸精度的方法。例如,在外圆磨床和珩磨机上采用主动测量装置以控制加工的尺寸精度。

2. 获得几何形状精度的方法

获得几何形状精度的方法通常有下列三种方法。

(1)轨迹法。这种方法是依靠刀具与工件的相对运动轨迹来获得工件形状的,如图 4-1 所示,利用工件的旋转和刀具的 x、y 两个方向的直线运动合成来车削

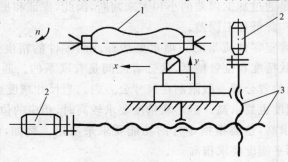

图 4-1　用轨迹法获得工件形状

1-工件;2-步进电机;3-丝杠

成形表面。

（2）成形法。利用成形刀具对工件的表面进行加工以得到所要求的形状精度的方法称为成形法。成形法加工可以简化机床结构、提高生产率。例如，用模数铣刀铣齿形是用成形刀具来获得所要求的齿形。

（3）展成法。如滚、插齿等都属这种方法。

3. 获得表面相互位置精度的方法

工件各加工表面相互位置的精度，主要与机床、夹具及工件的定位精度有关，如车削端面与轴线的垂直度和中溜板的精度有关；钻孔与底面的垂直度和机床主轴与工作台的垂直度有关；一次安装同时加工几个表面的相互位置精度与工件的定位精度有关。因此，要获得各表面间的相互位置精度就必须保证机床、夹具和工件的定位精度。

4.1.3　影响加工精度的原始误差

机械加工中，由机床、夹具、刀具和工件组成的系统称为工艺系统。在完成工件的加工过程中，由于工艺系统各种原始误差的存在，如机床、夹具、刀具的制造及磨损误差、工件的装夹误差、测量误差、工艺系统的调整误差以及加工中的各种力和热所引起的误差等，使工件与刀具之间正确的几何关系遭到破坏而产生加工误差。这些原始误差，其中一部分与工艺系统的结构状况有关，一部分与切削过程的物理因素变化有关。按照这些误差的性质可以归纳为以下四个方面。

（1）工艺系统的几何误差包括原理误差、机床几何误差、刀具和夹具的制造误差、工件的装夹误差、调整误差以及工艺系统磨损所引起的误差。

（2）工艺系统受力变形引起的误差。

（3）工艺系统热变形引起的误差。

（4）工件的残余应力引起的误差。

机械加工过程中，上述各种误差并不是在任何情况下都同时出现，不同情况下其程度也有所不同，必须根据具体情况进行分析。

4.2　工艺系统的几何误差对加工精度的影响

4.2.1　加工原理误差

加工原理误差是指采用了近似的成形运动或近似的刀刃轮廓进行加工而产生的误差。例如，滚齿加工用的齿轮滚刀，就有两种误差存在：一是刀刃轮廓近似形状误差，由于制造上的困难，采用了阿基米德基本蜗杆或法向直廓基本蜗杆代替渐开线基本蜗杆；二是由于滚刀刀齿数有限，实际上加工出的齿形是一条折线，和理论的光滑渐开线有差异，这些都会产生原理误差。又如车削模数蜗杆时，由于蜗杆的螺距等于蜗轮的周节（即 πm），其中 m 是模数，而 π 是一个无理数（$\pi = 3.1415\cdots$），但车床的配换齿轮齿数是有限的，选择配换齿轮时只能将 π 化为近似的分数值计算，这就将引起刀具相对于工件的成形运动（螺旋运动）不准确，造成螺距误差。

采用近似的成形运动或近似的刀刃轮廓，虽然会带来加工原理误差，但往往可简化机床或刀具的结构，有时反而可得到高的加工精度，并且能提高生产率和经济性。因此，只要其误差不超过规定的精度要求（一般原理误差应小于 10%～15% 工件的公差值）在生产中仍得到广泛的应用。

4.2.2　调整误差

在机械零件加工的每一道工序中，为了获得被加工表面的形状、尺寸和位置精度，必须对机床、夹具和刀具进行调整。由于调整不可能绝对准确，都难免带来一些原始误差即调整误差。

工艺系统的调整有两种基本方式。不同的调整方式有不同的误差来源。

1. 试切法调整

单件、小批生产中普遍采用试切法加工。加工时先在工件上试切，根据测得的尺寸与要求尺寸的差值，用进给机构调整刀具与工件的相对位置，然后再进行试切、测量、调整，直至符合规定的尺寸要求时再正式切削出整个待加工表面。显然，引起调整误差的因素是：

（1）测量误差。指量具本身的精度、测量方法或使用条件下的误差（如温度影响、操作者的细心程度）等，它们都影响调整精度而产生加工误差。

（2）机床进给机构的位移误差。当试切最后一刀时，往往要按刻度盘的显示值来微量调整刀架的进给量，这时常会出现进给机构的"爬行"现象，结果使刀具的实际位移与刻度盘显示值不一致，造成加工误差。

（3）试切时与正式切削时切削层厚度不同的影响。在切削加工进程中，刀具切削的最小厚度是有一定限度的，锋利的刀刃可切下 $5\mu m$，已磨钝的刀刃只能切下 $20\sim50\mu m$，切削厚度再小时，刀刃就无法切下金属，刀刃在金属表面上打滑，只起挤压作用，因此最后所得工件尺寸就含有误差。

2. 调整法

在成批、大量生产中，广泛采用调整法（或样件样板）预先调整好刀具与工件的相对位置，并在一批零件的加工过程中保持这种相对位置不变来获得所要求的零件尺寸。

由于采用调整法对工艺系统进行调整时,不可能调整绝对准确。因此,影响调整精度的因素有:

(1) 定程机构误差。在大批量生产中广泛采用行程挡块、靠模、凸轮等机构保证加工尺寸。这些定程机构的制造精度和调整,以及与它们配合使用的离合器、电气开关、控制阀等的灵敏度就成为调整误差的主要来源。

(2) 样件或样板的误差。包括样件或样板的制造误差、安装误差和对刀误差。这些也是影响调整精度的重要因素。

(3) 测量有限试件造成的误差。工艺系统初调好以后,一般都要试切几个工件,并以其平均尺寸作为判断调整是否准确的依据。由于试切加工的工件数(称为抽样件数)不可能太多,因此不能把整批工件切削过程中各种随机误差完全反映出来。故试切加工几个工件的平均尺寸与总体尺寸不可能完全符合,因而造成误差。

4.2.3　机床误差

引起机床误差的原因是机床的制造误差、安装误差和磨损。影响机床误差的因素较多,这里着重分析对工件加工精度影响较大的导轨导向误差、主轴回转误差和传动系统的传动误差。

1. 机床导轨导向误差

导轨导向精度及其对加工精度的影响。导轨导向精度是指机床导轨副的运动件实际运动方向与理想运动方向的符合程度,这两者之间的偏差值称为导向误差。

导轨是机床中确定主要部件相对位置的基准,也是运动的基准,它的各项误差直接影响被加工工件的精度。

在机床的精度标准中,直线导轨的导向精度一般包括下列主要内容:

(1) 导轨在水平面内的直线度 Δy(弯曲)(图 4-2)。

(2) 导轨在垂直面内的直线度 Δz(弯曲)(图 4-3)。

(3) 前后导轨的平行度 δ(扭曲)。

(4) 导轨对主轴回转轴线的平行度(或垂直度)。

导轨导向误差对不同的加工方法和加工对象,将会产生不同的加工误差。在分析导轨导向误差对加工精度影响时,主要应考虑导轨误差引起刀具与工件在误差敏感方向的相对位移。

例如,在车床上车削圆柱面时,误差的敏感方向在水平方向。如果床身导轨在水平面内存在导向误差 Δy,在垂直面内存在导向误差 Δz,在加工工件直径为 D 时(图 4-4),由 Δy 引起的加工半径误差 ΔR_y 和加工表面圆柱度误差 ΔR_{max} 分别为

$$\Delta R_y = \Delta y$$

$$\Delta R_{max} = \Delta y_{max} - \Delta y_{min} \qquad (4\text{-}1)$$

式中，Δy_{max}、Δy_{min}——工件全长范围内，刀尖与工件在水平面内相对位移的最大值和最小值。

由 Δz 引起的加工半径误差 ΔR_z 为

$$\Delta R_z = (\Delta z)^2 / D \qquad (4\text{-}2)$$

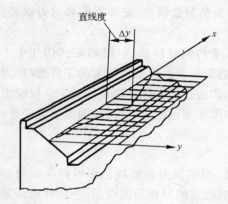

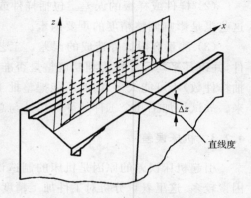

图 4-2　导轨在水平面内的直线度误差　　　　图 4-3　导轨在垂直面内的直线度误差

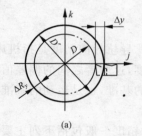

(a)　　　　　　　　　　(b)

图 4-4　导向误差对车削圆柱面精度的影响

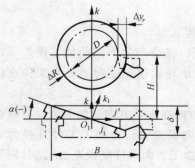

图 4-5　导轨扭曲引起的加工误差

Δz 在误差的非敏感方向上。ΔR_z 为 Δz 的二次方误差，数值很小，可以忽略，故只需考虑 Δy 引起的加工误差。

如果前后导轨不平行（扭曲），则加工半径误差为（图 4-5）

$$\Delta R = \Delta y_r = \alpha H \approx \delta H / B \qquad (4\text{-}3)$$

式中，H——车床中心高；

B——导轨宽度；

α——导轨倾斜角；

δ——前后导轨的扭曲量。

一般车床 $H/B \approx 2/3$，外圆磨床 $H \approx B$，因此导轨扭曲量 δ 引起的加工误差不可忽略，当 α 很小时，该误差不显著。如果以镗刀杆为进给方式进行镗削，导轨不直、扭曲或者与镗杆轴线不平行等误差都会引起所镗出的孔与其基准的相互位置误差，而不会产生孔的形状误差。

机床安装不正确引起的导轨误差往往远大于制造误差。特别是长度较长的龙门刨床、龙门铣床和导轨磨床等，它们的床身导轨是一种细长的结构，刚性较差，在本身自重的作用下就容易变形。如果安装不正确或地基不良，都会造成导轨弯曲变形（严重的可达 2～3mm）。因此，机床在安装时应有良好的基础，并严格进行测量和校正，而且在使用期间还应定期复校和调整。

导轨磨损是造成导轨误差的另一重要原因。由于使用程度不同及受力不均，机床使用一段时间后，导轨沿全长上各段的磨损量不等，并且在同一横截面上各导轨面的磨损量也不相等。导轨磨损会引起床鞍在水平面和垂直面内发生位移且有倾斜，从而造成刀刃位置误差。

刨床的误差敏感方向为垂直方向。因此，床身导轨在垂直平面内的直线度误差影响较大。它引起加工表面的直线度及平面度误差（图 4-6）。

镗床误差敏感方向是随主轴回转而变化的，故导轨在水平面及垂直面内的直线度误差均直接影响加工精度。在普通镗床上镗孔时，如果工作台进给，导轨不直或扭曲都会引起所加工孔的轴线不直。当导轨与主轴回转轴线不平行时，镗出的孔呈椭圆形。图 4-7 表示二者的夹角为 α，椭圆长短轴之比为

$$a/b = \cos\alpha \qquad (4\text{-}4)$$

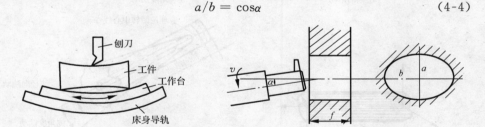

图 4-6　刨床导轨直线度误差引起的加工误差　　　图 4-7　镗床镗出椭圆

机床导轨副的磨损与工作的连续性、负荷特性、工作条件、导轨的材质和结构等有关。一般卧式车床，两班制使用一年后，前导轨（三角形导轨）磨损量可达 0.04～0.05mm；粗加工条件下，磨损量可达 0.1～0.2mm。车削铸铁件，导轨磨损更大。

影响导轨导向精度的因素还有加工过程中力、热等方面的原因。

为了减小导向误差对加工精度的影响，机床设计与制造时，应从结构、材料、润滑、防护装置等方面采取措施以提高导向精度；机床安装时，应校正好水平和保证地基质量；使用时，要注意调整导轨配合间隙，同时保证良好的润滑和维护。

2. 主轴回转运动误差

1）回转运动误差的概念及其影响因素

机床的主轴是安装工件或刀具的基准，并把动力和运动传给工件或刀具。主轴的回转精度是机床的重要精度指标之一，它是决定加工表面几何形状精度、位置精度和表面粗糙度的主要因素。

主轴回转时，由于主轴及其轴承在制造及安装中存在误差，主轴的回转轴线在空间的位置不是稳定不变的。主轴回转误差是指主轴实际回转轴线相对理论回转轴线的"漂移"。

理论回转轴线虽然客观存在，却无法确定其位置，因此通常是以平均回转轴线（即主轴各瞬时回转轴线的平均位置）来代替。

主轴回转运动误差可分为三种基本形式：轴向窜动、径向跳动和角度摆动（图4-8(a)～(c)）。实际上，主轴回转运动误差的三种基本形式是同时存在的（图4-8(d)）。

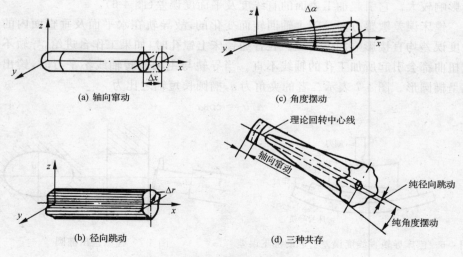

图4-8　主轴回转误差的基本形式

影响主轴回转精度的主要因素有以下几个方面。

（1）主轴误差。主要包括主轴支承轴颈的圆度误差、同轴度误差（使主轴轴心线发生偏斜）和主轴轴径向承载面与轴线的垂直度误差（影响主轴轴向窜动量）。

（2）轴承误差。如图4-9所示，主要包括：

① 滑动轴承内孔或滚动轴承滚道的圆度误差；② 滑动轴承内孔或滚动轴承滚道的波度；③ 滚动轴承滚子的形状与尺寸误差；④ 轴承定位端面与轴心线垂直度误差、轴承端面之间的平行度误差；⑤ 轴承间隙以及切削中的受力变形。

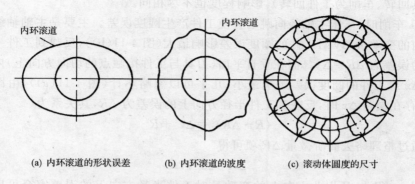

(a) 内环滚道的形状误差　　　(b) 内环滚道的波度　　　(c) 滚动体圆度的尺寸

图 4-9　滚动轴承的几何误差

（3）主轴系统的径向不等刚度及热变形。

2）主轴回转运动误差对加工精度的影响

（1）主轴的轴向窜动。其对内外圆加工没有影响，但所加工的端面却与内外圆不垂直。主轴每转一周就要沿轴向窜动一次，向前窜动的半周中形成右螺旋面，向后窜动的半周中形成左螺旋面。端面对轴心线的垂直度误差随切削半径的减小而增大，其关系式为

$$\tan\theta = A/R \qquad\qquad (4-5)$$

式中，A——轴向窜动最大值；

　　　R——工件车削端面的半径；

　　　θ——工件端面车削后垂直度的偏角，如图 4-10(a) 所示。

主轴的轴向窜动在加工螺纹时，将使螺纹的螺距产生周期性误差，如图 4-10(b) 所示。

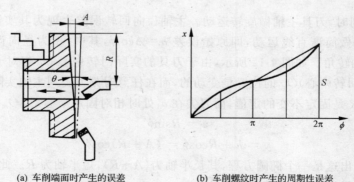

(a) 车削端面时产生的误差　　　(b) 车削螺纹时产生的周期性误差

图 4-10　主轴轴向窜动产生的误差

（2）主轴的径向跳动。其会使工件产生圆度误差，但加工的方法不同（如镗削

为刀具回转、车削为工件回转),影响程度也不尽相同。

① 车削时,车床主轴径向跳动会使工件产生圆度误差。主要是主轴轴线在水平面内的变动量 Δy 对工件的圆度误差影响最大(图 4-11(b)),反映到工件半径方向上的误差为 $\Delta R = \Delta y$。而在垂直平面(刀具与工件接触点的切向方向上)内的变动量 Δz 对工件的圆度误差影响最小,几乎可以忽略不计(图 4-11(a)),由图 4-11 看出,存在误差 Δz 时,反映到工件半径方向上的误差为 ΔR,其关系为

$$(R + \Delta R)^2 = \Delta z^2 + R^2$$

通过整理略去高阶微量 ΔR 项可得

$$\Delta R = \Delta z^2 / 2R \tag{4-6}$$

因 Δz 很小,所以此方向上的变动量对工件半径方向上的误差完全可以忽略不计。

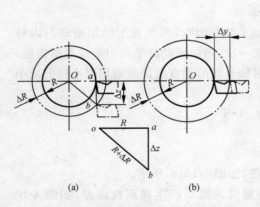

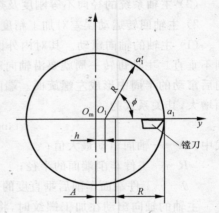

图 4-11　回转误差对加工精度的影响　　　图 4-12　主轴纯径向圆跳动对镗孔精度的影响

② 镗削时,刀具主轴做旋转运动。主轴径向回转误差表现为其实际轴线在 y 坐标方向上做简谐直线运动,即原始误差 $h = A\cos\phi$,其中,A 为径向误差的最大值,ϕ 为主轴转角。如图 4-12 所示,由于刀具的实际回转中心 O_1 相对于理想回转中心(固定回转中心)O_m 的位置是变动的,而在任意时刻刀尖到主轴实际回转中心 O_1 的距离 R 是固定不变的定值,而刀尖在 a_1' 处时相对固定坐标系 yO_mz 的坐标为

$$z = R\sin\phi \tag{4-7}$$

$$y = h + R\cos\phi = (A + R)\cos\phi \tag{4-8}$$

由此看出这是一个椭圆方程,其长半轴为 $(A + R)$,短半轴为 R。此式说明,镗刀镗出的孔是椭圆形的,其圆度误差为 A。

(3) 主轴的角度摆动。主要影响工件的形状精度,车外圆时会产生锥度;镗孔时将使孔呈椭圆柱形。

主轴工件回转轴线误差总是三种基本形式误差的合成,因此不同横截面内轴

心的误差运动轨迹既不相同又不相似,既影响工件圆柱面的形状精度,又影响端面的位置精度。因此要尽量提高主轴的回转精度。

3) 提高主轴回转精度的措施

(1) 设计与制造高精度的主轴部件。获得高精度主轴部件的关键是提高轴承精度,目前采用的静压轴承已取得了较好的效果。提高装配和调整质量,对于提高主轴回转精度有密切关系。例如,高精度机床的主轴轴承(C 级)内环径向圆跳动为 $3 \sim 6 \mu m$,而主轴组件装配后的径向圆跳动只允许在 $1 \sim 3 \mu m$,这就要靠装配和调整来达到要求。

(2) 使回转精度不依赖于机床主轴。外圆磨削时,磨床的前后顶尖都不转动,只起定心作用,拨盘的转动带动工件传递扭矩。工件表面的几何形状误差和位置误差取决于顶尖和中心孔的定位误差,而与主轴回转误差无关。

(3) 对滚动轴承进行预紧。对滚动轴承适当预紧以消除间隙甚至产生微量过盈,由于轴承内外圈和滚动体弹性变形的相互制约,既增加了轴承刚度,又对轴承内外圈滚道和滚动体的误差起均化作用,因而可提高主轴的回转精度。

3. 机床传动链的传动误差

机床传动链的传动误差是指内联系的传动链中首末端传动元件之间相对运动误差。

1) 车削螺纹传动误差分析

例如,在车床上车削螺纹时,要求工件旋转一周刀具直线移动一个导程(对于单头螺纹即为一个螺距),如图 4-13 所示,车削螺纹必须保持 $S = iT$,S 为工件导程,T 为丝杠导程,i 为齿轮 $z_1 \sim z_8$ 的传动比。所以,丝杠导程和各齿轮的制造误差都必将引起工件螺纹导程的误差。

2) 齿轮加工传动误差分析

在用单头齿轮滚刀滚齿时,要求滚刀旋转一周工件转过一个齿,如图 4-14 所示。工件与刀具间成形运动关系是由机床内传动链来保证的,传动链的传动误差是造成齿形加工误差的主要因素。以图 4-14 为例,分析传动链的传动误差对齿轮加工精度的影响。滚刀的转动经 64/16 的升速,1:1 地传到差动轮系,经分度挂轮(其齿数为 a、b、c、d、e、f,传动比为 i)传到分度蜗杆,再以 1/96 的传动比经固定在工作台下面的分度蜗轮而传到工件。在传动中,各传动元件由于制造和安装的误差都会产生转角误差,这些误差又会在不同程度上影响工件的转角误差。由图 4-14 可以看出,影响传动误差最大的环节是工作台下面的分度蜗杆副,因为它们的传动比为 1/96,在分度蜗杆副以前各环节的转角误差,经分度蜗杆副后就只有原来的 1/96,而分度蜗轮的转角误差又将 1:1 地直接反映在工件上。所以,要尽量想办法来提高分度蜗杆副的精度。为了减少机床传动误差对加工精度的影响,可以采取如下措施：

(1) 减少传动链中的环节,缩短传动链。

(2) 提高传动副(特别是末端传动副)的制造和装配精度。

(3) 消除传动间隙。

(4) 采用误差校正机构。

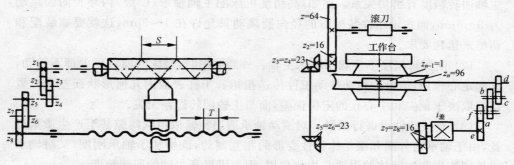

图 4-13　车螺纹的传动链示意图　　　　图 4-14　Y38 型滚齿机传动链示意图

4.2.4　刀具、夹具的误差

1. 刀具的误差

刀具误差对加工精度的影响因刀具种类不同而异。

(1) 采用定尺寸刀具(如钻头、铰刀、键槽铣刀、锉刀块及圆拉刀等)加工时,刀具的尺寸精度直接影响工件的尺寸精度。

(2) 采用成形刀具(如成形车刀、成形铣刀、成形砂轮等)加工时,刀具的形状精度将直接影响工件的形状精度。

(3) 采用展成法加工时,展成刀具(如齿轮滚刀、花键滚刀、插齿刀等)的刀刃形状必须是加工表面的共轭曲线。因此,刀刃的形状误差和尺寸误差会影响加工表面的形状精度。

(4) 对于普通刀具(如车刀、锉刀、铣刀等),当采用轨迹法加工时,其制造精度对加工精度无直接影响。但刀具几何参数和形状将影响刀具的耐用度,因此间接影响加工精度。

在切削过程中,刀具会逐步地磨损,使原有形状和尺寸发生变化,由此引起工件尺寸和形状误差。在加工工件较大(一次走刀需较长时间)时,刀具的磨损会影响工件的形状精度。

2. 夹具的误差

夹具的制造误差一般指定位元件、导向元件及夹具体等零件的制造和装配误差,这些误差对工件的精度影响较大,所以在设计和制造夹具时,凡影响工件夹具精度的尺寸都控制较严。夹具的磨损,尤其是定位元件和导向元件的磨损会造成工件的相互位置误差。所以在加工过程中,对上述两种元件的磨损应引起足够的重视。

4.3　工艺系统受力变形对加工精度的影响

4.3.1　基本概念

工艺系统在切削力、传动力、惯性力、夹紧力以及工件重力等的作用下会产生相应的变形,从而破坏刀具与工件之间已调整好的正确位置,使工件产生尺寸和形状误差。

例如,在车削细长轴时,工件在切削力的作用下会发生变形,使加工出的轴出现中间粗两头细的情况(图 4-15(a));在内圆磨床上以横向切入法磨孔时,由于内圆磨头主轴弯曲变形,磨出的孔会出现圆柱度误差(锥度)(图 4-15(b))。

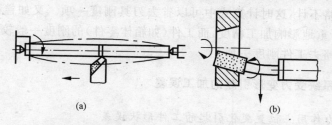

图 4-15　工艺系统受力变形引起的加工误差

由此可见,工艺系统的受力变形是加工中一项很重要的原始误差。事实上,它不仅严重地影响工件加工精度,而且还影响加工表面质量,限制加工生产率的提高。

工艺系统受力变形通常是弹性变形。一般来说,工艺系统抵抗弹性变形的能力越强,则加工精度越高。工艺系统抵抗变形的能力,用刚度 k 来描述。所谓工艺系统刚度,是指工件加工表面在切削力法向分力 F_y 的作用下,刀具相对工件在该方向上位移 y 的比值,即

$$k = F_y / y \tag{4-9}$$

必须指出,在上述刚度(N/mm)定义中,工件和刀具在 y 方向产生的相对位移 y,不只是 F_y 作用的结果,而是 F_x、F_y、F_z 同时作用下的综合结果。

对于整个工艺系统而言,切削加工时,机床的有关部件、夹具、刀具和工件在各种外力作用下,都会产生不同程度的变形,使刀具和工件的相对位置发生变化,从而产生相应的加工误差。工艺系统在某一处的法向总变形 y 是各个组成环节在同一处的法向变形的叠加,这种误差称之为工艺系统总的变形量

$$y = y_{jc} + y_{jj} + y_d + y_g \tag{4-10}$$

式中，y_{jc}——机床的受力变形；

　　　y_{jj}——夹具的受力变形；

　　　y_d——刀具的受力变形；

　　　y_g——工件的受力变形。

由工艺系统刚度的定义知

$$k = F_y/y$$

则机床刚度 k_{jc}、夹具刚度 k_{jj}、刀具刚度 k_d 及工件刚度 k_g 亦可以分别写为

$$k_{jc}=F_y/y_{jc}, \quad k_{jj}=F_y/y_{jj}, \quad k_d=F_y/y_d, \quad k_g=F_y/y_g$$

故工艺系统刚度的一般式为

$$k = \frac{1}{1/k_{jc} + 1/k_{jj} + 1/k_d + 1/k_g} \tag{4-11}$$

因此，当知道工艺系统各组成环节的刚度后，即可求得工艺系统的刚度。

用刚度一般式求解某一系统刚度时，应根据具体情况进行分析。例如，外圆车削时，车刀本身在切削力的作用下沿切向(不敏感方向)的变形对加工误差的影响很小，可以忽略不计，这时计算式中可以省去刀具刚度一项。又如镗孔时，镗杆的受力变形将严重地影响加工精度，而工件(如箱体零件)的刚度一般较大，其受力变形很小，故可略去工件刚度一项。

4.3.2　工艺系统受力变形引起的加工误差

1. 切削力作用点位置变化引起的工件形状误差

切削过程中，工艺系统的刚度会随切削力作用点位置的变化而变化，因此工艺系统受力变形亦随之变化，引起工件形状误差。下面以在车床顶尖间加工光轴为例来说明这个问题。

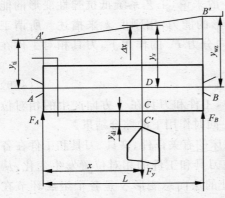

图 4-16　工艺系统变形随切削力
位置变化而变化

1) 机床的变形

假定工件短而粗，同时车刀悬伸长度很短，即工件和刀具的刚度好，其受力变形比机床的变形小到可以忽略不计。也就是说，假定工艺系统的变形只考虑机床的变形。又假定工件的加工余量很均匀，并且由于机床变形而造成的背吃刀量(切削深度)变化对切削力的影响也很小，即假定车刀进给过程中切削力保持不变。再设当车刀以径向力 F_y 进给到图 4-16 所示的 x 位置时，车床主轴箱受作用力

F_A，相应的变形 $y_{tj} = \overline{AA'}$；尾座受力 F_B，相应的变形 $y_{wz} = \overline{BB'}$；刀架受力 F_y，相应的变形为 $y_{dj} = \overline{CC'}$。这时工件轴心线 AB 位移到 $A'B'$，因而刀具切削点处工件轴线的位移 y_x 为

$$y_x = y_{tj} + \Delta_x = y_{tj} + (y_{wz} - y_{tj})x/L \qquad (4\text{-}12)$$

式中，L——工件长度；

　　x——车刀至主轴箱的距离。

　　由于刀架的变形 y_{dj} 与工件的变形 y_x 方向相反，所以刀具在任意位置处机床的变形量为

$$y_{jc} = y_x + y_{dj} \qquad (4\text{-}13)$$

由 F_y 分别引起机床头架、尾座和刀架处位移为

$$y_{tj} = \frac{F_A}{k_{tj}} = \frac{F_y}{k_{tj}}\left(\frac{L-x}{L}\right), \quad y_{wz} = \frac{F_B}{k_{wz}} = \frac{F_y}{k_{wz}}\frac{x}{L}, \quad y_{dj} = \frac{F_y}{k_{dj}}$$

则工艺系统的总位移量为

$$y_{jc} = y_x + y_{dj} = y_{tj} + \Delta_x + y_{dj} = F_y\left[\frac{1}{k_{tj}}\left(\frac{L-x}{L}\right)^2 + \frac{1}{k_{wz}}\left(\frac{x}{L}\right)^2 + \frac{1}{k_{dj}}\right] = y_{jc}(x)$$

　　从上式可以看出，工艺系统的变形是随着力点位置变化而变化的，x 的变化引起 y_{jc} 的变化，进而引起切削深度的变化，结果使工件产生圆柱度误差。由于变形大的地方，从工件上切去的金属层薄，变形小的地方，切去的金属层厚，因此因机床受力变形而使加工出来的工件呈两端粗、中间细的马鞍形，如图 4-17 所示。

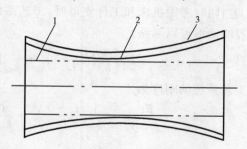

图 4-17　工件在顶尖上车削后的形状

1-机床不变的理想情况；2-考虑主轴箱、尾座变形的情况；3-包括考虑刀架变形在内的情况

　　头架的刚度为 $k_{tj} = 6 \times 10^4$ N/mm，尾座的刚度为 $k_{wz} = 5 \times 10^4$ N/mm，刀架的刚度为 $k_{dj} = 4 \times 10^4$ N/mm，车削径向力为 $F_y = 300$ N，工件长度 $L = 600$ mm，工件刚度较大，则机床刚度不足引起的加工误差如表 4-1 所示。

表 4-1　工件沿长度方向上各处的变形

x	0 （头架处）	$L/6$	$L/3$	$L/2$ （工件中点）	$2L/3$	$5L/6$	L （尾座处）
y_{jc}/mm	0.0125	0.0111	0.0104	0.0103	0.0107	0.0116	0.0135

　　2）工件的变形

　　如图 4-18 所示为在车床上加工细长轴。由于工件细而长，刚度小，在切削力

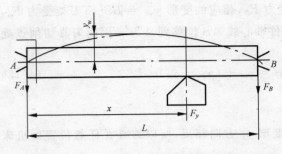

图 4-18　工件在两顶尖间的变形

的作用下,其变形大大超过机床、夹具和刀具的变形量。因此,机床、夹具和刀具的受力变形可以忽略不计,工艺系统的变形完全取决于工件的变形。

加工中,当车刀处于图示位置时。工件的轴心线产生变形。根据材料力学的计算公式,其切削点的变形量为

$$y_g = \frac{F}{3EI} \frac{(L-x)^2 x^2}{L} \tag{4-14}$$

由此看出,当 $x = 0$ 或 $x = L$ 时,工件刚度最大,变形最小,$y_g = 0$;当 $x = L/2$ 时,工件刚度最小,变形最大,$y_{gmax} = \frac{F_y L^3}{48EI}$。因此加工后的工件呈腰鼓形。

3) 工艺系统的总变形

当同时考虑机床和工件变形时,工艺系统的总变形为二者的叠加(对于本例,车刀的变形可以忽略)

$$y = y_{jc} + y_g = F_y \left[\frac{1}{k_{tj}} \left(\frac{L-x}{L} \right)^2 + \frac{1}{k_{wz}} \left(\frac{x}{L} \right)^2 + \frac{1}{k_{dj}} + \frac{(L-x)^2 x^2}{3EIL} \right] \tag{4-15}$$

故工艺系统的刚度为

$$k = \frac{F_y}{y_{jc} + y_g} = \frac{1}{k_{tj}} \left(\frac{L-x}{L} \right)^2 + \frac{1}{k_{wz}} \left(\frac{x}{L} \right)^2 + \frac{1}{k_{dj}} + \frac{(L-x)^2 x^2}{3EIL} \tag{4-16}$$

2. 切削力大小变化引起的加工误差

在切削加工中,往往由于被加工表面的几何形状误差引起切削力的变化,从而造成工件的加工误差。如图 4-19 所示,由于工件毛坯的圆度误差使车削时刀具的切削深度在 a_{p1} 与 a_{p2} 之间变化,因此,切削分力 F_y 也随切削深度 a_p 的变化由 F_{ymax} 变为 F_{ymin}。根据前面的分析,工艺系统将产生相应的变形,即由 y_1 变为 y_2(刀尖相对于工件产生 y_1 到 y_2 的位移),这样就形成了被加工表面的圆度误差。这种现象称为"误差复映"。误差复映的大小

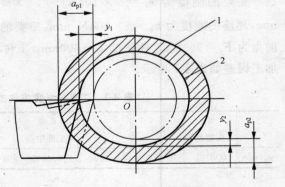

图 4-19　车削时的误差复映
1-毛坯外形;2-工件外形

可根据刚度计算公式求得：

毛坯圆度的最大误差

$$\Delta_m = a_{p1} - a_{p2} \tag{4-17}$$

车削后工件的圆度误差

$$\Delta_g = y_1 - y_2 \tag{4-18}$$

而

$$y_1 = F_{ymax}/k_{xt}, \quad y_2 = F_{ymin}/k_{xt} \tag{4-19}$$

由切削原理可知

$$F_y = \lambda C_{Fz} a_p f^{0.75}$$

式中，λ——系数，$\lambda = F_y/F_z$，一般取 0.4；

C_{Fz}——与工件材料和刀具角度有关的系数；

f——进给量（mm/r）；

a_p——切削深度（mm）。

所以

$$y_1 = \frac{\lambda C_{Fz} a_{p1} f^{0.75}}{k_{xt}} \tag{4-20}$$

$$y_2 = \frac{\lambda C_{Fz} a_{p2} f^{0.75}}{k_{xt}} \tag{4-21}$$

由此得

$$\Delta_g = y_1 - y_2 = \frac{\lambda C_{Fz} f^{0.75}}{k_{xt}}(a_{p1} - a_{p2}) = \frac{\lambda C_{Fz} f^{0.75}}{k_{xt}}\Delta_m \tag{4-22}$$

令

$$\varepsilon = \frac{\Delta_g}{\Delta_m} = \frac{\lambda C_{Fz} f^{0.75}}{k_{xt}} = \frac{A}{k_{xt}} \tag{4-23}$$

式中，A——径向切削力系数；

ε——复映误差系数。

复映系数 ε 定量地反映了毛坯误差在经过加工后减少的程度，它与工艺系统的刚度成反比，与径向切削力系数 A 成正比。要减少工件的复映误差，可增加工艺系统的刚度或减少径向切削力系数。当毛坯的误差较大，一次走刀不能满足加工精度要求时，需要多次走刀来消除 Δ_g 复映到工件上的误差。多次走刀的总 ε 计算如下：

$$\varepsilon_\Sigma = \varepsilon_1 \varepsilon_2 \cdots \varepsilon_n = \left(\frac{\lambda C_{Fz}}{k_{xt}}\right)^n (f_1 f_2 \cdots f_n)^{0.75}$$

由于 ε 是远小于 1 的系数，所以经过多次走刀，ε 已降到很小值，加工误差也逐渐减小而达到零件的加工精度要求。

由于切削力的变化而引起加工误差还表现在：材料硬度不均匀而引起的加工

误差；用调整法加工一批工件时，若其毛坯余量变化较大，会造成加工尺寸的分散等。

3. 其他力引起的加工误差

1) 惯性力及传动力所引起的加工误差

切削加工中，高速旋转的部件（包括夹具、工件和刀具等）的不平衡将产生离心力 F_Q。F_Q 在每一转中不断地改变着方向，因此，它在 y 方向的分力大小的变化会使工艺系统的受力变形也随之变化而产生加工误差。如图 4-20 所示，车削一个不平衡的工件，当离心力 F_Q 与切削力 F_y 方向相反时，将工件推向刀具，使切削深度增加（图 4-20(a)）；当 F_Q 与切削力 F_y 方向相同时，工件被拉离刀具，使切削深度减小（图 4-20(b)），其结果就造成了工件的圆度误差。

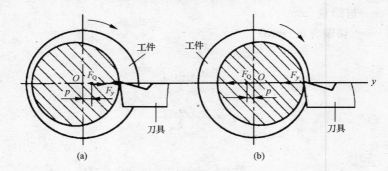

图 4-20　惯性力所引起的加工误差

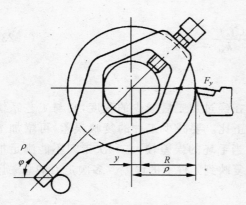

图 4-21　单爪拨盘传动力引起的加工误差

在车床或磨床类机床上加工轴类零件时，常用单爪拨盘带动工件旋转。如图 4-21 所示，传动力在拨盘的每一转中经常改变方向，其在 y 方向上的分力有时与切削力 F_y 相同，有时相反。因此，它也会造成工件的圆度误差。为此，在加工精密零件时，改用双爪拨盘或柔性连接装置带动工件旋转。

2) 夹紧力和重力引起的加工误差

在加工刚性较差时，若夹紧不当会引起工件的变形而产生形状误差。如图 4-22 所示，用三爪卡盘夹紧薄壁套筒车孔（图 4-22(a)），夹紧后工件呈三棱形（图 4-22(b)），车出的孔为圆形（图 4-22(c)），当松夹后套筒弹性变形恢复，孔就形成了三棱形（图 4-22(d)）。所以加工中在套筒外面加上一个厚壁的开口过渡套

（图 4-22（e））或采用专用夹头，使夹紧力均匀分布在套筒上（图 4-22（f））。

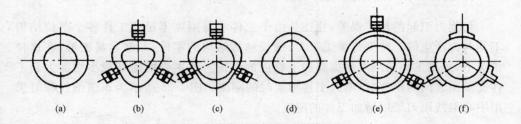

(a)　　　(b)　　　(c)　　　(d)　　　(e)　　　(f)

图 4-22　夹紧力引起的加工误差

在工艺系统中，由于零部件的自重也会引起变形，如龙门铣床、龙门刨床刀架横梁的变形等，都会造成加工误差。图 4-23 所示为摇臂钻床的摇臂在主轴箱自重的作用下所产生的变形，造成主轴轴线与工作台不垂直，从而使被加工的孔与定位面也产生垂直度误差。

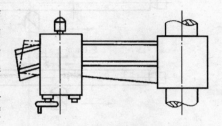

图 4-23　机床自重引起的加工误差

4.3.3　减少工艺系统受力变形的主要措施

减少工艺系统的受力变形，是机械加工中保证产品质量和提高生产效率的主要途径之一。根据生产的实际情况，可采用以下几方面的措施。

1. 提高接触刚度，减少受力变形

零件表面总是存在宏观和微观的几何误差，连接表面之间的实际接触面积只是名义接触面积的一部分，表面间的接触情况如图 4-24 所示。在外力作用下，这些接触处将产生较大的接触应力，引起接触变形。所以，提高接触刚度是提高工艺系统刚度的关键。常用的方法是改善工艺系统主要零件接触表面的配合质量，如机床导轨副的刮研、配研顶尖锥体与主轴和尾座套筒锥孔的配合面、研磨加工精密零件用的顶尖孔等，都是在实际生产中行之有效的工艺措施。提高接触刚度的是预加载荷，这样可以消除配合面间的间隙，而且还能使零部件之间有较大的实际接触面积，减少受力后的变形量。预加载荷法常在各类轴承的调整中使用。

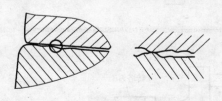

图 4-24　表面间的接触情况

2. 提高工件刚度,减少受力变形

切削力引起的加工误差,往往是由于工件本身刚度不足或工件各个部位结构不均匀而产生的。特别是加工叉类、细长轴等结构的零件,非常容易变形,在这种情况下,提高工件的刚度是提高加工精度的关键。其主要措施是减小切削力到工件支承面之间的距离,以增大工件加工时的刚度。图 4-25 所示为车削细长轴时采用中心架或跟刀架以增加工件的刚度。

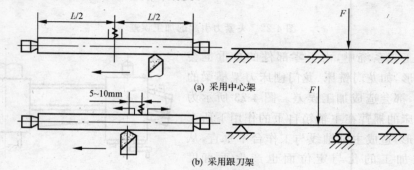

(a) 采用中心架

(b) 采用跟刀架

图 4-25　增加支承提高工件刚度

3. 提高机床部件刚度,减少受力变形

在切削加工中,有时由于机床部件刚度低而产生变形和振动,影响加工精度和生产率,所以加工时常采用一些辅助装置以提高机床部件的刚度。图 4-26(a) 所

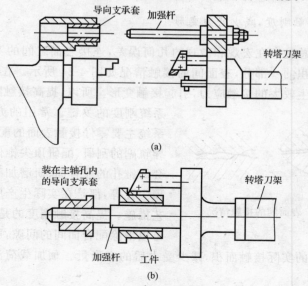

(a)

(b)

图 4-26　提高部件刚度的装置

示为转塔车床上采用固定导向支承套,图 4-26(b)所示为采用转动导向支承套,并用加强杆与导向套配合以提高机床部件刚度。

4. 合理装夹工件,减少夹紧变形

对于薄壁零件的加工,必须特别注意选择适当的夹紧方法,否则将会引起很大的形状误差。

5. 减小载荷及其变化

采取适当的工艺措施,如合理选择刀具几何参数(如增大前角,主偏角接近 90°等)和切削用量(如适当减少进给量和背吃刀量),以减小切削力(特别是吃刀抗力),就可以减少受力变形。将毛坯分组,使一次调整中加工的毛坯余量比较均匀,就能减小切削力的变化,从而减小复映误差。

4.4　工艺系统的热变形

4.4.1　工艺系统的热变形

机械加工过程中,工艺系统受到切削热、摩擦热、环境温度及辐射等影响,使工艺系统各个组成部分产生相应变形,称为热变形,这种变形将破坏刀具与工件间的正确位置和运动关系,造成工件加工误差。

工艺系统的热变形对加工精度影响较大,特别是在精密加工及大型零件的加工中,热变形所引起的加工误差通常会占总加工误差的 40%～70%。

工艺系统热变形不仅影响加工精度,而且还影响加工效率。因为为了减少受热变形对加工精度的影响,通常需要预热机床以获得热平衡,或降低切削用量以减少切削热和摩擦热,或粗加工后停机以待热量散发后再进行精加工,或增加工序(使粗、精加工分开)等。

引起工艺系统热变形的"热源"大体分为两类,即内部热源和外部热源。内部热源主要指切削热和摩擦热。在车削加工中,大量切削热由切屑带走,传给工件的热量为 10%～30%,传给刀具的热量为 1%～5%。在钻镗等加工中,大量切屑留在孔内,使大量的切削热传入工件,约占 50% 以上。在磨削加工中,由于磨屑带走的热量少,约占 5% ,大部分传给工件,约占 84%。由此可见,切削热对磨削加工的影响尤为严重。

摩擦热主要是机床和液压系统中的运动部件产生的,如电动机、轴承、齿轮、蜗轮等传动副、导轨副、液压泵、阀等运动部分产生的摩擦热。另外,动力源的能量损耗也转化为热,如电动机、液压马达的运转产生热。外部热源主要是环境温度和辐

射热（如阳光、照明灯、取暖设备等）。

4.4.2 机床热变形引起的误差

机床工作过程中，在内外热源的影响下，各部分的温度将逐渐升高。由于各部分的热源分布不均匀和机床结构的复杂性，不仅机床各部件的温升不同，而且同一部件不同位置的温升也不相同，形成不均匀的温度场，使机床各部件之间的相互位置发生变化，从而破坏了机床原有的几何精度，造成加工误差。

机床各部件由于体积都比较大，热容量大，因此其温升一般不高，但达到热平衡的时间较长。一般机床，如车床、磨床等，其空运转的热平衡时间为 $4\sim6h$，中小型精密机床为 $1\sim2h$，大型精密机床往往要越过 12h，甚至达到数十个小时。由于各类机床的结构和工作条件相差较大，所以引起机床热变形的热源和变形形式也多种多样。

机床热变形对工件加工精度的影响，最主要的是主轴部件、床身导轨以及两者相对位置等方面的热变形影响。

车床类机床的主要热源是主轴箱轴承的摩擦热和主轴箱中油池的热，这些热量使主轴箱和床身的温度上升，从而造成机床主轴的倾斜。这种热变形对于刀具水平安装的普通车床影响甚微，但对于刀具垂直安装的自动车床和转塔车床来说，对工件加工精度的影响就不容忽视了。

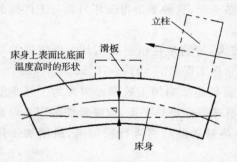

图 4-27　床身纵向温差热效应的影响

对于大型机床如导轨磨床、外圆磨床、立式磨床、龙门铣床等长床身部件，机床床身的热变形将是影响加工精度的主要因素。

由于床身长，床身上表面与底面间的温度差将使床身产生弯曲变形，表面是中凸状，如图 4-27 所示。例如，一台长 12m、高 0.8m 导轨磨床，床身导轨面与底面温差为 $1℃$ 时，其热变形的中凸量为 $0.22\mu m$，这样，床身导轨的直线度明显受到影响。另外，立柱和滑板也因床身的热变形而产生相应的位置变化。常见几种机床的热变形趋势如图 4-28 所示。

4.4.3 工件热变形引起的加工误差

切削加工中，工件的热变形主要是由切削热引起的。对于大型或精密工件，外部热源如环境温度、日光等辐射热的影响也不可忽视。

对于不同形状的工件和不同的加工方法，工件热变形的影响是不同的。

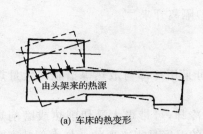 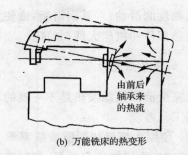

(a) 车床的热变形　　　　　　　　　　(b) 万能铣床的热变形

图 4-28　几种机床的热变形趋势

轴类零件在车削或磨削加工时,一般工件受热比较均匀,温度逐渐升高,其直径逐渐增大,增大部分将被刀具切去,故工件冷却后,形成形状和尺寸误差。

精密丝杠磨削时,工件的热伸长会引起螺距累积误差。

在磨削平面时,工件单面受热,由于受热不均匀,上下表面之间形成温差,导致工件上切削时其凸起部分被磨削掉,冷却后工件呈下凹状,形成直线度误差。

4.4.4　减少工艺系统热变形的途径

减少工艺系统热变形的措施有很多,主要可通过两种途径来解决,一是从机床设计角度考虑,改变机床结构,减少热量产生或减少热变形对机床的影响;二是从加工工艺角度考虑,如何减少热变形或减少热变形对加工精度的影响。

1. 减少切削热或磨削热

在精加工中,为了减少切削热和降低切削区域温度,应合理选择切削用量和刀具几何参数,并给予充分冷却和润滑。如果粗、精加工在一个工序内完成,粗加工的热变形将影响精加工精度。一般可以在粗加工后停机一段时间使工艺系统冷却,同时还应将工件松开,待精加工时再夹紧,这样就可减少粗加工热变形对精加工精度的影响。当零件精度要求较高时,则粗、精加工分开为宜。例如,刨削大型龙门刨床床身导轨时,粗刨以后接着进行宽刃精刨,此时粗加工后应停机一段时间,使工艺系统冷却,并将工件放松后再重新夹紧,以减少粗加工发热对加工精度的影响。

2. 隔离热源

为了减少工艺系统中机床的发热,凡是有可能从主机中分离出去的热源,如电动机、变速箱、液压系统、冷却系统等最好放置在机床外部,使之成为独立单元。对于不能和主机分离的热源,如主轴轴承、丝杠螺母副、高速运动的导轨副等,则可以从结构、润滑等方面改善其摩擦特性,减少发热。例如,采用静压轴承、静压导轨,改用低黏度润滑油、羟基润滑脂,或使用循环冷却润滑、油雾润滑等,也可用隔热材料将发热部件和机床大件(如床身、立柱等)隔离开来。

3. 加强散热能力

要完全消除热源发热是不可能的,但可采用冷却与散热等措施将大量热量迅速带离工艺系统。

(1)使用大流量切削液或喷雾等方法冷却,可带走大量切削热或磨削热。在精密加工时,为增加冷却效果,控制切削液的温度是很必要的。如大型精密螺纹磨床采用恒温切削液淋浇工件,机床的空心传动丝杠也通入恒温油,用以降低工件与传动丝杠的温度提高加工精度的稳定性。

(2)采用强制冷却来控制热变形。目前,大型数控机床、加工中心机床普遍用空调机对润滑油、切削液进行强制冷却,机床主轴和齿轮箱中产生的热量可由恒温的切削液迅速带走。

(3)保持工艺系统的热平衡。由热变形规律可知,机床刚开始运转的一段时间内(预热期),温升较快,热变形大,当达到热平衡后,热变形逐渐趋于稳定。所以对于精密机床,特别是大型机床,缩短预热期,加速达到热平衡状态,加工精度才易保证。常用的方法:一是加工前让机床高速空运转,使机床迅速达到热平衡;二是可人为给机床局部加热,使其加速达到热平衡。精密加工不仅应在达到热平衡才开始进行,而且应注意连续加工,尽量避免中途停车。

(4)控制环境温度。对于精密机床,一般应安装在恒温车间,如坐标镗床、数控机床等,恒温精度一般控制在±1℃以内,精密级±0.5℃,超精密级±0.01℃。恒温室的平均温度可按季节适当加以调整。例如,春、秋季为 20℃ ,夏季为 23℃ ,冬季为 18℃,这样,对加工质量影响很小,可以节省投资和能源消耗,还有利于工人的健康。

4. 采用合理的机床结构

(1)采用热对称结构。
(2)合理选择机床零部件的装配基准。
(3)采用可补偿的结构。

4.5　加工误差的分析

前面已对影响加工精度的各种主要因素进行了分析,并提出了一些保证加工精度的措施。从分析方法上来讲,上述内容属于单因素分析法。生产实际中,影响加工精度的因素往往是错综复杂的,有时很难用单因素分析法来分析计算某一工序的加工误差,这时就必须通过对生产现场中实际加工出的一批工件进行检查测量,运用数理统计的方法加以处理和分析,从中便可发现误差的规律,指导我们找出解决加工精度的途径。

4.5.1　加工误差的性质

根据加工一批工件时误差出现的规律,加工误差可分为系统误差和随机误差。

1. 系统误差

1) 常值系统误差

顺次加工一批工件后,大小和方向保持不变的误差称为常值系统误差。例如,加工原理误差和机床、夹具、刀具的制造误差等都是常值系统误差。此外,机床、夹具和量具的磨损速度很慢,在一定时间内也可看作是常值系统误差。

2) 变值系统误差

顺次加工一批工件中,大小和方向按一定规律变化的误差称为变值系统误差。例如,机床、夹具和刀具等在热平衡前的热变形误差和刀具的磨损等都是变值系统误差。

2. 随机误差

在加工一批工件中,大小和方向不同且不规律地变化的加工误差称为随机性误差。例如,毛坯误差(余量大小不同、硬度不均匀等)的复映、定位误差(基准面精度不一、间隙影响)、夹紧误差(夹紧力大小不同)、多次调整的误差、残余应力引起的变形误差等,都是随机性误差。随机性误差从表面看来似乎没有什么规律,但是应用数理统计的方法可以找出一批工件加工误差的总体规律,然后在工艺上采取措施来加以控制。

应该指出,在不同的场合下,误差的表现性质也不同。例如,机床在一次调整中加工一批工件时,机床的调整误差是常值系统误差。但是,当多次调整机床时,每次调整时发生的调整误差就不可能是常值,变化也无一定规律,因此对于经多次调整所加工出来的大批工件,调整误差所引起的加工误差又成为随机误差。

4.5.2　分布图分析法

1. 实验分布图——直方图

在加工过程中,对某工序的加工尺寸采用抽取有限样本数据进行分析处理,用直方图的形式表示出来,以便于分析加工质量及其稳定程度的方法,称为直方图分析法。

成批加工某种零件,抽取其中一定数量进行测量,抽取的这批零件称为样本,其件数 n 叫样本容量。

由于存在各种误差的影响,加工尺寸或偏差总是在一定范围内变动(称为尺寸分散),亦即为随机变量,用 x 表示。样本尺寸或偏差的最大值 L_a(或称 x_{max})与最小值 S_m(或称 x_{min})之差,称为极差 R,即

$$R = L_a - S_m = x_{max} - x_{min} \qquad (4-24)$$

将样本尺寸或偏差按大小顺序排列,并将它们分成 k 组,组距为 h。h 可按下式计算:

$$h = \frac{R}{k} = \frac{L_a - S_m}{k} \qquad (4-25)$$

出现在同一尺寸间隔的零件数量 m_i 称为频数。频数 m_i 与样本容量 n 之比称为频率 f_i,即

$$f_i = \frac{m_i}{n} \qquad (4-26)$$

而频率 f_i 与组距 h 之比称为频率密度 q_i,即

$$q_i = \frac{f_i}{h} \qquad (4-27)$$

以工件的尺寸(或误差)为横坐标,以频数或频率为纵坐标,表示该工序加工尺寸的实际分布图,即直方图(图 4-29)。

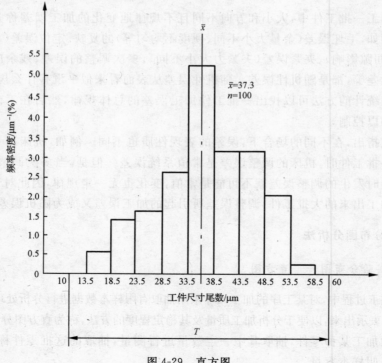

图 4-29　直方图

选择组数 k 和组距 h ，对实验分布图的显示好坏有很大关系。组数过多，组距太小，分布图会被频数的随机波动所歪曲；组数太少，组距太大，分布特征将被掩盖。k 一般应根据样本容量 n 来选择（表 4-2）。

表 4-2 样本与组数的选择

样本数（n）	分组数（k）
50～100	6～10
100～250	7～12
250 以上	10～20

下面通过实例来说明直方图的作法。

例如，磨削一批轴径为 $\phi 50^{+0.06}_{+0.01}$ mm 的工件，实测后的尺寸如表 4-3 所示。

表 4-3 轴径尺寸实测值

44	20	46	32	20	40	52	33	40	25	43	38	40	41	30	36	49	51	38	34
22	46	38	30	42	38	27	49	45	45	38	32	45	48	28	36	52	32	42	38
40	42	38	52	38	36	37	43	28	44	50	46	33	30	40	44	34	42	47	
22	28	34	30	36	32	35	22	40	35	42	46	42	50	40	36	20	16 x_{min}	53	
32	46	20	28	46	28	x_{max} 54	18	32	35	26	45	47	36	38	30	49	18	38	38

注：表中数据为实测尺寸与基本尺寸之差。

作直方图的步骤如下所述。

(1) 收集数据。一般取 100 件左右，找出最大值 $L_a = x_{max} = 54\mu m$ ，最小值 $S_m = x_{min} = 16\mu m$ （见表 4-3）。

(2) 把 100 个样本数据分成若干组，按表 4-2 确定。

本例取组数 $k = 8$ 。

(3) 计算组距 h ，即

$$h = \frac{R}{k} = \frac{L_a - S_m}{k} = \frac{54 - 16}{8}\mu m = 4.75\mu m \approx 5\mu m$$

(4) 计算第一组的上、下界限值

$$S_m \pm \frac{h}{2}$$

则第一组的上界限值

$$S_m + \frac{h}{2} = \left(16 + \frac{5}{2}\right)\mu m = 18.5\mu m$$

下界限值

$$S_m - \frac{h}{2} = \left(16 - \frac{5}{2}\right)\mu m = 13.5\mu m$$

（5）计算其余各组的上、下界限值。第一组的上界限值就是第二组的下界限值。第二组的下界限值加上组距就是第二组的上界限值,其余类推。

（6）计算各组的中心值 x_i

$$x_i = \frac{某组上限值 + 某组下限值}{2}$$

第一组中心值

$$x_i = \frac{13.5 + 18.5}{2}\mu m = 16\mu m$$

（7）记录各组的数据,整理成频数分布表,如表 4-4 所示。

表 4-4　频数分布表

组数	组界/μm	中心值 x_i	频数统计	频数	频率/%	频率密度/μm^{-1}(%)
1	13.5~18.5	16	下	3	3	0.6
2	18.5~23.5	21	正丁	7	7	1.4
3	23.5~28.5	26	正下	8	8	1.6
4	28.5~33.5	31	正正下	13	13	2.6
5	33.5~38.5	36	正正正正正一	26	26	5.2
6	38.5~43.5	41	正正正一	16	16	3.2
7	43.5~48.5	46	正正正一	16	16	3.2
8	48.5~53.5	51	正正	10	10	2
9	53.5~58.5	56	一	1	1	0.2

（8）统计各组的尺寸频数、频率和频率密度,并填入表中。

（9）按表列数据以频率密度为纵坐标;组距(尺寸间隔)为横坐标就可画出直方图,如图 4-29 所示。

由图 4-29 可知,该批工件的尺寸分散范围在部分居中,偏大、偏小者较少。

欲进一步研究该工序的加工精度问题,必须找出频率密度与加工尺寸间的关系,因此必须研究理论曲线。

2. 理论分布曲线

1）正态分布曲线

大量的试验、统计和理论分析表明:当一批工件总数极多时,加工的误差是由许多相互独立的随机因素引起的,而且这些误差因素中又都没有任何特殊的倾向,

其分布是服从正态分布的。这时的分布曲线称为正态分布曲线（即高斯曲线），如图 4-30 所示。其函数表达式为

$$\phi(x) = \frac{1}{\sigma\sqrt{2\pi}} e^{-\frac{1}{2}\left(\frac{x-\overline{x}}{\sigma}\right)^2} \tag{4-28}$$

式中，$\phi(x)$ ——分布的概率密度；

$\quad\quad \overline{x}$ ——工件尺寸的平均值；

$\quad\quad \sigma$ ——标准差；

$\quad\quad x$ ——随机变量；

$\quad\quad n$ ——样本工件的总数。

$$\sigma = \sqrt{\frac{1}{n}\sum_{i=1}^{n}(x_i - \overline{x})^2} \tag{4-29}$$

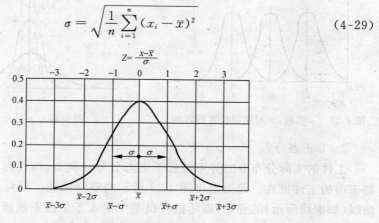

图 4-30 正态分布曲线

从正态分布图上可看出下列特征。

（1）曲线以 $x = \overline{x}$ 直线为左右对称，靠近 $\overline{x}$ 的工件尺寸出现概率较大，远离 $\overline{x}$ 的工件尺寸概率较小。

（2）对 $\overline{x}$ 的正偏差和负偏差，其概率相等。

（3）分布曲线与横坐标所围成的面积包括了全部零件数（即 100％），故其面积等于 1；其中 $x - \overline{x} = \pm 3\sigma$（即在 $\overline{x} \pm 3\sigma$）范围内的面积占了 99.73％（图 4-30），即 99.73％的工件尺寸落在 $\pm 3\sigma$ 范围内，仅有 0.27％的工件在范围之外（可忽略不计）。因此，取正态分布曲线的分布范围为 $\pm 3\sigma$。

$\pm 3\sigma$（或 6σ）的概念在研究加工误差时应用很广，是一个很重要的概念。6σ 的大小代表某加工方法在一定条件（如毛坯余量，切削用量，正常的机床、夹具、刀具等）下所能达到的加工精度，所以在一般情况下，应使所选择的加工方法的标准偏差 σ 与公差带宽度 T 之间具有下列关系：

$$6\sigma \leqslant T$$

但考虑到系统性误差及其他因素的影响，应当使 6σ 小于公差带宽度 T，方可

保证加工精度。

　　如果改变参数 $\bar{x}$（σ 保持不变），则曲线沿 x 轴平移而不改其形状，如图 4-31 所示。$\bar{x}$ 的变化主要是常值系统性误差引起的。如果 $\bar{x}$ 值保持不变，当 σ 值减少时，曲线形状陡峭；σ 增大时，曲线形状平坦，如图 4-32 所示，σ 是由随机性误差决定的，随机性误差越大则 σ 越大。

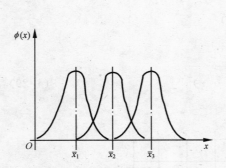

图 4-31　σ 相同，$\bar{x}$ 对曲线位置的影响

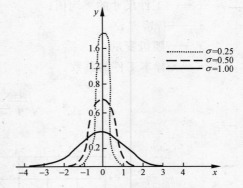

图 4-32　σ 对分布曲线的影响

　　2）非正态分布

　　工件的实际分布有时并不接近于正态分布。例如，将在两台机床上分别调整加工出的工件混在一起测定得图 4-33 所示的双峰曲线。实际上是两组正态分布曲线（如虚线所示）的叠加，即随机性误差中混入了常值系统误差。每组有各自的分散中心和标准差 σ。

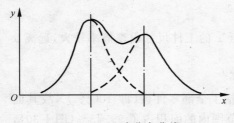

图 4-33　双峰分布曲线

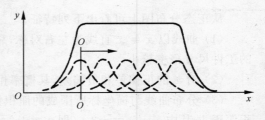

图 4-34　平顶分布曲线

　　又如，在活塞销贯穿磨削中，如果砂轮磨损较快而没有补偿的话，工件的实际尺寸分布将成平顶分布，如图 4-34 所示。它实质上是正态分布曲线的分散中心在不断地移动，也即在随机性误差中混有变值系统误差。

　　再如，用试切法加工轴颈或孔时，由于操作者为了避免产生不可修复的疵品，主观地（而不是随机的）使轴颈宁大勿小，使孔加工得宁小勿大，则它们的尺寸就呈偏态分布，如图 4-35（a）所示。当用调整法加工，刀具热变形显著时也呈偏态分布，如图 4-35（b）所示。

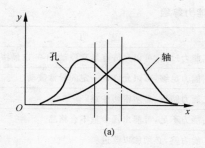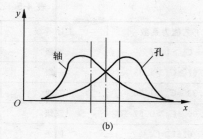

图 4-35　偏态分布

3. 分布图分析法的应用

1）判别加工误差的性质

如前所述，假如加工过程中没有变值系统误差，那么其尺寸分布就服从正态分布，这是判别加工误差性质的基本方法。

如果实际分布与正态分布基本相符，加工过程中没有变值系统误差（或影响很小），这时就可进一步根据 $\bar{x}$ 是否与公差带中心重合来判断是否存在常值系统误差（$\bar{x}$ 与公差带中心不重合就说明存在常值系统误差）。常值系统误差仅影响 $\bar{x}$，即只影响分布曲线的位置，对分布曲线的形状没有影响。

如实际分布与正态分布有较大出入，可根据直方图初步判断变值系统误差是什么类型。

2）确定各种加工误差所能达到的精度

由于各种加工方法在随机性因素影响下所得的加工尺寸的分散规律符合正态分布，因而可以在多次统计的基础上，为每一种加工方法求得它的标准偏差 σ。然后，按分布范围等于 6σ 的规律，即可确定各种加工方法所能达到的精度。

3）确定工艺能力及其等级

工艺能力即工序处于稳定状态时，加工误差正常波动的幅度。由于加工时误差超出分散范围的概率极小，可以认为不会发生分散范围以外的加工误差，因此可用该工序的尺寸分散范围来表示工艺能力。当加工尺寸分布接近正态分布时，工艺能力为 6σ。

工艺能力等级是以工艺能力系数来表示的，即工艺能满足加工精度要求的程度。

当工序处于稳定状态时，工艺能力系数 C_p 按下式计算：

$$C_p = T/6\sigma \qquad (4\text{-}30)$$

式中，T——工件尺寸公差。

根据工艺能力系数 C_p 的大小，共分为五级，如表 4-5 所示。

一般情况下，工艺能力不应低于二级。

表 4-5　工艺能力等级

工艺能力系数	工序等级	说　明
$C_p > 1.67$	特级	工艺能力过高,可以允许有异常波动,不一定经济
$1.67 \geqslant C_p > 1.33$	一级	工艺能力足够,可以允许有一定的异常波动
$1.33 \geqslant C_p > 1.00$	二级	工艺能力勉强,必须密切注意
$1.00 \geqslant C_p > 0.67$	三级	工艺能力不足,可能出现少量不合格品
$0.67 \geqslant C_p$	四级	工艺能力差,必须加以改进

4) 估算疵品率

正态分布曲线与 x 轴之间所包含的面积代表一批零件的总数 100%,如果尺寸分散范围大于零件的公差 T 时,则将有疵品产生。如图 4-36 所示,在曲线下面至 CD 两点间的面积(阴影部分)代表合格品的数量,其余部分则为疵品的数量。当加工外圆表面时,图的左边空白部分为不可修复的疵品,图的右边空白部分为可修复的疵品,加工孔时,恰好相反。对于某一规定的 x 范围的曲线面积(图 4-36(b)),可由下面的积分式求得:

$$A = \frac{1}{\sigma\sqrt{2\pi}}\int_0^x e^{-\frac{x^2}{2\sigma^2}}\mathrm{d}x \tag{4-31}$$

为了方便起见,设

$$Z = \frac{x}{\sigma}$$

所以

$$\phi(Z) = \frac{1}{\sqrt{2\pi}}\int_0^z e^{-\frac{z^2}{2}}\mathrm{d}Z \tag{4-32}$$

正态分布曲线的总面积为

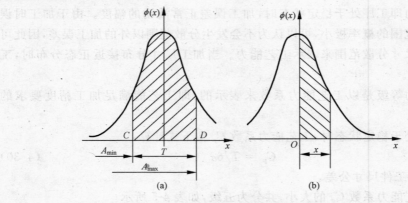

图 4-36　利用正态分布曲线估算疵品率

$$2\phi(\infty) = \frac{1}{\sqrt{2\pi}} \int_0^\infty e^{-\frac{z^2}{2}} dZ = 1 \qquad (4\text{-}33)$$

在一定的 Z 时,函数 $\phi(Z)$ 的数值等于加工尺寸在 x 范围的概率。各种不同 Z 的 $\phi(Z)$ 值如表 4-6 所示。

表 4-6 $\phi(Z)$

Z	$\phi(Z)$	Z	$\phi(Z)$	Z	$\phi(Z)$	Z	$\phi(Z)$	Z	$\phi(Z)$
0.00	0.0000	0.26	0.1023	0.52	0.1985	1.05	0.3531	2.60	0.4953
0.01	0.0040	0.27	0.1064	0.54	0.2054	1.10	0.3643	2.70	0.4965
0.02	0.0080	0.28	0.1103	0.56	0.2123	1.15	0.3749	2.80	0.4974
0.03	0.0120	0.29	0.1141	0.58	0.2190	1.20	0.3849	2.90	0.4981
0.04	0.0160	0.30	0.1179	0.60	0.2257	1.25	0.3944	3.00	0.49865
0.05	0.0199	—	—	—	—	—	—	—	—
0.06	0.0239	0.31	0.1217	0.62	0.2324	1.30	0.4032	3.20	0.49931
0.07	0.0279	0.32	0.1255	0.64	0.2389	1.35	0.4115	3.40	0.49966
0.08	0.0319	0.33	0.1293	0.66	0.2454	1.40	0.4192	3.60	0.499841
0.09	0.0359	0.34	0.1331	0.68	0.2517	1.45	0.4265	3.80	0.499928
0.10	0.0398	0.35	0.1368	0.70	0.2580	1.50	0.4332	4.00	0.499968
0.11	0.0438	0.36	0.1406	0.72	0.2642	1.55	0.4394	4.50	0.49997
0.12	0.0478	0.37	0.1443	0.74	0.2703	1.60	0.4452	5.00	0.49999997
0.13	0.0517	0.38	0.1480	0.76	0.2764	1.65	0.4505	—	—
0.14	0.0557	0.39	0.1517	0.78	0.2823	1.70	0.4554	—	—
0.15	0.0596	0.40	0.1554	0.80	0.2881	1.75	0.4599	—	—
0.16	0.0636	0.41	0.1591	0.82	0.2939	1.80	0.4641	—	—
0.17	0.0675	0.42	0.1628	0.84	0.2995	1.85	0.4678	—	—
0.18	0.0714	0.43	0.1664	0.86	0.3051	1.90	0.4713	—	—
0.19	0.0753	0.44	0.1700	0.88	0.3106	1.95	0.4744	—	—
0.20	0.0793	0.45	0.1736	0.90	0.3159	2.00	0.4722	—	—
0.21	0.0832	0.46	0.1772	0.92	0.3212	2.10	0.4821	—	—
0.22	0.0871	0.47	0.1808	0.94	0.3264	2.20	0.4861	—	—
0.23	0.0910	0.48	0.1844	0.96	0.3315	2.30	0.4893	—	—
0.24	0.0948	0.49	0.1879	0.98	0.3365	2.40	0.4918	—	—
0.25	0.0987	0.50	0.1915	1.00	0.3413	2.50	0.4938		

例 在磨床上加工销轴,要求外径 $d = 12^{-0.016}_{-0.043}$ mm,抽样后测得 $\bar{x} = 11.974$mm,$\sigma = 0.005$mm,其尺寸分布符合正态分布,试分析工序的加工质量。

解 该工序尺寸分布如图 4-37 所示。

由于

$$C_p = \frac{T}{6\sigma} = \frac{0.027}{6 \times 0.005} = 0.9 < 1$$

工艺能力系数 $C_p < 1$ ，说明该工序工艺能力不足，因此产生疵品是不可避免的。

工件最小尺寸

$$d_{min} = \bar{x} - 3\sigma = 11.959\text{mm} > A_{min}$$

$A_{min} = 11.957\text{mm}$，故不会产生不可修复的疵品。

工件最大尺寸

$$d_{max} = \bar{x} + 3\sigma = 11.989\text{mm} > A_{max}$$

$A_{max} = 11.984\text{mm}$，故要产生可修复的疵品。

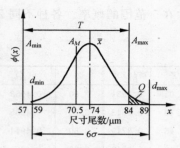

图 4-37　磨削轴工序尺寸分布

疵品率

$$Q = 0.5 - \phi(Z)$$

$$Z = \frac{|x - \bar{x}|}{\sigma} = \frac{|11.984 - 11.974|}{0.005} = 2$$

查表 4-6，$Z = 2$ 时，$\phi(Z) = 0.4772$

$$Q = 0.5 - 0.4772 = 0.0228 = 2.28\%$$

如重新调整机床使分散中心 $\bar{x}$ 与公差带中心 A_M 重合，则可减少疵品率。

4. 分布图分析法的缺点

用分布图分析加工误差有下列主要缺点。

（1）不能反应误差的变化趋势。加工中随机性误差和系统性误差同时存在，由于分析时没有考虑到工件加工的先后顺序，故很难把随机误差与变值系统误差区分开来。

（2）由于必须等一批工件加工完毕后才能得出分布情况。因此，不能在加工过程中及时提供控制精度的资料。

4.5.3　点图分析法

点图分析法是用于发现按一定规律变化的变值系统误差的一种方法。

1. 点图的形式

1）个值点图

按照加工顺序逐个地测量一批工件的尺寸，如果以工件序号为横坐标，工件尺寸为纵坐标，就可作出图 4-38 所示的个值点图。

上述点图反映了每个工件的尺寸（或误差）变化与加工时间的关系，故称为个值点图。假如把点图中的上、下极限点包络成两根平滑的曲线，并作这两根曲线的

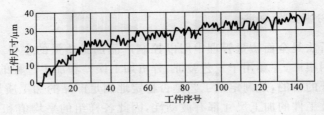

图 4-38　个值点图

平均值曲线，如图 4-39 所示，就能较清楚地揭示出加工过程中误差的性质及其变化趋势。平均值曲线 OO' 表示每一瞬时的分散中心，其变化情况反映了变值系统误差随时间变化的规律。其起始点 O 则可看出常值系统误差的影响。上下限 AA' 和 BB' 间的宽度表示每一瞬时尺寸分散范围，也就是反映了随机性误差的大小，其变化反映了随机性误差随时间变化的规律。

2）$\bar{x}$-R 点图

为了能直接反映加工中系统性误差和随机性误差随加工时间的变化趋势，实际生产中常用样组点图来代替个值点图。最常用的样组点图是 $\bar{x}$-R 点图（平均值-极差点图），它是由 $\bar{x}$ 点图和 R 点图组成，用以表示尺寸分散的大小和变化情况。

设以顺次加工的 i 个工件为一组，那么每一样组的平均值 $\bar{x}$ 和极差 R 是

$$\bar{x} = \frac{1}{m} \sum_{i=1}^{m} x_i \tag{4-34}$$

$$R = x_{\max} - x_{\min} \tag{4-35}$$

式中，$x_{\max}$、$x_{\min}$——同一样组中工件的最大尺寸和最小尺寸。

以样组序号为横坐标，分别以 $\bar{x}$ 和 R 为纵坐标，就可分别作出 $\bar{x}$ 点图和 R 点图，如图 4-40 所示。$\bar{x}$ 点图主要表明加工过程中尺寸分散中心位置的变化趋势；R 点图主要表明加工过程中精度（即尺寸分散范围）的变化趋势。

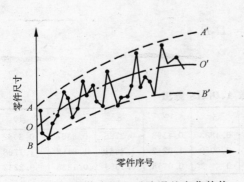

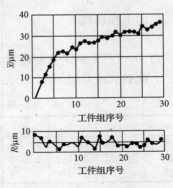

图 4-39　个值点图上反映误差变化趋势　　　　　　图 4-40　$\bar{x}$-R 点图

2. 点图分析法的应用

点图分析法是全面质量管理中用以控制产品加工质量的主要方法之一,在实际生产中应用很广,主要用于工艺验证、分析加工误差和加工过程的质量控制。

工艺验证的目的,是判定某工艺是否稳定地满足产品的加工质量要求。

任何一批工件的加工尺寸都有波动性,因此各样组的平均值和极差 R 也都有波动性。假如加工误差主要是随机性误差,且系统性误差的影响很小时,那么这种波动属于正常波动,加工工艺是稳定的。假如加工中存在着影响较大的变值系统误差,或随机性误差的大小有明显的变化时,那么这种波动属于异常波动,这个加工工艺被认为是不稳定的。

为了取得合理判定的依据,需要在点图上画出上、下控制线和平均线。根据概率论可得 $\bar{x}$ 的中心线

$$\bar{\bar{x}} = \frac{1}{k} \sum_{i=1}^{k} \bar{x}_i \qquad (4-36)$$

R 的中心线

$$\bar{R} = \frac{1}{k} \sum_{i=1}^{k} R_i \qquad (4-37)$$

式中, $\bar{x}_i$ ——第 i 组的平均值;

　　R_i ——第 i 组的极差;

　　k ——组数。

$\bar{x}$ 的上控制线

$$\bar{x}_s = \bar{\bar{x}} + A\bar{R}$$

$\bar{x}_i$ 的下控制线

$$\bar{x}_x = \bar{\bar{x}} - A\bar{R}$$

R 的上控制线

$$R_s = D_1\bar{R}$$

R 的下控制线

$$R_x = D_2\bar{R}$$

当 $D_2 < 0$,R 的下控制线就不存在。

上面各式系数 A、D_1、D_2 见表 4-7。

表 4-7　系数 A、D_1、D_2 数值

m	2	3	4	5	6	7	8	9	10
A	1.8806	1.0231	0.7285	0.5768	0.4833	0.4193	0.3726	0.3367	0.3082
D_1	3.2681	2.5742	2.2819	2.1145	2.0039	1.9242	1.8641	1.8162	1.7768
D_2	0	0	0	0	0	0.0758	0.1359	0.1838	0.2232

在点图上作出平均线和控制线后,就可根据图中点的情况来判别工艺过程是

否稳定(波动状态是否属于正常),以表 4-8 来判别。

表 4-8　正常波动与异常波动的标志

正　常　波　动	异　常　波　动
1. 没有点子超出控制线	1. 有点子超出控制线
	2. 点子密集在平均线上下附近
2. 大部分点子在平均线上波动,小部分在控制线附近	3. 点子密集在控制线附近
	4. 连续 7 点以上出现在平均线一侧
	5. 连续 11 点中有 10 点出现在平均线一侧
	6. 连续 14 点中有 12 点以上出现在平均线一侧
	7. 连续 17 点中有 14 点以上出现在平均线一侧
3. 点子没有明显的规律性	8. 连续 20 点中有 16 点以上出现在平均线一侧
	9. 点子有上升或下降倾向
	10. 点子有周期性波动

下面以磨削一批轴径 $\phi 50^{+0.06}_{+0.01}$ mm 的工件为例,来说明工艺验证的方法和步骤。

(1) 抽样并测量。按照加工顺序和一定的时间间隔随机地抽取 4 件为一组,共抽取 25 组,检验质量数据并列入表 4-9 中。

(2) 画 $\bar{x}$-R 图。先计算出各样组的平均值 $\bar{x}$ 和极差 R,然后算出 $\bar{x}$ 的平均值 $\bar{\bar{x}}$ 和 R 的平均值 $\bar{R}$。再计算 $\bar{x}$ 点图和 R 点图的上、下控制线位置。本例 $\bar{\bar{x}}=37.3\mu m$,$\bar{x}_s=49.24\mu m$,$\bar{x}_x=25.36\mu m$,$\bar{R}=16.36\mu m$,$R_s=37.3\mu m$,$R_x=0$。并据此画出 $\bar{x}$-R 图,如图 4-40 所示。

(3) 计算工艺能力系数,确定工艺等级。本例 $T=50\mu m$,$\sigma=8.93\mu m$,$C_p=\dfrac{50}{6\times 8.93}=0.933$,属于三级工艺能力(表 4-5)。

(4) 分析总结。从 $\bar{x}$ 图中第 21 组的点子超出下控制线说明工艺过程发生了异常变化,可能有不合格品出现,从工艺能力系数看也小于 1,这些都说明本工序的加工质量不能满足零件的精度要求,因此要查明原因,采取措施,消除异常变化。

点图可以提供工序中误差的性质和变化情况等资料,因此可用来估计工件加工误差的变化趋势,并据此判断工艺过程是否处于控制状态,机床是否需要重新调整。

表 4-9　x-R 点图数据表

组　　号	x_1	x_2	x_3	x_4	$\bar{x}$	R
1	44	43	22	38	36.8	22
2	40	36	22	36	33.5	18
3	35	53	33	38	39.8	20
4	32	26	20	38	29.0	18
5	46	32	42	50	42.5	18
6	28	42	46	46	40.5	18
7	46	40	38	45	42.3	8
8	38	46	34	46	41.0	12
9	20	47	32	41	35.0	27
10	30	48	52	38	42.0	22
11	30	42	28	36	34.0	14
12	20	30	42	28	30.0	22
13	38	30	36	50	38.5	20
14	46	38	40	36	40.0	10
15	38	36	36	40	37.5	4
16	32	40	28	30	32.5	12
17	32	49	27	52	45.0	25
18	37	44	35	36	38.0	9
19	54	49	33	51	46.8	21
20	49	32	43	34	39.5	17
21	22	20	18	18	19.5	4
22	40	38	45	42	41.3	7
23	28	42	40	16	31.5	26
24	32	38	45	47	40.5	15
25	25	34	45	38	35.5	20
总计					932.5	409
平均					$\bar{\bar{x}} = 37.3$	$\bar{R} = 16.36$

注：表内数据均为实测尺寸与基本尺寸之差。

4.6　提高加工精度的工艺措施

机械加工误差是由工艺系统的原始误差引起的。要提高零件的加工精度,可通过采取一定的工艺措施来减少或消除这些误差对加工精度的影响。

4.6.1　直接减小误差法

这种方法是生产中应用最广的一种基本方法。它是在查明产生加工误差的主要原因之后,设法对其直接进行消除或减弱。例如,细长轴的车削加工,因工件刚度低,容易产生弯曲变形和振动。为了减少因切削抗力使工件弯曲变形而产生加工误差,可采用跟刀架或中心架以提高工件的刚度。还可采用反向进给的切削方法,同时应用弹性的尾座顶尖,避免将工件压弯。

4.6.2　误差转移法

这种方法是采取措施将误差因素转移到不影响加工精度的方面去。例如,当机床精度达不到加工要求时常常不是一味提高机床精度,而是在工艺上或夹具上想办法,创造条件使机床的几何误差转移到不影响加工精度的方向。如在箱体上的孔系加工中,常用镗模夹具来保证工件的加工精度,镗杆与镗床主轴采用浮动联接,孔系的加工精度完全取决于镗杆和镗模的制造精度而与镗床主轴的回转精度及其他几何精度无关。这样工件的加工精度就与机床的精度关系不大。

4.6.3　补偿或抵消误差法

当工艺系统出现的原始误差不能直接减少或消除时,可采用补偿或抵消的方法。例如,用预加载荷法精加工磨床床身导轨,以补偿装配后受部件自重产生的变形。磨床床身是一个狭长结构,刚度较差,虽然在加工时床身导轨的三项精度都能达到,但在装上横向进给机构、操纵箱等以后,往往会使导轨精度差。这是因为这些部件的自重引起床身变形。为此,某些磨床厂在加工床身导轨时采用"配重"代替部件重量,或采取先将该部装好再磨削的办法,使加工、装配和使用条件一致,这样可使导轨长期保持高的加工精度。

4.6.4　就地加工法

在加工和装配中,有些精度问题牵涉到零部件间的关系相当复杂,如果一味地提高零部件本身的精度,有时不止困难甚至不可能。若采用"就地加工"的方法,就可能很快地解决看起来非常困难的精度问题。

例如,在转塔车床制造中,转塔上六个安装刀架的大孔,其轴心线必须保证和

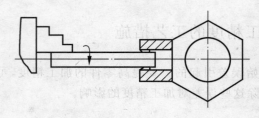

图 4-41　就地加工法

主轴旋转中心重合,而六个面又必须和主轴中心线垂直。如果转塔作为单独部件,加工出这些表面后再装配,要达到上述两项要求是很困难的,因为它包含了复杂的尺寸链关系。因而实际生产中采用了"就地加工"法。"就地加工"的办法是,这些表面在装配前不进行精加工,等装配到机床上以后,在主轴上装上镗刀杆和能做径向进给的小刀架,镗六个大孔和车削端面,从而保证了精度,其示意如图 4-41 所示。"就地加工"的要点是:要求保证部件间什么样的位置关系,就在这样的位置关系上利用一个部件装上刀具去加工另一个部件,其实质是消除了装配误差等因素对精度的影响。

4.6.5　误差平均法

对配合精度要求很高的轴和孔,常采用研磨方法来达到。研具本身并不要求具有高精度,但它却能在和工件做相对运动中对工件进行微量切削,最终达到很高的精度。这种表面间相对研擦和磨损的过程,也就是误差相互比较和相互消除的过程,即称为"误差平均法"。

利用"误差平均法"制造精密零件在机械行业中由来已久。在没有精密机床的时代,利用这种方法已经制造出号称原始平面的精密平板,平面度达几个微米。

本 章 小 结

通过本章的学习,学生能够掌握机械加工精度的基本概念、零件获得机械加工精度的方法,并更进一步了解加工中产生各种加工误差的原因及分析误差的规律,从中找出解决加工精度的途径来指导生产。

思考与习题

1. 零件的加工精度应包括哪些内容?加工精度的获得取决于哪些因素?

2. 车床床身导轨在垂直平面内及水平面内的直线度对车削轴类零件的加工误差有什么影响,影响程度各有何不同?

3. 在车床上加工圆盘件的端面时,有时会出现圆锥面(中凸或中凹)或端面凸轮似的形状(如螺旋面),试从机床几何误差的影响分析造成如图 4-42 所示端面几何形状误差的原因是什么?

4. 试分析滚动轴承的外环内滚道及内环外滚道的形状误差(图 4-43)所引起主轴回转轴线的运动误差对被加工零件精度的影响。

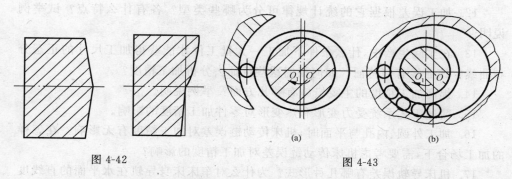

图 4-42   图 4-43

5. 在车床上用两顶尖安装工件,车削细长轴时,出现如图 4-44(a)~(c)所示的误差是什么原因造成的? 并指出应分别采用什么办法加以消除或减少。

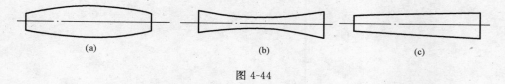

图 4-44

6. 什么叫做原始误差? 它包括哪些内容? 它与加工误差有何关系?

7. 什么是主轴回转误差? 它可分解成哪三种基本形式? 其产生原因是什么。对加工精度有何影响?

8. 在卧式铣床上铣削键槽(图 4-45),经测量发现,靠工件两端深度大于中间,且中间的深度比调整的深度尺寸小,试分析产生这一误差的原因,并设法克服或减小这种误差。

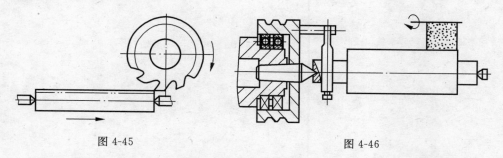

图 4-45   图 4-46

9. 试说明磨削外圆时,使用死顶尖的目的是什么。哪些因素引起外圆的圆度和锥度误差(图 4-46)?

10. 在车床或磨床上加工相同尺寸及相同精度的内外圆柱表面时,加工内孔表面的走刀次数往往多于外圆面,试分析其原因。

11. 说明误差复映的概念,误差复映系数的大小与哪些因素有关?

12. 加工误差根据它的统计规律可分为哪些类型？各有什么特点？试举例说明。

13. 在实际生产中，什么条件下加工一大批工件才能获得加工尺寸的正态分布曲线？该曲线有何特征？如何根据这些特征去分析加工精度？

14. 提高加工精度的主要措施有哪几方面？举例说明。

15. 简述工艺系统受力变形和热变形对零件加工精度的影响。

16. 加工外圆、内孔与平面时，机床传动链误差对加工精度有无影响？在怎样的加工场合下，需要考虑机床传动链误差对加工精度的影响？

17. 机床导轨误差有哪几种形式？为什么对车床床身导轨在水平面的直线度要求高于在垂直面的直线度要求？而对平面磨床床身导轨的要求则相反？

第 5 章　机械加工表面质量

机械加工表面质量是指零件的表面层在机械加工后微观几何形状误差和物理、化学及力学性能。产品的工作性能、可靠性、寿命在很大程度上取决于主要零件的表面质量。

机器零件的破坏一般都是从表面层开始的。这是由于表面是零件材料的边界，常常承受工作载荷所引起的最大应力和外界介质的侵蚀，表面上有着引起应力集中而导致破坏的根源，所以表面质量直接与机器零件的使用性能有关。在现代机器中，许多零件是在高速、高压、高温、高负荷下工作的，由此对零件的表面质量提出了更高的要求。

研究表面质量的目的是要掌握机械加工中各种工艺因素对表面质量影响的规律，以便应用这些规律控制加工过程，最终达到提高表面质量、提高产品使用性能的目的。

5.1　表面质量对产品使用性能的影响

任何机械加工方法所获得的加工表面都不可能是绝对理想的表面，总存在着表面粗糙度、表面波度等微观几何形状误差。表面层的材料在加工时还会发生物理、力学性能变化，以及在某些情况下发生化学性质的变化。图 5-1(a)表示加工表层沿深度方向的变化情况。在最外层生成氧化膜或其他化合物并吸收、渗进了气

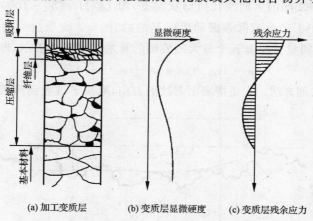

(a) 加工变质层　　(b) 变质层显微硬度　　(c) 变质层残余应力

图 5-1　加工表面层沿深度方向的变化情况

体、液体和固体的粒子,称为吸附层,其厚度一般不超过 $8\mu m$。压缩层即为表面塑性变形区,由切削力造成,厚度为几十至几百微米,随加工方法的不同而变化。其上部为纤维层,是由被加工材料与刀具之间的摩擦力所造成的。另外,切削热也会使表面层产生各种变化,如同淬火、回火一样使材料产生相变以及晶粒大小的变化等。因此,表面层的物理力学性能不同于基体,产生了如图 5-1(b)、(c)所示的显微硬度和残余应力变化。

机械零件的加工质量除了加工精度还包含表面质量(表面完整性)。了解影响机械加工表面质量的主要工艺因素及其变化规律,对保证产品质量具有重要意义。

5.1.1　机械加工表面质量的概念

加工表面质量包含表面的几何特征和表面层材料的物理、力学和化学性能两个方面的内容。

1. 表面的几何特征

加工表面的几何形状,总是以“峰”和“谷”形式交替出现,其偏差有宏观、微观的差别。

(1)表面粗糙度。它是指加工表面的微观几何形状误差,亦称表面粗糙度,如图 5-2 所示,其波长 $L_3/H_3 < 50$,主要由刀具的形状以及切削过程中塑性变形和振动等因素决定的。

(2)加工精度。$L_1/H_1 > 1000$,称为宏观几何形状误差,如圆度误差、圆柱度误差等,它们属于加工精度范畴。

(3)表面波度。它是介于宏观几何形状误差($L_1/H_1 > 1000$)与微观表面粗糙度($L_3/H_3 < 50$)之间的周期性几何形状误差,即 $L_2/H_2 = 50 \sim 1000$。它主要是由机械加工过程中工艺系统低频振动所引起的,如图 5-2 所示。一般以波高为波度的特征参数,用测量长度上五个最大的波幅的算术平均值 $\overline{\omega}$ 表示,即

$$\overline{\omega} = (\omega_1 + \omega_2 + \omega_3 + \omega_4 + \omega_5)/5$$

(4)表面纹理方向。它是指表面刀纹的方向,取决于该表面所采用的机械加工

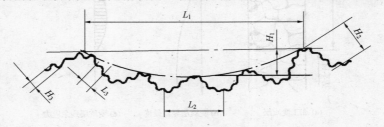

图 5-2　表面几何特征

方法及其主运动和进给运动的关系。一般对运动副或密封件有纹理方向的要求。

（5）伤痕。在加工表面的一些个别位置上出现的缺陷。它们大多是随机分布的，如砂眼、气孔、裂痕和划痕等。

2. 表面层材料的物理、力学和化学性能

表面层材料的物理、力学和化学性能包括表面层的冷作硬化、残余应力以及金相组织变化。

1）表面层的冷作硬化

机械加工过程中表面层金属产生强烈的塑性变形，使晶格扭曲、畸变，晶粒间产生剪切滑移，晶粒被拉长，这些都会使表面层金属的硬度增加、塑性减小，从而产生冷作硬化。

2）表面层残余应力

机械加工过程中由于切削变形和切削热等因素的作用在工件表面层材料中产生的残余应力。

3）表面层金相组织变化

机械加工过程中，在工件的加工区域，温度会急剧升高，当温度升高到超过工件材料金相组织变化的临界点时，就会发生金相组织变化。这种变化包括晶粒大小、形状、析出物和再结晶等。金相组织的变化主要通过显微组织观察来确定。

5.1.2　机械加工表面质量对机器使用性能的影响

1. 表面质量对耐磨性的影响

零件的耐磨性不仅与摩擦副的材料、热处理情况和润滑条件有关，而且还与摩擦副表面质量有关。在相同的情况下，零件的表面质量对零件的耐磨性能起决定性作用。

1）表面粗糙度对耐磨性的影响

表面粗糙度值大，接触表面的实际压强增大，粗糙不平的凸峰间相互咬合、挤裂，使磨损加剧，表面粗糙度值越大越不耐磨；但表面粗糙度值也不能太小，表面太光滑，因存不住润滑油使接触面间容易发生分子黏结，也会导致磨损加剧。

2）表面冷作硬化对耐磨性的影响

机械加工后的表面，由于冷作硬化使表面层金属的显微硬度提高，可降低磨损。加工表面的冷作硬化，一般能提高耐磨性。但是过度的冷作硬化将使加工表面金属组织变得“疏松”，严重时甚至出现疲劳裂纹和剥落现象，使磨损加剧。

3）表面纹理对耐磨性的影响

在轻载运动副中，两相对运动零件表面的刀纹方向均与运动方向相同时，耐磨

性好；两者的刀纹方向均与运动方向垂直时，耐磨性差，这是因为两个摩擦面在相互运动中，切去了妨碍运动的加工痕迹。但在重载时，两相对运动零件表面的刀纹方向均与相对运动方向一致时容易发生咬合，磨损量反而大；两相对运动零件表面的刀纹方向相互垂直，且运动方向平行于下表面的刀绞方向，磨损量较小。

2. 表面质量对零件疲劳强度的影响

表面粗糙度对零件的疲劳强度影响很大。在交变载荷作用下，表面粗糙度的凹谷处和表面层的缺陷处容易产生应力集中，出现疲劳裂纹，加速疲劳破坏。

试验表明，减小零件的表面粗糙度可提高零件的疲劳强度。如曲轴的曲拐与轴颈交界处，精加工后往往要进行光整加工，就是为了减小零件的表面粗糙度值，提高其疲劳强度。

零件表面存在一定的冷作硬化，可以阻碍表面疲劳裂纹的产生，缓和已有裂纹的扩展，有利于提高疲劳强度。但冷作硬化强度过高时，可能会产生较大的脆性裂纹反而降低疲劳强度。

加工表面层如有一层残余压应力产生，可以提高疲劳强度。当加工表面层有一层残余拉应力产生时，则容易使零件表面产生裂纹而降低其疲劳强度。

3. 表面质量对抗腐蚀性能的影响

大气中所含的气体和液体与零件接触时会凝聚在零件表面上使表面腐蚀。零件表面粗糙度越大，加工表面与气体、液体接触面积越大，腐蚀作用就越强烈。加工表面的冷作硬化和残余应力，使表层材料处于高能位状态，有促进腐蚀的作用。减小表面粗糙度，控制表面的加工硬化和残余应力，可以提高零件的抗腐蚀性能。

4. 表面质量对零件配合性质的影响

对于间隙配合，零件表面越粗糙，磨损越大，使配合间隙增大，降低配合精度；对于过盈配合，两零件粗糙表面相配时凸峰被挤平，使有效过盈量减小，将降低过盈配合的连接强度。因此对有配合要求的表面，必须限定较小的表面粗糙度参数值。

5.2　机械加工的振动

机械加工过程中产生的振动是一种十分有害的现象，这是因为：

（1）刀具相对于工件振动会使加工表面产生波纹，这将严重影响零件的使用性能。

（2）刀具相对于工件振动，切削截面、切削角度等将随之发生周期性变化，工艺系统将承受动态载荷的作用，刀具易于磨损（有时甚至崩刃），机床的连接特性会受到破坏,严重时甚至使切削加工无法进行。

（3）为了避免发生振动或减小振动,有时不得不降低切削用量,致使机床、刀具的工作性能得不到充分发挥,限制了生产效率的提高。

综上分析可知,机械加工中的振动对于加工质量和生产效率都有很大影响,须采取措施控制振动。

5.2.1　机械加工过程中的强迫振动

机械加工过程中的强迫振动是指在外界周期性干扰力的持续作用下,振动系统受迫产生的振动。机械加工过程中的强迫振动与一般机械振动中的强迫振动没有本质上的区别。机械加工过程中的强迫振动的频率与干扰力的频率相同或是其整数倍;当干扰力的频率接近或等于工艺系统某一薄弱环节固有频率时,系统将产生共振。

强迫振动的振源有来自于机床内部的机内振源和来自机床外部的机外振源。机外振源很多,但它们都是通过地基传给机床的,可以通过加设隔振地基来隔离外部振源,消除其影响。机内振源主要有:机床上的带轮、卡盘或砂轮等高速回转零件因旋转不平衡引起的振动;机床传动机构的缺陷引起的振动;液压传动系统压力脉动引起的振动;由于断续切削引起的振动等。

如果确认机械加工过程中发生的是强迫振动,就要设法查找振源,以便消除振源或减小振源对加工过程的影响。

5.2.2　机械加工过程中的自激振动

由激振系统本身引起的交变力作用而产生的振动称为自激振动,通常又称为颤振。与强迫振动相比,自激振动具有以下特征:

（1）机械加工中的自激振动是指在没有周期性外力（相对于切削过程而言）干扰下产生的振动运动。

（2）自激振动的频率接近于系统某一薄弱振型的固有频率。

自激振动可以看成是由振动系统（工艺系统）和调节系统（切削系统）两个环节组成的一个闭环系统,如图 5-3 所示。

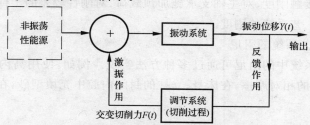

图 5-3　自激振动系统的组成

5.2.3　控制机械加工振动的途径

1. 消除或减弱产生振动的条件

1）消除或减弱产生强迫振动的条件

（1）消除或减小内部振源。机床上的高速回转零件必须满足动平衡要求；提高传动元件及传动装置的制造精度和装配精度，保证传动平稳；使动力源与机床本体分离。

（2）调整振源的频率。通过改变传动比使可能引起强迫振动的振源频率远离机床加工系统薄弱环节的固有频率，避免产生共振。

（3）采取隔振措施。使振源产生的部分振动被隔振装置所隔离或吸收。隔振方法有两种，一种是主动隔振，阻止机内振源通过地基外传；另一种是被动隔振，阻止机外干扰力通过地基传给机床。常用的隔振材料有橡皮、金属弹簧、空气弹簧、矿渣棉、木屑等。

2）消除或减弱产生自激振动的条件

（1）减小重叠系数。再生型颤振是由于在有波纹的表面上进行切削引起的，如果本转（次）切削不与前转（次）切削振纹相重叠，就不会有再生型颤振发生。重叠系数越小就越不容易产生再生型颤振。重叠系数值大小取决于加工方式、刀具的几何形状及切削用量等。适当增大刀具的主偏角和进给量，均可使重叠系数减小。

（2）减小切削刚度。减小切削刚度可以减小切削力，可以降低切削厚度变化效应（再生效应）和振型耦合效应的作用。改善工件材料的可加工性、增大前角、增大主偏角和适当提高进给量等，均可使切削刚度下降。

（3）合理布置振动系统小刚度主轴的位置。

2. 改善工艺系统的动态特性

1）提高工艺系统刚度

提高工艺系统薄弱环节的刚度，可以有效地提高机床加工系统的稳定性。提高各结合面的接触刚度、对主轴支承施加预载荷、对刚性较差的工件增加辅助支承等都可以提高工艺系统的刚度。

2）增大工艺系统的阻尼

增大工艺系统中的阻尼可通过多种方法实现。例如，使用高内阻材料制造零件，增加运动件的相对摩擦，在床身、立柱的封闭内腔中充填型砂，在主振方向安装阻振器等。

3. 采用减振装置

在采用了上述措施后仍不能达到减振要求时,可考虑使用减振装置。常用的减振装置有动力式减振器、摩擦式减振器和冲击式减振器。

1) 摩擦式减振器

它是利用固体或液体的摩擦阻尼来消耗振动的能量。在机床主轴系统中附加阻尼减振器(图 5-4),它相当于间隙很大的滑动轴承,通过阻尼套和阻尼间隙中黏性油的阻尼作用来减振。

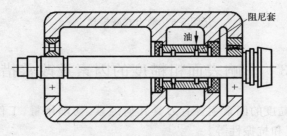

图 5-4　摩擦式减振器

2) 冲击式减振器

如图 5-5 所示,它是由一个与振动系统刚性相连的壳体 2 和一个在壳体内自由冲击的质量块 1 所组成。当系统振动时,自由质量块反复冲击振动系统,消耗振动的能量,达到减振效果。

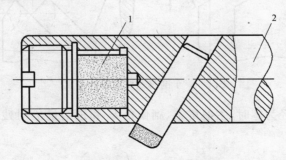

图 5-5　冲击式减振器

1-质量块;2-壳体

3) 动力式减振器

在振动体 m_1 上另外加上一个附加质量 m_2,用弹性阻尼元件使附加质量 m_2 系统和振动体 m_1 相连。如图 5-6 所示,当振动体振动时,与振动体相连的附加质量系统随之产生振动,利用附加质量系统的动力作用,产生一个与主振系激振力大小相等、方向相反的附加激振力,以抵消主振系激振力的目的。

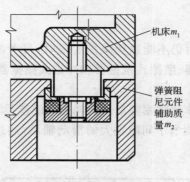

图 5-6　动力式减振器

5.3　影响表面粗糙度的因素及改善措施

　　影响表面粗糙度的因素主要有刀具几何因素、切削用量、工件材料性能、切削液、工艺系统刚度和抗振性等。

　　从几何的角度看刀具的形状特别是刀尖圆弧半径 r_ε、主偏角 k_r、副偏角 k_r' 和进给量 f 等对切削加工的表面粗糙度值影响较大,如图 5-7 所示。

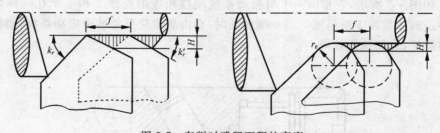

图 5-7　车削时残留面积的高度

　　刀尖圆弧半径为零时,主偏角 k_r、副偏角 k_r' 和进给量 f 对残留面积最大高度的影响

$$H = \frac{f}{\cot k_r + \cot k_r'}$$

　　当用圆弧刀刃切削时,工件表面残留面积的高度

$$H \approx \frac{f^2}{8 r_\varepsilon}$$

　　减小 f、k_r、k_r' 及增大 r_ε,均可减小残留面积的高度 H。

　　切削加工表面粗糙度的实际轮廓形状,一般都与纯几何因素形成的理论轮廓有较大的差别,这是由于切削加工中有塑性变形的发生。

加工塑性材料时,切削速度对加工表面粗糙度的影响如图 5-8 所示。在某一切削速度范围内容易生成积屑瘤,使表面粗糙度增大。加工脆性材料时,切削速度对表面粗糙度的影响不大。

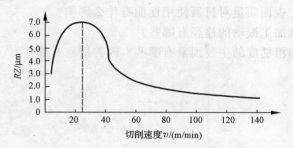

图 5-8　切削速度对加工表面粗糙度的影响

加工相同材料的工件,晶粒越粗大,切削加工后的表面粗糙度值越大。为减小切削加工后的表面粗糙度值,常在加工前或精加工前对工件进行正火、调质等热处理,目的在于得到均匀细密的晶粒组织,并适当提高材料的硬度。

适当增大刀具的前角可降低被切削材料的塑性变形;降低刀具前刀面和后刀面的表面粗糙度可抑制积屑瘤的生成;增大刀具后角可减少刀具和工件的摩擦;合理选择冷却润滑液可减少材料的变形和摩擦,降低切削区的温度。采取上述各项措施均有利于减小加工表面的粗糙度。

磨削加工表面粗糙度的形成也是由几何因素和表面层材料的塑性变形决定的。表面粗糙度的高度和形状是由起主要作用的某一类因素或某一个别因素决定的。例如,当所选取的磨削用量不至于在加工表面上产生显著的热现象和塑性变形时,几何因素就可能占优势,对表面粗糙度高度起决定性影响的可能是砂轮的粒度和砂轮的修正用量;与此相反,如果磨削区的塑性变形相当显著,砂轮粒度等几何因素就不起主要作用,磨削用量可能是影响磨削表面粗糙度的主要因素。

本 章 小 结

本章的学习使学生了解到零件表面的几何特征和表面层材料的物理、力学和化学性能;机械加工表面质量对机器使用性能的影响;提高表面加工质量、减小机械加工中的振动的方法。

影响表面粗糙度的因素主要有刀具几何因素、切削用量、工件材料性能、切削液、工艺系统刚度和抗振性等。减小切削加工后的表面粗糙度值的措施:适当增大刀具的前角;降低被切削材料的塑性变形;降低刀具前刀面和后刀面的表面粗糙度可抑制积屑瘤的生成;增大刀具后角可减少刀具和工件的摩擦;合理选择冷却润滑液可减少材料的变形和摩擦、降低切削区的温度等,从而达到提高表面质量的目的。

思考与习题

1. 机械加工表面质量包含哪些具体的内容？
2. 机械加工表面质量对机器使用性能有什么影响？
3. 控制机械加工振动的途径有哪些？
4. 影响表面粗糙度的主要因素有哪些？改善措施有哪些？

第6章 零件表面的加工

6.1 概　述

机器是由各种典型表面组成的,主要有回转表面、平面、曲面、螺旋表面、渐开面。不同的表面具有不同的切削加工方法,在制定工艺规程时,首先要确定各个组成表面的加工方法。

对于同一种加工表面,由于精度和表面质量的要求不同,要经过由粗到精的不同加工阶段,而不同的加工阶段可以采用不同的加工方法。因此,应当掌握不同表面、不同技术要求对应的加工阶段和加工方法。

工件表面的加工过程就是获得符合要求的零件表面的过程。由于零件的结构特点、材料性能和表面加工要求的不同,所采用的加工方法也不一样。即使是同一精度要求,所采用的加工方法也是多种多样的。在选择某一表面的加工方法时,应遵循如下基本原则:

(1) 选择加工方法要与加工表面的经济精度及表面粗糙度要求相适应。

(2) 选择加工方法要与零件材料的性能、热处理要求及产品的生产类型相适应。

(3) 选择加工方法要与零件的结构形状和尺寸要求相适应。

(4) 根据零件表面的具体要求,考虑各种加工方法的特点和应用,选用几种加工方法组合起来,完成精度较高的零件表面加工。

(5) 当零件表面的加工质量要求较高时,整个加工过程应分阶段进行。一般分为粗加工、半精加工和精加工三个阶段。表面质量要求更高时,还要进一步进行光整加工。

6.2　回转表面的加工

6.2.1　回转表面的加工

1. 轴类零件的功用和结构特点

轴类零件是一种常用的由回转表面组成的零件,主要用于支承齿轮、链轮、带轮等传动零件,并用于传递运动和扭矩,故其结构组成中具有许多外圆、轴肩、螺纹、退刀槽、砂轮越程槽和键槽等表面。外圆用于安装轴承、齿轮、带轮等传动元件;轴肩用于轴上零件和轴本身的轴向定位;螺纹用于安装各种锁紧螺母和垫圈;退刀槽供加工螺纹时退刀用;砂轮越程槽则是为了能完整地磨削出外圆和侧面;键槽用来安装键,以传递扭矩。

　　轴类零件按其结构特点可分为简单轴(图 6-1(a)、(e))、阶梯轴(图 6-1(c))、空心轴(图 6-1(d))和异形轴(图 6-1(b)、(f)、(g)、(h)、(i))四大类。

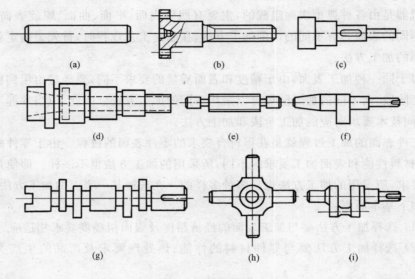

(a)　　　　　　　　(b)　　　　　　　　(c)

(d)　　　　　　　　(e)　　　　　　　　(f)

(g)　　　　　　　　(h)　　　　　　　　(i)

图 6-1　轴类零件

2. 回转外表面的技术要求

　　回转外表面的技术要求是由该表面所在的零件决定的。下面以轴类零件为例,说明回转外表面的技术要求,通常包括以下几个方面。

1) 加工精度

　　回转外表面的加工精度主要包括结构要素的尺寸精度、形状精度和位置精度等。

　　尺寸精度主要是指结构要素的直径和长度的精度。直径精度由使用要求和配合性质来确定。一般地,对于轴类零件,有配合要求的回转外表面的精度为 IT9～IT6,特别重要的回转外表面也可为 IT5,需要特别注意的是与轴承相配合处的回转外表面,精度要求相对较高。回转外表面的长度通常要求不是那么严格,精度一般为 IT14～IT12;要求较高时,一般可达到 IT10～IT8。

　　形状精度主要指回转外表面的圆度、圆柱度、母线的直线度等。因为回转外表面的形状误差直接影响着与之相配合的零件的接触质量和回转精度,因此一般必须将形状误差限制在直径公差范围内;要求较高时可取直径公差的 1/2～1/4,或者根据相配合的性质和特点另行规定形状精度的等级。

位置精度主要包括回转外表面的同轴度、圆跳动及端面对外圆表面轴心线的垂直度等。对于普通精度的轴类零件,配合回转外表面对支承回转外表面的径向圆跳动一般为 0.01～0.03mm,高精度的轴为 0.005～0.010mm。对于套筒类零件,外圆表面常常与内孔有同轴度的要求,一般为 0.01～0.03mm。

2) 表面粗糙度值

回转外表面的粗糙度值是由该表面的工作性质、配合类型、转速和尺寸精度等级决定。通常尺寸公差、表面形状公差小时,表面粗糙度值要求较小;尺寸公差、表面形状公差大时,表面粗糙度值要求较大。对于轴类零件,支承轴颈的表面粗糙度值为 $Ra=0.8～0.2\mu m$;配合轴颈的表面粗糙度值 $Ra=3.2～0.8\mu m$;而非配合的回转外表面一般为 $Ra=12.5～3.2\mu m$。

3) 热处理要求

根据回转外表面的材料需要以及使用条件,为了改善其切削加工性能或提高综合力学性能及使用寿命等,常进行正火、调质、淬火、表面淬火及表面氮化等热处理。如对于轴用的 45 钢,在粗加工之前常安排正火处理,而调质处理安排在粗加工之后进行。

3. 车削的特点及应用

车削是零件回转表面的主要加工方法之一。其主要特征是零件回转表面的定位基准必须与车床主轴回转中心同轴,因此无论何种工件上的回转表面加工,都可以用车削的方法经过一定的调整而完成。车削既可加工有色金属,又可加工黑色金属,尤其适用于有色金属的加工;车削既可进行粗加工,又可进行精加工。一般情况下,轴类零件回转表面由于结构原因($L \gg D$),绝大部分在卧式车床加工,因此车削是一种最为广泛的回转表面加工方法,其特点如下所述。

(1) 工艺范围广。车削可完成加工内、外圆柱面、圆锥表面、车端面、切槽、切断、车螺纹、钻中心孔、钻孔、扩孔、铰孔、绕弹簧等工作;在车床上如果装上一些附件及夹具,还可以进行镗削、磨削、研磨、抛光等。车削的基本加工内容见图 6-2。

(2) 生产率高。车削加工时,由于加工过程为连续切削,基本上无冲击现象,刀杆的悬伸长度较短,刚性好,因此可采用很大的切削用量,故车削的生产率很高。

(3) 精度范围广。在卧式车床上,粗车铸件、锻件时可达到经济加工精度 IT11～IT13,Ra 可达到 50～12.5μm;精车时可达到经济加工精度 IT7～IT8,Ra

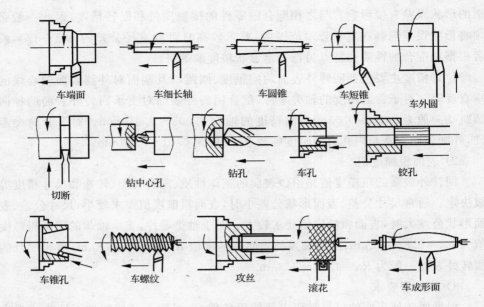

图 6-2　车削加工基本内容

可达到 1.6～0.8μm。在高精度车床上，采用钨钛钴类硬质合金、立方氮化硼刀片，采用高切削速度(160 m/min 或更高)，小的吃刀深度(0.03～0.05mm)和小的进给量(0.02～0.2mm/r)进行精细车，可以获得很高的精度和很高的表面粗糙度，大型精确外圆表面常用精细车代替磨削。

在数控车床上加工时，能够完成很多卧式车床上难以完成或根本不能加工的复杂表面零件的加工。利用数控车床加工可获得很高的加工精度，而且产品质量稳定，与卧式车床相比，可提高生产率 2～3 倍，尤其对某些复杂零件的加工，生产率可提高十几倍甚至几十倍，大大减轻了工人的劳动强度。

(4) 有色金属的高速精细车削。在高精度车床上，用金刚石刀具进行切削可获得的尺寸公差等级为 IT6～IT5，表面粗糙度 Ra 可达 1.0～0.1μm，甚至还能达到镜面的效果。

(5) 生产成本低。车刀结构简单，刃磨和安装都很方便，许多车床夹具都已经作为附件进行标准化生产，它可以满足一定的加工精度要求，生产准备时间短，加工成本较低。

6.2.2　回转外表面的加工

回转外表面加工是轴类零件的主要加工工序。回转外表面常用的基本加工方法有车削加工、磨削加工和光整加工。回转外表面的加工方案见表 6-1。

表 6-1　回转外表面的加工方案

序号	加工方案	经济精度等级	表面粗糙度 $Ra/\mu m$	适用范围
1	粗车	IT11 以下	50～12.5	适用于淬火钢以外的各种金属
2	粗车—半精车	IT10～IT8	6.3～3.2	
3	粗车—半精车—精车	IT8～IT6	1.6～0.8	
4	粗车—半精车—精车—滚压（或抛光）	IT7～IT5	0.2～0.025	
5	粗车—半精车—磨削	IT8～IT6	0.8～0.4	主要用于淬火钢,也可用于未淬火钢,但不宜加工有色金属
6	粗车—半精车—粗磨—精磨	IT7～IT5	0.4～0.1	
7	粗车—半精车—粗磨—精磨—超精加工（或轮式超精磨）	IT7～IT5 以上	0.2～0.012	
8	粗车—半精车—精车—金刚石车	IT7～IT5	0.4～0.025	主要用于要求较高的有色金属的加工
9	粗车—半精车—粗磨—精磨—超精磨或镜面磨	IT5 以上	0.025～0.006	高精度的外圆加工
10	粗车—半精车—粗磨—精磨—研磨	IT7～IT5 以上	0.1～0.006	

1. 车锥面

（1）转动小滑板法。如图 6-3（a）所示,用转动小滑板法车锥面时,把小滑板转动一个圆锥半角即可,当车削正锥体时（锥体大端靠近卡盘）,小滑板逆时针转过一个圆锥半角;当车削反锥体时,小滑板应该顺时针转过一个圆锥半角。因受小滑板行程的限制,采用转动小滑板法时只能车削长度较短、锥度较大的圆锥体;又因车床小滑板只能手动进给,劳动强度大且表面粗糙度难以控制,生产率低,所以用这种方法只适用于单件、小批生产、精度要求不高的锥面。

（2）偏移尾座法。如图 6-3（b）所示,把零件装在两顶尖之间,将车床尾座在水平面内横向偏移一段距离,使零件回转轴线和机床主轴轴线成一交角,交角大小等于锥体零件的圆锥半角,即可车出所需圆锥面。

采用尾座偏移法车削正圆锥时,尾座移向操作者（向里）;车削反锥体时,尾座向外移动,即远离操作者的方向。用偏移尾座法时,一般用来加工锥度较小、圆锥长度较长、精度要求不太高的圆锥体。同时,由于前、后顶尖轴线的平行错位,将使顶尖工作面在零件中心孔中接触不良,影响加工质量,所以常采用球形顶尖或在零件上钻一小圆柱孔代替 60°顶尖孔,以改善加工过程中磨损不均匀的状况。

采用偏移尾座法车削圆锥时,由于采用的是自动走刀,所以被加工零件的表面粗糙度值较小。但必须注意由于后座偏移量的大小不仅与锥体有关,而且还与两

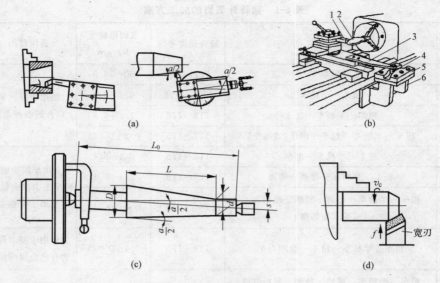

图 6-3　车削圆锥面的方法
1-车刀；2-零件；3-拉板；4-滚柱；5-仿行板；6-支承板

顶尖间的距离有关,这段距离一般近似地等于零件总长,因此在成批加工时,零件的总长和中心孔的深浅应保持一致,否则会造成锥度和尺寸的误差。

（3）仿形法（靠模法）。如图 6-3（c）所示,用仿形法车削锥体时,车刀除了纵向进给外,同时还要横向进给。刀尖的运动轨迹是一条与车床主轴中心线成一定角度的直线,仿形用的靠模实质上是一条可调整角度的导轨。

采用仿形法车圆锥的优点是调整方便、准确,车出的锥面质量高,可进行机动车削内、外圆锥面,但靠模调节范围小,一般在 12°以下。当锥面精度要求较高、零件批量较大时常用这种方法。

（4）宽刃法。如图 6-3（d）所示,其实质是用成形车刀车锥面,因此加工质量较好,但只能车削较短（$L < 15mm$）锥面。采用宽刃法车削圆锥面时,要求车刀的作用切削刃必须平直,车床和零件刚性好,否则易引起振动而使表面粗糙度值变大,影响表面加工质量。宽刃法车削圆锥是用切入法一次进给车出全部锥体长度,因此生产率较高。

2. 磨锥面

1）磨削的工艺特征

（1）精度高、表面粗糙度值小。磨削时,砂轮表面有极多的切削刃,并且刃口圆弧半径 ρ 为 $0.006 \sim 0.012mm$,而一般车刀和铣刀的 ρ 为 $0.012 \sim 0.032mm$。磨粒是较锋利的切削刃,能够切下一层很薄的金属,切削厚度可以小到数微米,这是精密加工必须具备的条件之一。一般切削刀具的刃口圆弧半径虽也可磨得小些,但不耐用,不能或难以进行经济、稳定的精密加工。

磨削所用的磨床比一般切削加工机床精度高、刚性好、稳定性较好,并且具有控制小切削深度的微量进给机构,可以进行微量切削,从而保证了精密加工的实现。

磨削时,切削速度很高,如普通外圆磨削速度 v_c 为 $30\sim35\mathrm{m/s}$,高速磨削速度 $v_c>50\mathrm{m/s}$。当磨粒以很高的切削速度从工件表面切过时,同时有很多切削刃进行切削,每个磨刃仅从工件上切下极少量的金属,残留面很薄,有利于形成光洁的表面。

因此,磨削可以达到高的精度和小的粗糙度。一般磨削精度可达 IT7~IT6。粗糙度 Ra 为 $0.8\sim0.2\mu\mathrm{m}$,当采用小粗糙度值磨削时,粗糙度 Ra 可达 $0.1\sim0.008\mu\mathrm{m}$。

（2）砂轮有自锐作用。

（3）可以磨削硬度很高的材料。

（4）磨削温度高。

2）磨削工艺的发展

（1）高精度、小粗糙度值磨削。包括精密磨削（ Ra $0.1\sim0.05\mu\mathrm{m}$ ）、超精密磨削（ Ra $0.025\sim0.012\mu\mathrm{m}$ ）和镜面磨削（ Ra $0.006\mu\mathrm{m}$ ）,它们可以代替研磨加工以减轻劳动强度和提高生产率。

小粗糙度值磨削时,除对磨床有要求外,砂轮需经精细修整,保证砂轮表面磨粒具有微刃性和微刃等高性。磨削时,磨粒的微刃在工件表面上切下微细的切屑,同时在适当的磨削压力下,借助半钝态的微刃与工件表面间产生的摩擦抛光作用获得高的精度和小的表面粗糙度值。

（2）高速磨削。高效磨削包括高速磨削和强力磨削,主要目的是提高生产率。

高速磨削是采用高的磨削速度（ $v_c>50\mathrm{m/s}$ ）和相应提高进给量来提高生产率的磨削方法,高速磨削还可提高工件的加工精度和降低表面粗糙度值,砂轮使用寿命亦可提高。

强力磨削是经大的切深（可达十几毫米）和缓慢的轴向进给（ $0.01\sim0.3\mathrm{m/min}$ ）进行磨削的方法。它可以在铸、锻毛坯上直接磨出零件所要求的表面形状和尺寸,从而大大提高生产效率。

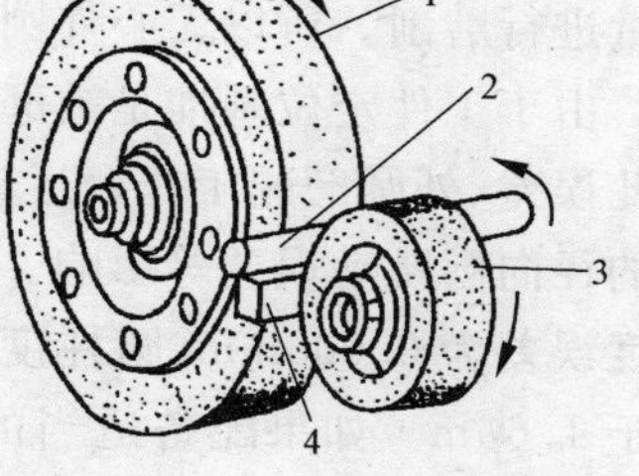

3）在无心外圆磨床上磨削外圆表面的方法

无心外圆磨削的工作原理如图 6-4 所示,其工作方法与上述万能外圆磨床不同,工件不是

图 6-4　无心外圆磨削的加工示意图

1-砂轮；2-工件；3-导轮；4-支刀（托板）；

支承在顶尖上或夹持在卡盘上,而是放在砂轮和导轮之间,由托板支承,以工件自身外圆为定位基准。砂轮和导轮的旋转方向相同,导轮是用摩擦系数较大的树脂或橡胶作黏结剂制成的刚玉砂轮,当砂轮以转速 n 旋转时,工件就有与砂轮相同的线速度回转的趋势,但由于受到导轮摩擦力对工件的制约作用,结果使工件以接近于导轮线速度(导轮线速度远低于砂轮)回转,从而在砂轮和工件之间形成很大的速度差,由此而产生磨削作用。改变导轮的转速便可调整工件的圆周进给速度。

　　无心磨削时,工件的中心必须高于导轮和砂轮的中心连线,使工件与砂轮、导轮间的接触点不在工件同一直径上,从而使工件上某些凸起表面在多次转动中能逐次磨圆,避免磨出棱圆形工件(图 6-5)。实践证明:工件中心越高越易获得较高圆度,磨圆过程也越快。但工件中心高出的距离也不能太大,否则导轮对工件的向上垂直分力有可能引起工件跳动,从而影响加工表面质量。一般取 $h=(0.15\sim 0.25)d$,d 为工件直径。

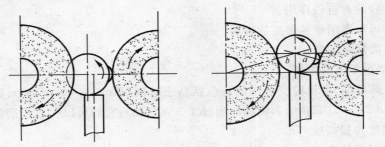

图 6-5　无心外圆磨削加工原理图

　　无心外圆磨床有两种磨削方法(图 6-6):纵磨法和横磨法。纵磨法适用于磨削不带凸台的圆柱形工件,磨削表面长度可大于或小于砂轮宽度。磨削加工时,一件接一件地连续对工件进行磨削,生产率高。横磨法适用于磨削有阶梯的工件或成形回转体表面,但磨削表面长度不能大于砂轮宽度。

　　在无心外圆磨床上磨削外圆表面时,工件不需钻中心孔,装夹工件省时省力,可连续磨削;由于有导轮和托板沿全长支承工件,刚度差的工件也可用较大的切削用量进行磨削。所以无心外圆磨削生产率较高。

　　由于工件定位基准是被磨削的工件表面自身而不是中心孔,所以就消除了中心孔误差、外圆磨床工作台运动方向与前后顶尖连线的不平行引起的误差以及顶尖的径向圆跳动误差等影响。无心外圆磨削磨出来的工件尺寸精度为 IT7~IT6,圆度误差为 0.005mm,圆柱度误差为 0.004mm/100mm 长度,表面粗糙度 Ra 不高于 1.6μm。如果配备适当的自动装卸料机构,则无心外圆磨削易于实现自动化。但由于无心磨床调整费时,故只适于大批量生产;又因工件的支承与传动特点,只能用来加工尺寸较小、形状比较简单的工件。此外,当工件外圆表面不连续

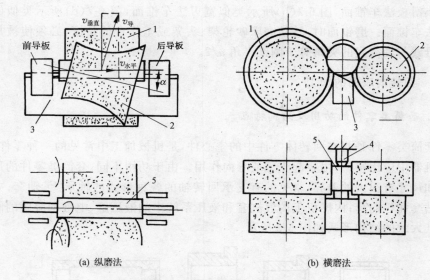

(a) 纵磨法　　　　　　　　　　　　(b) 横磨法

图 6-6　无心外圆磨削加工方法示意图

1-磨削砂轮；2-导轮；3-托板；4-挡块；5-工件

（如有长的键槽）或内外圆表面同轴度要求较高时，也不适宜采用无心外圆磨床加工。

　　4）磨锥面

　　对于加工精度在 IT7 以上、表面粗糙度值 $Ra \leqslant 1.6\mu m$、淬火处理后硬度较高的圆锥面，一段采用磨削进行精加工。磨削外圆锥面一般在普通外圆磨床或万能外圆磨床上进行。如图 6-7 所示，其加工原理与车锥面相同。图 6-7（a）所示类似

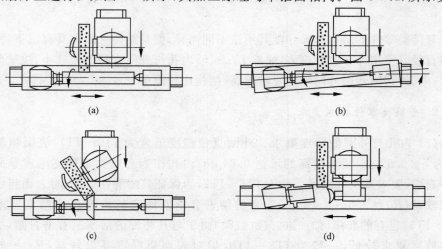

(a)　　　　　　　　　　　　　　　(b)

(c)　　　　　　　　　　　　　　　(d)

图 6-7　磨削圆锥面的方法

转动小滑板法车锥面,图 6-7(b)所示类似宽刃法车锥面,图 6-7(d)所示类似偏移尾座法车锥面。磨锥面时,转动磨床砂轮架、头架或工作台的角度,必须使被加工圆锥母线与轴线间的夹角等于圆锥半角 $a/2$。

6.2.3　回转内表面的加工

1. 套筒类零件的功用及结构特点

套筒类零件是指在回转体零件中的空心件,是机械加工中常见的一种零件,在各类机器中应用很广,主要起支承或导向作用。由于功用不同,套筒类零件的形状结构和尺寸有很大的差异,常见的有支承回转轴的各种形式的轴承圈、轴套;夹具上的钻套和导向套;内燃机上的气缸套和液压系统中的液压缸、电液伺服阀的阀套等。其大致的结构形式如图 6-8 所示。

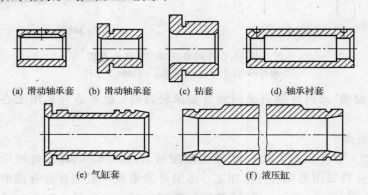

(a) 滑动轴承套　(b) 滑动轴承套　(c) 钻套　(d) 轴承衬套

(e) 气缸套　　　　　　(f) 液压缸

图 6-8　套筒类零件的结构形式

套筒类零件的结构与尺寸随其用途不同而异,但其结构一般都具有以下特点:外圆直径 d 一般小于其长度 L,通常 $L/d<5$;内孔与外圆直径之差较小,故壁薄易变形;内、外圆回转面的同轴度要求较高;结构比较简单。

2. 套筒类零件技术要求

(1) 内孔与外圆的精度要求。外圆直径精度通常为 IT5～IT7,表面粗糙度 Ra 为 $5～0.63\mu m$,要求较高的可达 $0.04\mu m$;内孔作为套筒类零件支承或导向的主要表面,要求其尺寸精度一般为 IT6～IT7,为保证其耐磨性要求,对表面粗糙度要求较高($Ra=2.5～0.16\mu m$)。有的精密套筒及阀套的内孔尺寸精度要求为 IT4～IT5,也有的套筒(如油缸、气缸缸筒)由于与其相配的活塞上有密封圈,故对尺寸精度要求较低,一般为 IT8～IT9,但对表面粗糙度要求较高,Ra 一般为 $2.5～1.6\mu m$。

（2）几何形状精度要求。通常将外圆与内孔的几何形状精度控制在直径公差以内即可；对精密轴套，有时控制在孔径公差的 $1/2\sim1/3$，甚至更严格。对较长套筒，除圆度有要求以外，还应有孔的圆柱度要求。为提高耐磨性，有的内孔表面粗糙度要求 Ra 为 $1.6\sim0.1\mu m$，有的甚至高达 $0.025\mu m$。套筒类零件外圆形状精度一般应在外径公差内，表面粗糙度 Ra 为 $3.2\sim0.4\mu m$。

（3）位置精度要求。位置精度要求主要应根据套筒类零件在机器中的功用和要求而定。如果内孔的最终加工是在套筒装配之后进行，则可降低对套筒内、外圆表面的同轴度要求；如果内孔的最终加工是在套筒装配之前进行，则同轴度要求较高，通常同轴度为 $0.01\sim0.06mm$。套筒端面（或凸缘端面）常用来定位或承受载荷，对端面与外圆和内孔轴心线的垂直度要求较高，一般为 $0.05\sim0.02mm$。

3. 套筒类零件的材料、毛坯及热处理

套筒类零件毛坯材料的选择主要取决于零件的功能要求、结构特点及使用时的工作条件。

套筒类零件一般用钢、铸铁、青铜或黄铜和粉末冶金等材料制成。有些特殊要求的套筒类零件可采用双层金属结构或选用优质合金钢。双层金属结构是应用离心铸造法在钢或铸铁轴套的内壁上浇注一层巴氏合金等轴承合金材料，采用这种制造方法虽增加了一些工时，但能节省有色金属，而且提高了轴承的使用寿命。

套筒类零件毛坯制造方式的选择与毛坯结构尺寸、材料和生产批量的大小等因素有关，孔径较大（一般直径大于 20mm）时，常采用型材（如无缝钢管）、带孔的锻件或铸件；孔径较小（一般直径小于 20mm）时，一般多选择热轧或冷拉棒料，也可采用实心铸件；大批量生产时，可采用冷挤压、粉末冶金等先进工艺，不仅节约原材料，而且生产率及毛坯质量精度均可提高。

套筒类零件的功能要求和结构特点决定了套筒类零件的热处理方法有渗碳淬火、表面淬火、调质、高温时效及渗氮。

4. 回转内表面的加工方案

机械零件上分布着大小不同的回转内表面，对于回转内表面加工方法的选择主要取决于机械零件对回转内表面加工精度和表面粗糙度的要求、回转内表面尺寸大小、深度、零件形状、重量、材料、生产纲领及所用设备等。

回转内表面的加工方案较多，各种方法又有不同的适用条件。例如，用定尺寸刀具加工的钻、扩、铰、拉，因受刀具尺寸的限制，只宜加工中小尺寸的回转内表面，大尺寸回转内表面只能用镗削加工。因此，选择回转内表面的加工方案应综合考虑各相关因素和加工条件。常用的回转内表面加工方案见表 6-2。

表 6-2　回转内表面的加工方案

序号	加工方案	经济精度等级	表面粗糙度 $Ra/\mu m$	适用范围
1	钻	IT10～IT8	12.5	加工未淬火钢及铸铁的实心毛坯,也可用于加工有色金属(但表面粗糙度大,直径小于 15～20mm)
2	钻—铰	IT8～IT7	3.2～1.6	
3	钻—粗铰—精铰	IT8～IT7	1.6～0.8	
4	钻—扩	IT10～IT8	12.5～6.3	同上,但是直径大于 15～20mm
5	钻—扩—铰	IT8～IT7	3.2～1.6	
6	钻—扩—粗铰—精铰	IT8～IT7	1.6～0.8	
7	钻—扩—机铰—手铰	IT7～IT5	0.4～0.1	
8	钻—扩—拉	IT8～IT5	1.6～0.1	大批量生产(精度由拉刀的精度而定)
9	粗镗(或扩孔)	IT10～IT8	12.5～6.3	除淬火钢外的各种钢和有色金属,毛坯的铸出孔或锻出孔
10	粗镗(粗扩)—半精镗(精扩)	IT8～IT7	3.2～1.6	
11	粗镗(粗扩)—半精镗(精扩)—精镗(精铰)	IT8～IT6	1.6～0.8	
12	粗镗(粗扩)—半精镗(精扩)—精镗—浮动镗刀精镗	IT8～IT6	0.8～0.4	
13	粗镗(粗扩)—半精镗—磨孔	IT8～IT6	0.8～0.4	主要用于淬火钢;也用于未淬火钢,但不宜用于有色金属加工
14	粗镗(粗扩)—半精镗—粗磨—精磨	IT7～IT5	0.2～0.1	
15	粗镗—半精镗—精镗—金刚镗	IT7～IT5	0.4～0.05	主要用于精度要求高的有色金属加工
16	钻—(扩)—粗铰—精铰—珩磨 钻—(扩)—拉—珩磨 粗镗—半精镗—精镗—珩磨	IT7～IT5 以上	0.2～0.0025	精度要求很高的孔
17	以研磨代替上述方案中的珩磨	IT6 以上		

5. 回转内锥面的加工

(1) 铰锥孔。在实际生产中,当加工直径较小的内圆锥面时,由于刀杆刚度较差,难以达到较高的精度和较小的表面粗精度值,常用锥铰刀铰削。铰锥孔的精度比车削高,表面粗糙度值可达 $Ra=1.6\mu m$。铰锥孔又分为机动和手动两种。

铰锥孔前孔的预加工,直径较小者以小端直径为准,留够铰削余量钻出即可;直径较大者钻后应先粗车成锥孔,在直径上留 0.2～0.3mm 铰削余量,再用铰刀精铰至尺寸要求,也可采用粗、精铰分开的成套锥铰刀在钻出的底孔上直接铰孔。

铰锥孔应使用切削液;铰钢件锥孔常用乳化液;铰铸铁、铜料锥孔常用柴油作切削液。

（2）磨削内圆锥面。磨削内圆锥面时,可用内圆磨床或者万能外圆磨床。在万能外圆磨床上用内圆磨头进行磨削时,用卡盘装夹零件,其运动与磨削外圆和外圆锥面时基本相同,但砂轮的旋转方向相反。其磨削质量及磨削效率都比磨削外圆和外圆锥面时低。

6.3　平面加工

平面是盘形和板形零件的主要表面,也是箱体和支架类零件的主要表面之一。其包括回转体类零件上的端面,板形、箱体和支架类零件上的各种平面、斜面、沟槽和形槽等。

6.3.1　平面的技术要求

平面广泛存在于各类机械零件上,其主要的技术要求是平面度、直线度、垂直度与平行度等形位精度,对于不同用途的零件,其技术要求也有所不同。

1. 铣削加工

铣削加工是目前应用最广泛的切削加工方法之一,适用于平面、台阶沟槽、成形表面和切断等加工。其加工表面形状及所用刀具如图 6-9 所示。铣削加工生产

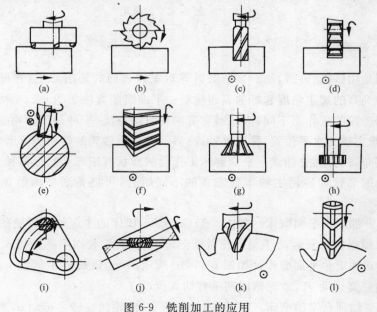

图 6-9　铣削加工的应用

率高,加工表面粗糙度值较小,精铣表面粗糙度 Ra 可达 $3.2\sim1.6\mu m$,两平行平面之间的尺寸精度可达 IT9~IT7,直线度可达 $0.08\sim0.12mm/m$。

2. 刨削加工

刨削是以刨刀相对工件的往复直线运动与工作台(或刀架)的间歇进给运动实现切削加工的。主要用于加工平面、斜面、沟槽和成形表面,附加仿形装置也可以加工一些空间曲面(图 6-10)。

刨削加工应用于单件小批生产及修配工作中,其加工的精度为 IT9~IT7,最高可达 IT6,表面粗糙度 Ra 一般为 $6.3\sim1.6\mu m$,最低可达 $0.8\mu m$。

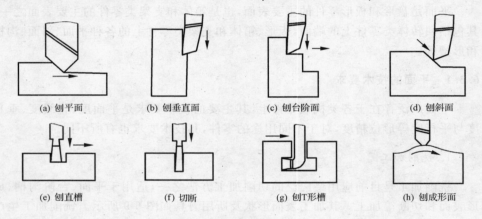

(a) 刨平面	(b) 刨垂直面	(c) 刨台阶面	(d) 刨斜面
(e) 刨直槽	(f) 切断	(g) 刨T形槽	(h) 刨成形面

图 6-10　刨削加工的应用

3. 平面磨削

磨削是用砂轮、砂带、油石或研磨料等对工件表面的切削加工,它可以使被加工零件得到高的加工精度和好的表面质量。平面磨削方法如图 6-11 所示。

由于砂轮的工作面不同,因此通常有两种磨削方法:一种是用砂轮的周边进行磨削,砂轮主轴为水平位置,称为卧轴式;另一种是用砂轮的端面进行磨削,砂轮主轴为垂直布置,称为立轴式。平面磨床工作台的形状有矩形和圆形两种。因此,根据工作台的形状和砂轮主轴布置方式的不同组合,可把普通平面磨床分为以下几种。

(1)卧轴矩台平面磨床。如图 6-11(a)所示,机床的主运动为砂轮的旋转运动 n,工作台做纵向往复运动 f_1,砂轮做横向进给运动 f_2 和周期垂直切入运动 f_3。

(2)立轴矩台平面磨床。如图 6-11(b)所示,砂轮做旋转主运动 n,矩形工作台做纵向往复运动 f_1,砂轮做周期垂直切入运动 f_2。

(3)立轴圆台平面磨床。如图 6-11(c)所示,砂轮做旋转主运动 n,圆工作台做

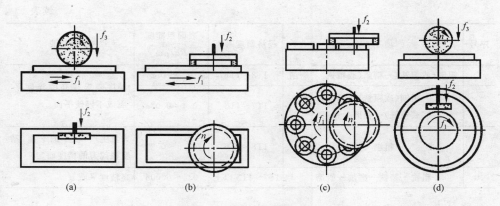

图 6-11 平面磨床加工示意图

圆周进给运动 f_1，砂轮做周期垂直切入运动 f_2。

(4) 卧轴圆台平面磨床。如图 6-11(d)所示，砂轮做旋转主运动 n，圆工作台做圆周进给运动 f_1，砂轮做连续的径向进给运动 f_2 和周期垂直切入运动 f_3。

6.3.2 平面的加工方案

选择平面加工方案时，要综合考虑其技术要求和零件的结构形状、尺寸大小、材料性质及毛坯种类等情况，并结合生产纲领及具体加工条件。平面可分别采用车、铣、刨、磨、拉等方法加工。对于要求较高的精密平面，可用刮研、研磨、抛光等进行光整加工。对于高强度、高硬度、热敏性和磁性等导电材料上的平面可用电解磨削、线切割加工。常用的平面加工方案见表 6-3。

表 6-3 平面的加工方案

序号	加工方案	经济精度等级	表面粗糙度 $Ra/\mu m$	适用范围
1	粗车—半精车	IT10～IT7	6.3～3.2	端面
2	粗车—半精车—精车	IT8～IT6	1.6～0.8	
3	粗车—半精车—磨削	IT8～IT6	0.8～0.2	
4	粗刨(或粗铣)—精刨(或精铣)	IT10～IT7	6.3～1.6	一般不淬硬平面(端铣的表面粗糙度可较小)
5	粗刨(或粗铣)—精刨(或精铣)—刮研	IT8～IT5	0.8～0.1	精度要求较高的不淬硬平面，批量较大时宜采用宽刃精刨方案
6	粗刨(或粗铣)—精刨(或精铣)—宽刃精刨	IT8～IT6	0.8～0.2	

续表

序号	加工方案	经济精度等级	表面粗糙度 $Ra/\mu m$	适用范围
7	粗刨(或粗铣)—精刨(或精铣)—磨削	IT8～IT6	0.8～0.2	精度要求较高的淬硬平面或不淬硬平面
8	粗刨(或粗铣)—精刨(或精铣)—粗磨—精磨	IT7～IT5	0.4～0.025	
9	粗刨—拉	IT8～IT6	0.8～0.2	大量生产,较小的平面(精度视拉刀的精度而定)
10	粗铣—精铣—磨削—研磨	IT7～IT5 以上	0.1～0.006	高精度平面

6.4　曲面的加工

在自动化机械及模具制造中需要加工一些曲面零件,如自动化机械中的凸轮等。图 6-12 为常见曲面零件。

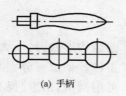

　　(a) 手柄　　　　　　　(b) 凸轮　　　　(c) 叶片　　　(d) 多模膛锻模

图 6-12　常见曲面零件

曲面的加工根据零件表面形状的特点、精度要求以及零件生产类型的不同,可以采用不同的方法。其主要方法有划线加工、仿形法加工以及在数控机床上加工等。

1. 划线加工

在工件上划出曲面的轮廓曲线,钳工沿划线外缘钻孔、锯开、修锉和研磨,也可以用铣床粗铣后再由钳工修锉。此法主要靠手工操作,花费时间长,生产效率低,加工精度取决于钳工工具和工人的操作水平,一般适用于单件小批量生产、表面形状比较简单、精度要求不是很高的场合,目前这种方法已很少采用。

2. 仿形法加工

在成批生产中加工曲面零件时,常用靠模夹具在通用机床上进行铣削和磨削,大批量生产时可在专用仿形铣床和磨床上加工。

　　在实际生产中,精度要求较低的曲面常常采用车削的方法完成,而对于车削,根据产品的结构特点、精度要求和生产规模大小等不同情况,可分别采用成形车刀、双手控制、靠模以及专用工具等车削方法。

　　成形车刀又叫样板刀,是加工回转体成形曲面的专用刀具。对于批量较大,零件上有大圆角、圆弧槽或者曲面狭窄而变化幅度较大的曲面特别适合。成形车刀可按加工的要求做成各种样式的,如图 6-13 所示。零件的加工精度主要由成形车刀的曲线形状来保证。

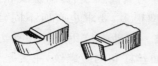 

　　(a) 普通成形车刀　　　　　　　(b) 棱体成形车刀　　　　　　(c) 圆体成形车刀

图 6-13　成形车刀

　　对于单件或小批量生产的曲面零件可用双手控制法进行车削,即用右手控制小滑板的手柄,左手控制中滑板的手柄,通过双手的协调动作,使车刀的运动轨迹和零件所要求的曲面曲线相同,从而车出所需要的曲面。用双手控制法时,一般要选用圆头车刀,对操作者有较高的技术要求,生产效率较低。

　　在车床上用成形车刀加工曲面时,为了保证被加工表面的粗糙度值,一般需要用砂布抛光。在车床上也可采用仿形法或用专用工具车削曲面。

3. 光学曲线磨床上的仿形加工

　　这种仿制加工的特点是不需靠模板。将曲面按比例放大 30～50 倍,画在半透明纸上,把这张纸放在投影仪的投影面上,操作者以手动前后左右移动砂轮磨削工件,使它与图面形状重合。这种方法虽然生产率低,但也可达到一定的精度,适用于磨制尺寸较小的精密凸轮曲面。

4. 在数控机床上加工

　　采用仿形加工虽然能解决成形曲面加工,但当零件形状复杂、精度要求高时,对靠模制造将提出更高的要求。由于靠模误差的影响,加工零件的精度很难达到较高的要求。尤其当产品批量不大、要求频繁改型时,必须重新制造靠模和调整机床,需要耗费大量的人工劳动,延长了生产准备周期,并且造成大量的靠模报废,从而大大影响了企业的经济效益。而且上述方法往往用于加工二维曲线,当加工立体成形曲面时,上述方法则难以加工甚至无法加工。对于要求精度较高的曲面则用数控机床进行加工,主要是针对各种模具上的曲面。数控机床加工则有效地解决了上述问题,为单件小批量生产精密复杂成形曲面提供了自动加工手段。

6.5　螺旋表面和渐开面的加工

6.5.1　螺旋表面的加工

1. 螺旋表面的技术要求

在机器和仪器制造中,常用的螺纹按用途主要可分为紧固螺纹、传动螺纹和紧密螺纹三大类。紧固螺纹用于连接或固紧零件,其类型很多,要求也有所不同,对普通紧固用螺纹主要是可旋合性和连接可行性的要求。传动螺纹用于传递动力、运动或位移,这类螺纹的牙型有梯形、矩形和三角形,如丝杆和测微螺纹,主要是传动准确、可靠,牙型接触良好及耐磨等要求。特别是对丝杆,要求传动比恒定,且在全长上的累积误差小。对测微螺纹,特别要求传递运动准确,且由间隙引起的空程误差要小。紧密螺纹主要用于密封结合,如各种油管、气管、水管的接头等,要求不漏水、不漏气、不漏油。

1) 螺纹精度

普通螺纹精度分为精密、中等和粗糙三级。精密级用于要求配合性质稳定,且保证相当定位精度的螺纹结合;中等级用于一般的螺纹结合;粗糙级则用于不重要的螺纹结合或加工较困难的螺纹。

2) 旋合长度

螺纹的旋合性受螺纹的半角误差和螺距误差的影响,短旋合长度的螺纹旋合性比长旋合长度的螺纹旋合性好,加工时容易保证精度。螺纹的旋合长度分为 S、N、L 三种。

3) 形位公差的要求

对于普通螺纹一般不规定形位公差,仅对高精度螺纹规定在旋合长度内的圆柱度、同轴度和垂直度等规定形位公差。其公差值一般不大于中径公差的 50%,并遵守包容原则。

4) 尺寸精度

螺纹的基本偏差根据螺纹结合的配合性质和作用要求来确定。内螺纹的基本偏差优先选用 H,为保证螺纹结合的定心精度及结合强度,可选用最小间隙为零的配合(H/h)。

2. 螺旋表面的加工方法

1) 车螺纹

在普通车床上用螺纹车刀车削螺纹是常用的螺纹加工方法。用来加工三角螺纹、矩形螺纹、梯形螺纹、管螺纹、蜗杆等各种牙型、尺寸和精度的内、外螺纹,尤其是导程和尺寸较大的螺纹,其加工精度可达 IT9～IT4 级,表面粗糙度值可达 $Ra=3.2～0.4\mu m$。车螺纹时零件与螺纹车刀间的相对运动必须保持严格的传动比关系,即零件每转一周,车刀必须沿着零件轴向移动一个导程。车螺纹的生产率较低,加工质量取决于工人技术水平及机床和刀具的精度。但因车螺纹刀具简单、机床调整方便、通用性广,在单件小批量生产中得到广泛应用。

2) 套螺纹与攻螺纹

用板牙在圆柱面上加工出外螺纹的方法称为套螺纹。套螺纹时,受板牙结构尺寸的限制,螺纹直径一般为 $\varphi1～\varphi52mm$。套螺纹又分手工与机动两种,手工套螺纹可以在机床或钳工台上完成,而机动套螺纹需要在车床或钻床上完成。

用丝锥在零件内孔表面上加工出内螺纹的方法称为攻螺纹。对于小尺寸的内螺纹,攻螺纹几乎是唯一的加工方法。单件小批量生产时,由操作者用手用丝锥攻螺纹;当零件批量较大时,可在车床、钻床或攻丝机上用机用丝锥攻螺纹。

采用手工攻螺纹或套螺纹时,板牙或丝锥每转过 1/2～1 圈后,均应倒转 1/4～1/2 圈,使切屑碎断后排除,以免因切屑挤塞而造成刀齿或零件螺纹的损坏。

攻、套螺纹的加工精度较低,主要用于精度要求不高的普通联接螺纹。攻螺纹与套螺纹因加工螺纹操作简单,生产效率高,成品的互换件也较好,在加工小尺寸螺纹表面中得到了广泛的应用。

3) 铣螺纹

铣螺纹是在螺纹铣床上用螺纹铣刀加工螺纹的方法,其原理与车螺纹基本相同。由于铣刀齿多,转速快,切削用量大,故比车螺纹生产率高。但铣螺纹是断续切削,振动大、不平稳,铣出螺纹表面较粗糙。因此铣螺纹多用于大批量加工精度不太高的螺纹表面。由于铣刀的廓形设计是近似的,加工精度不高,常用于加工大螺距螺纹和梯形螺纹以及蜗杆的粗加工。

4) 磨螺纹

磨螺纹是精加工螺纹的一种方法,用廓形经修整的砂轮在螺纹磨床上进行。其加工精度可达 IT6～IT4 级,表面粗糙度 $Ra≤0.8\mu m$。

根据采用的砂轮外形不同,外螺纹的磨削分为单线砂轮磨削和多线砂轮磨削,最常见的是单线砂轮磨削,如图 6-14 所示。

由于螺纹磨床是结构复杂的精密机床,加工精度高、效率低、费用大,所以磨螺纹一般只用于表面要求淬硬的精密螺纹(如精密丝杠、螺纹量块、丝锥等)的精加工。

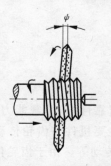

图 6-14　单线砂轮磨削螺纹

5）滚螺纹和搓螺纹

滚螺纹和搓螺纹是一种无屑加工,按滚压法来加工螺纹。用一副滚丝轮在滚丝机上滚轧出零件的螺纹表面称为滚螺纹;用一对搓丝板在搓丝机上轧制出零件的螺纹称为搓螺纹。滚螺纹或搓螺纹时,零件表层金属在滚丝轮或搓丝板的挤压力作用下,产生塑性变形而形成螺纹,生产率特别高;加工的螺纹精度高,滚螺纹可达 IT4 级,搓螺纹可达 IT5 级,螺纹的表面粗糙度 Ra 可达 $1.6\sim0.4\mu m$;滚或搓出螺纹的零件金属纤维组织连续,故强度高、耐用;滚或搓螺纹的设备简单,材料利用率高;但滚螺纹和搓螺纹只适用于加工塑性好、直径和螺距都较小的外螺纹。

6.5.2　齿轮渐开面的加工

齿轮是机械传动中应用极为广泛的传动零件之一,其功用是按照一定的速比传递运动和动力。齿轮因其使用要求不同而具有各种不同的形状和尺寸,但从工艺观点大体上可以把它们分为齿圈和轮体两部分。按照齿圈上轮齿的分布形式可分为直齿齿轮、斜齿齿轮和人字齿齿轮等;按照轮体的结构特点,齿轮可大致分为盘形齿轮、套筒齿轮、轴齿轮和齿条(图 6-15)。其中盘类齿轮应用最广。

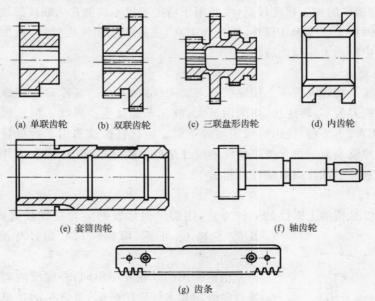

(a) 单联齿轮　　(b) 双联齿轮　　　(c) 三联盘形齿轮　　　(d) 内齿轮

(e) 套筒齿轮　　　　　　　　　　(f) 轴齿轮

(g) 齿条

图 6-15　圆柱齿轮的结构形式

齿轮传动是机械传动的基本形式之一,因其传动的可靠性好、承载能力强、制造工艺成熟等优点,成为各类机械中传递运动和动力的主要机件。齿轮传动有圆柱齿轮传动、圆锥齿轮传动、齿轮齿条传动以及蜗轮蜗杆传动等。由于齿轮传动的类型很多,对齿轮传动的使用要求也是多方面的,一般情况下,齿轮传动有以下几个方面的使用要求。

（1）齿轮传动的准确性。齿轮传动的准确性是指齿轮转动一周内传动比的变动量。评定的指标主要包括：齿距累积总误差；径向跳动、切向综合总误差；径向综合总误差；公法线长度变动等。通过对以上几项公差的控制使齿轮的传动精度达到要求。

（2）齿轮传动的运动平稳性。齿轮传动的运动平稳性是指齿轮在转过一个齿距角的范围内传动比的变动量，评定指标有：单个齿距偏差、基圆齿距偏差、齿廓偏差、一齿切向综合误差、一齿径向综合误差等。该项指标主要影响齿轮在转动过程中的噪声。

（3）齿轮载荷分布的均匀性。齿轮载荷分布的均匀性是指在齿轮啮合过程中，工作齿面沿全齿宽和全齿长上保持均匀接触，并具有尽可能大的接触面积。评定指标有螺旋线偏差、接触斑点和轴线平行度误差，通过控制以上指标，保证齿轮传递载荷分布的均匀性，以提高齿轮的使用寿命。

（4）齿轮副侧隙。齿轮副侧隙是指一对齿轮啮合时，在非工作齿面间应留有合理的间隙，目的是为储藏润滑油，补偿齿轮副的安装与加工误差以及受力变形和发热变形，保证齿轮自由回转，评定指标包括齿厚偏差、公法线长度偏差和中心距偏差。

（5）齿坯基准面的精度。齿坯基准面的尺寸精度和其综合的精度直接影响齿轮的加工精度和传动精度，齿轮在加工、检验和安装时的径向基准面和轴向辅助基准面应该尽量一致。对于不同精度的齿轮齿坯公差可查阅有关标准。

无论是圆柱齿轮还是圆锥齿轮的加工，按照加工时的工作原理可分为成形法和展成法两种。

1. 圆柱齿轮齿面的加工

（1）成形法。采用刀刃形状与被加工齿轮齿槽截面形状相同的成形刀具加工齿轮，常用成形铣刀进行铣齿。成形铣刀有盘状模数铣刀和指状模数铣刀两种，如图 6-16 所示，专门用来加工直齿和螺旋齿（斜齿）圆柱齿轮，其中指状模数铣刀适用于加工模数较大的齿轮，用成形铣刀加工齿轮时，每次加工齿轮的一个齿槽，零件的各个齿槽是利用分度装置依次分度切出的。其优点是所用刀具与机床的结构比较简单，还可在通用机床上用分度装置来进行加工。如可在升降台式铣床或牛头刨床上分别用齿轮铣刀或成形刨刀加工齿轮。

用成形法加工齿轮时，由于同一模数的齿轮只要齿数不同，齿形曲线也不相同，为了加工准确的齿形就需要很多的成形刀具，这显然是很不经济的。同时，因成形刀的齿形误差、系统的分度误差及齿坯的安装误差等影响，加工精度较低，一般低于 IT10 级。常用于单件小批量生产和修配行业。

(a) 盘状模数铣刀

(b) 指状模数铣刀

图 6-16　用成形铣刀加工齿轮轮齿

（2）展成法。展成法加工齿面是根据一对齿轮啮合传动原理实现的,即将其中一个齿轮制成具有切削功能的刀具,另一个则为齿轮坯,通过专用机床使二者在啮合过程中由各刀齿的切削轨迹逐渐包络出零件齿面。展成法加工齿轮的优点是:用同一把刀具可以加工同一模数不同齿数的齿轮,加工精度和生产率较高。按展成法加工齿面最常见的方式是插齿、滚齿,用来加工内、外啮合的圆柱齿轮和蜗轮等。

①　插齿。插齿主要用于加工直齿圆柱齿轮的轮齿,尤其是加工内齿轮、多联齿轮,还可以加工斜齿轮、人字齿轮、齿条、齿扇及特殊齿形的轮齿。

插齿是按展成法的原理来加工齿轮的,如图 6-17(a)所示。插齿精度高于铣齿,可达 IT8～IT7 级,齿面的表面粗糙度 $Ra=3.2～1.6\mu m$,但生产率较低。当插斜齿轮时,除了采用斜齿插齿刀外,还要在机床主轴滑枕中装有螺旋导轨副,以实现插齿刀的附加转动。

②　滚齿。滚齿是用齿轮滚刀在滚齿机上加工齿轮和蜗轮齿面的方法,如图 6-17(b)所示。滚齿精度可达 IT8～IT7 级;因为滚齿属连续切削,故生产率比铣齿、插齿都高。

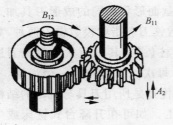

(a) 插齿原理

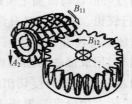

(b) 滚齿原理

图 6-17　展成原理及其成形运动

滚齿不仅用于加工直齿轮和斜齿轮,还可加工蜗轮和花键轴等;其他许多零件、棘轮、链轮、摆线齿轮及圆弧点啮合齿轮等也都可以设计专用滚刀来加工;它既可用于大批量生产,也是单件小批量生产中加工圆柱齿轮的基本方法。

(3) 齿面精加工。铣齿、插齿和滚齿只能获得一般精度的齿面,精度超过 IT7 级或需淬硬的齿面,在铣、插、滚等预加工或热处理后还需进行精加工。常用齿面精加工方法如下所述。

① 剃齿。剃齿是用剃齿刀对齿轮或蜗轮未淬硬齿面进行精加工的基本方法,是一种利用剃齿刀与被切齿轮做自由啮合进行展成加工的方法。

剃齿加工精度主要取决于刀具,只要剃齿刀本身的精度高,刃磨好,就能够剃出表面粗糙度 $Ra=0.8\sim0.4\mu m$、精度为 IT8~IT6 级的齿轮。剃齿精度还受剃前齿轮精度的影响,剃齿一般只能使轮齿精度提高一级。从保证加工精度考虑,剃前工艺采用滚齿比采用插齿好,因为滚齿的运动精度比插齿好,滚齿后的齿形误差虽然比插齿大,但这在剃齿工序中是不难纠正的。

剃齿加工主要用于加工中等模数、IT8~IT6 级精度、非淬硬齿面的直齿或斜齿圆柱齿轮,部分机型也可加工小锥度齿轮和鼓形齿的齿轮,由于剃齿工艺的生产率极高,被广泛的用作大批量生产中齿轮的精加工。

② 珩齿。珩齿是用珩磨轮对齿轮或蜗轮的淬硬齿面进行精加工的重要方法,齿面硬度一般超过 HRC35。与剃齿不同的只是以含有磨料的塑料珩轮代替了原来的剃齿刀,在珩轮与被珩齿轮自由啮合过程中,利用齿面间的压力和相对滑动对被切齿轮进行精加工。但珩齿对零件齿面齿形精度改善不大,主要用于降低热处理后的齿面表面粗糙度。珩磨轮用金刚砂和环氧树脂等混合经浇注或热压而成。金刚砂磨粒硬度极高,珩磨时能切除硬齿面上的薄层加工余量。珩磨过程具有磨、剃和抛光等几种精加工的综合作用。

③ 磨齿。磨齿是按展成法的原理用砂轮磨削齿轮或齿条的淬硬齿面。磨齿需在磨齿机上进行,属于淬硬齿面的精加工。如图 6-18 所示,按展成法磨齿时,将砂轮的工作面修磨成锥面以构成假想齿条的齿面。加工时砂轮以高速旋转为主运动,同时沿零件轴向做往复进给运动,砂轮与零件间通过机床传动链保持着一对齿轮啮合运动关系,磨好一个齿后由机床自动分度再磨下一个齿,直至磨完全部齿面。假想齿条的齿面可由两个碟形砂轮工作面构成,如图 6-18(a)所示,也可由一个锥形砂轮的两侧工作面构成,如图 6-18(b)所示。

磨齿工序修正误差的能力强,在一般条件下加工精度能达到 IT8~IT6 级,表面粗糙度可达 $Ra=0.8\sim0.16\mu m$,但生产率低,与剃齿形成了明显的对比,但磨齿可加工淬硬齿面,剃齿则不能。

磨齿是齿轮加工中加工精度最高、生产率最低的加工方法,只是在齿轮精度要求特别高(IT5 级以上),尤其是在淬火之后齿轮变形较大需要修整时才采用磨齿法加工。

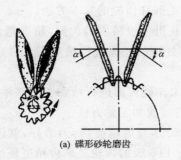 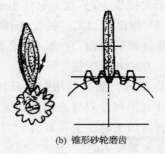

(a) 碟形砂轮磨齿　　　　　　　　　　　　　　　　(b) 锥形砂轮磨齿

图 6-18　磨齿

2. 齿面加工方案

齿轮齿面的精度要求大多较高,加工工艺也较复杂,选择加工方案时应综合考虑齿轮的模数、尺寸、结构、材料、精度等级、生产批量、热处理要求和工厂加工条件等。在汽车、拖拉机和许多机械设备中,精度为 IT9～IT6 级、模数为 1～10mm 的中等尺寸圆柱齿轮,齿面加工方案通常按表 6-4 选择。

表 6-4　常见齿面加工方案

序号	加工方案	精度等级	生产规模	主要装备	适用范围	说明
1	铣齿	IT10～IT9	单件小批	通用铣床、分度头及盘铣刀或指状铣刀	机修业、农机业小厂及乡镇企业	靠分度头分齿
2	滚(插)齿	IT9～IT6	单件小批	滚(插)齿机、滚(插)齿刀	很广泛。滚齿常用于外啮合圆柱齿轮及蜗轮;插齿常用于阶梯轮、齿条、扇形轮、内齿轮	滚齿的运动精度较高;插齿的齿形精度较高
3	滚(插)—剃齿	IT7～IT6	大批大量	滚(插)齿机、剃齿机、滚(插)齿刀、剃齿刀	不需要淬火的调质齿轮	尽量用滚齿后剃齿、双联、三联齿轮插后剃齿
4	滚(插)—剃齿—高频淬火—珩齿	IT6	成批大量	滚齿机、剃齿机、珩磨机	需淬火的齿轮、机床制造业	矫正齿形精度及热处理变形能力较差
5	滚(插)—淬火—磨齿	IT6～IT5	单件小批	滚(插)齿机、磨齿机及滚(插)齿刀、砂轮	精度较高的重载齿轮	生产效率低、精度高

本 章 小 结

本章主要介绍了回转表面、平面、螺旋表面和渐开面的技术要求和加工方法，并列出了这些表面在实际生产中常用的加工方法。同时，简要介绍了曲面的加工。

思考与习题

1. 零件加工过程中，为什么常将粗加工和精加工分开进行？

2. 回转外表面的车削加工方法有哪几种？各有何特点？

3. 回转外表面的加工精度与加工方案有什么关系？

4. 回转内表面的加工方法有哪些？各有何特点？

5. 试述零件基本表面加工中车锥面的方法，以及为保证车削精度操作时的注意问题和适用范围。

6. 常用平面加工方法有哪几种？试述各自的特点。

7. 试比较分析零件基本表面加工中回转表面、平面加工方法的工艺特点及其适用范围。

8. 曲面加工有哪几种方式？

9. 对渐开面加工时主要有哪些技术要求？

10. 常见渐开线齿形的加工方法有哪些，并分别叙述各自加工精度及适用范围。

11. 试比较回转外表面、平面、螺旋表面技术要求的异同。

第 7 章　数控加工工艺

7.1　数控加工工艺设计

7.1.1　数控加工的基本过程

数控加工泛指在数控机床上进行零件加工的工艺过程。数控机床是一种用计算机来控制的机床。用来控制机床的计算机，不管是专用计算机还是通用计算机都统称为数控系统。数控机床的运动和辅助动作均受控于数控系统发出的指令。而数控系统的指令是由程序员根据工件的材质、加工要求、机床的特性和系统所规定的指令格式（数控语言或符号）编制的。所谓编程，就是把被加工零件的工艺过程、工艺参数、运动要求用数字指令形式（数控语言）记录在介质上，并输入数控系统。数控系统根据程序指令向伺服装置和其他功能部件发出信息来控制机床的各种运动。当零件的加工程序结束时，机床便会自动停止。任何一种数控机床，在其数控系统中若没有输入程序指令就不能工作。

机床的受控动作大致包括机床的起动、停止；主轴的启停、旋转方向和转速的变换；进给运动的方向、速度方式；刀具的选择，长度和半径的补偿；刀具的更换，冷却液的开启、关闭等。图 7-1 是数控机床加工过程框图。从框图中可以看出，在数控机床上加工零件所涉及的范围比较广，与相关的配套技术有密切的关系。合格的编程员首先应该是一个很好的工艺员，应熟练地掌握工艺分析、工艺设计和切削用量的选择，能正确地选择刀辅具并提出零件的装夹方案，了解数控机床的性能和特点，熟悉程序编制方法和程序的输入方式。

数控加工程序编制方法有手工（人工）编程和自动编程之分。手工编程，程序的全部内容由人工按数控系统所规定的指令格式编写。自动编程即计算机编程，可分为以语言和绘画为基础的自动编程方法。无论采用何种自动编程方法，都需要有相应配套的硬件和软件。

可见，实现数控加工编程是关键。但只有编程是不行的，数控加工还包括编程前必须要做的一系列准备工作及编程后的善后处理工作。一般来说，数控加工工艺主要包括的内容如下：

（1）选择并确定进行数控加工的零件及内容。

（2）对零件图纸进行数控加工的工艺分析。

（3）数控加工的工艺设计。

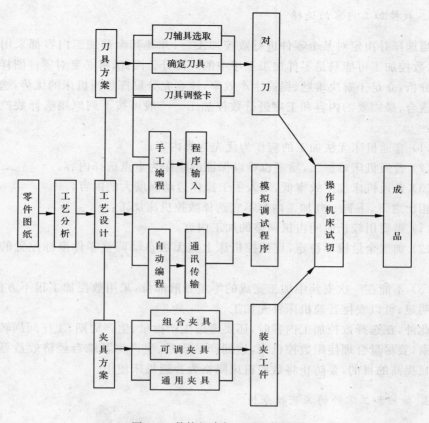

图 7-1 数控机床加工过程框图

（4）对零件图纸的数学处理。

（5）编写加工程序单。

（6）按程序单制作控制介质。

（7）程序的校验与修改。

（8）首件试加工与现场问题处理。

（9）数控加工工艺文件的定型与归档。

7.1.2 数控加工工艺设计的主要内容

数控加工前对工件进行工艺设计是必不可少的准备工作。无论是手工编程还是自动编程，在编程前都要对所加工的工件进行工艺分析、拟定工艺路线、设计加工工序。因此，合理的工艺设计方案是编制加工程序的依据，工艺设计做不好是数控加工出差错的主要原因之一，往往造成工作反复、工作量成倍增加的后果。编程人员必须首先做好工艺设计再考虑编程。

1. 数控加工内容的选择

当选择并决定对某个零件进行数控加工后,并非其全部加工内容都采用数控加工,数控加工可能只是零件加工工序中的一部分。因此,有必要对零件图样进行仔细分析,立足于解决难题、提高生产效率,注意充分发挥数控机床的优势,选择那些最适合、最需要的内容和工序进行数控加工。一般可按下列原则选择数控加工内容:

(1) 普通机床无法加工的应作为优先选择内容。

(2) 普通机床难加工,质量也难以保证的应作为重点选择内容。

(3) 普通机床加工效率低,工人手工操作劳动强度大的内容。

相比之下,下列一些加工内容不宜选择数控机床加工:

(1) 需要用较长时间占机调整的加工内容。

(2) 加工余量极不稳定,且数控机床上又无法自动调整零件坐标位置的加工内容。

(3) 不能在一次安装中加工完成的零星分散部位,采用数控加工很不方便,效果不明显,可以安排普通机床补充加工。

此外,在选择数控加工内容时,还要考虑生产批量、生产周期、工序间周转情况等因素,要尽量合理使用数控机床,达到产品质量、生产率及综合经济效益等指标都明显提高的目的,要防止将数控机床降格为普通机床使用。

2. 数控加工零件的工艺性分析

对数控加工零件的工艺性分析,主要包括产品的零件图样分析和结构工艺性分析两部分。

1) 零件图样分析

(1) 零件图上尺寸标注方法应适应数控加工的特点。如图 7-2 (a)所示,在数控加工零件图上,应以同一基准标注尺寸或直接给出坐标尺寸。这种标注方法既便于编程,也便于尺寸之间的相互协调,又有利于设计基准、工艺基准、测量基准和编程原点的统一。零件设计人员在尺寸标注时,一般总是较多地考虑装配等使用特性,因而常采用如图 7-2(b)所示的局部分散的标注方法,这样就给工序安排和数控加工带来诸多不便。由于数控加工精度和重复定位精度都很高,不会因产生较大的累积误差而破坏零件的使用特性,因此,可将局部的分散标注改为同一基准标注或直接标注坐标尺寸。

(2) 分析被加工零件的设计图纸。根据标注的尺寸公差和形位公差等相关信息,将加工表面区分为重要表面和次要表面,并找出其设计基准,进而遵循基准选择的原则,确定加工零件的定位基准,分析零件的毛坯是否便于定位和装夹,夹紧

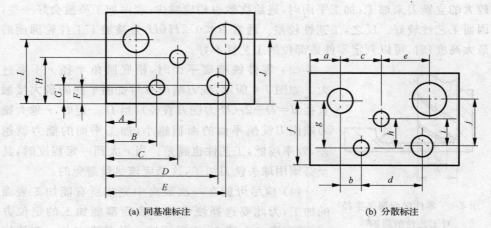

(a) 同基准标注　　　　　　　　　　　(b) 分散标注

图 7-2　零件尺寸标注分析

方式和夹紧点的选取是否会有碍刀具的运动,夹紧变形是否对加工质量有影响等,为工件定位、安装和夹具设计提供依据。

(3) 构成零件轮廓几何元素(点、线、面)的条件(如相切、相交、垂直和平行等)是数控编程的重要依据。手工编程时,要依据这些条件计算每一个节点的坐标;自动编程时,则要根据这些条件对构成零件的所有几何元素进行定义,无论哪一个条件不明确,都会导致编程无法进行。因此,在分析零件图样时,务必要分析几何元素的给定条件是否充分,发现问题及时与设计人员协商解决。

2) 零件的结构工艺性分析

(1) 零件的内腔与外形应尽量采用统一的几何类型和尺寸,这样可减少刀具规格和换刀次数,方便编程,提高生产效益。

(2) 内槽圆角的大小决定着刀具直径的大小,所以内槽圆角半径不应太小。对于图 7-3 所示零件,其结构工艺性的好坏与被加工轮廓的高低、转角圆弧半径的大小等因素有关。图 7-3(b)与图 7-3(a)相比,转角圆弧半径 R 大,可以采用直径

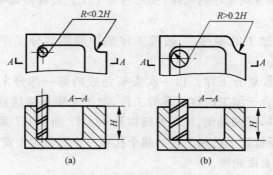

图 7-3　内槽结构工艺性

较大的立铣刀来加工;加工平面时,进给次数也相应减少,表面加工质量会好一些,因而工艺性较好。反之,工艺性较差。通常 $R<0.2H$(H 为被加工工件轮廓面的最大高度)时,可以判定零件该部位的工艺性不好。

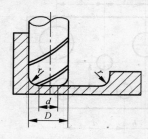

图 7-4　零件底面圆弧半径
对工艺性的影响

(3) 零件铣槽底平面时,槽底圆角半径 r 不要过大。如图 7-4 所示,铣刀端面刃与铣削平面的最大接触直径 $d=D-2r$(D 为铣刀直径),当 D 一定时,r 越大铣刀端面刃铣削平面的面积越小,加工平面的能力就越差,效率越低,工艺性也越差。当 r 大到一定程度时,甚至必须用球头铣刀加工,这是应该尽量避免的。

(4) 应尽可能在一次装夹中完成所有能加工表面的加工,为此要选择便于各个表面都能加工的定位方式;若需要二次装夹,应采用统一的基准定位。在数控加工中若没有统一的定位基准,会因工件重新安装产生定位误差,从而使加工后两个面上的轮廓位置及尺寸不协调,因此,为保证二次装夹加工后其相对位置的准确性,应采用统一的定位基准。

3. 数控加工的工艺路线设计

与常规工艺路线拟定过程相似,数控加工工艺路线的设计,最初也需要找出零件所有的加工表面并逐一确定各表面的加工方法,其每一步相当于一个工步。然后将所有工步内容按一定原则排列成先后顺序,再确定哪些相邻工步可以划为一个工序,即进行工序的划分。最后再将所需的其他工序如常规工序、辅助工序、热处理工序等插入,衔接于数控加工工序序列之中,就得到了要求的工艺路线。

数控加工的工艺路线设计与普通机床加工的常规工艺路线拟定的区别主要在于,它仅是几道数控加工工艺过程的概括,不是指从毛坯到成品的整个工艺过程。由于数控加工工序一般均穿插于零件加工的整个工艺过程之中,因此在工艺路线设计中,一定要兼顾常规工序的安排,使之与整个工艺过程协调吻合。

1) 工序的划分

在数控机床上加工的零件,一般按工序集中原则划分工序。划分方法如下所述。

(1) 按安装次数划分工序。以一次安装完成的那一部分工艺过程为一道工序。该方法一般适合于加工内容不多的工件,加工完毕就能达到待检状态。如图 7-5 所示的凸轮零件,其两端面、$R38$ 外圆以及 $\phi22H7$ 和 $\phi4H7$ 两孔均在普通机床上加工,然后在数控铣床上已加工过的两个孔和一个端面定位安装,在一道工序内铣削凸轮剩余的外表面轮廓。

(2) 按所用刀具划分工序。以同一把刀具完成的那一部分工艺过程为一道工序。这种方法适用于工件的待加工表面较多、机床连续工作时间过长、加工程序的编制和检查难度较大等情况。在专用数控机床和加工中心上常用这种方法。

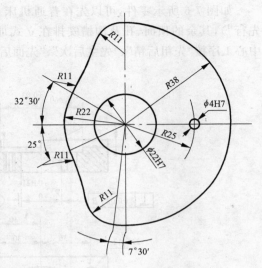

图 7-5　凸轮零件

（3）按粗、精加工划分工序。考虑工件的加工精度要求、刚度和变形等因素来划分工序时，可按粗、精加工分开的原则来划分工序，即以粗加工中完成的那部分工艺过程为一道工序，精加工中完成的那部分工艺过程为另一道工序。一般来说，在一次安装中不允许将工件的某一表面粗、精不分地加工至精度要求后再加工工件的其他表面。

（4）按加工部位划分工序。以完成相同型面的那一部分工艺过程为一道工序。有些零件加工表面多而复杂，构成零件轮廓的表面结构差异较大，可按其结构特点（如内型、外形、曲面或平面等）划分成多道工序。

综上所述，在划分工序时，一定要视零件的结构与工艺性、机床的功能、零件数控加工内容的多少、安装次数以及生产组织等实际情况灵活掌握。

2）加工顺序的安排

加工顺序安排得合理与否，将直接影响零件的加工质量、生产率和加工成本。应根据零件的结构和毛坯状况，结合定位及夹紧的需要综合考虑，重点应保证工件的刚度不被破坏，尽量减少变形。应遵循下列原则：

（1）尽量使工件的装夹次数、工作台转动次数、刀具更换次数及所有空行程时间减至最少，提高加工精度和生产率。

（2）先内后外原则，即先进行内型内腔加工，后进行外形加工。

（3）为了及时发现毛坯的内在缺陷，精度要求较高的主要表面粗加工一般应安排在次要表面粗加工之前；大表面加工时，因内应力和热变形对工件影响较大，一般也需先加工。

（4）在同一次安装中进行的多个工步，应先安排对工件刚性破坏较小的工步。

（5）为了提高机床的使用效率，在保证加工质量的前提下，可将粗加工和半精加工合为一道工序。

（6）加工中容易损伤的表面（如螺纹等），应放在加工路线的后面。

下面通过一个实例来说明这些原则的应用。

　　如图 7-6 所示零件,可以先在普通机床上把底面和四个轮廓面加工好("基面先行"),其余的顶面、孔及沟槽安排在立式加工中心上完成(工序集中原则),加工中心工序按"先粗后精"、"先主后次"、"先面后孔"等原则可以划分为如下 15 个工步:

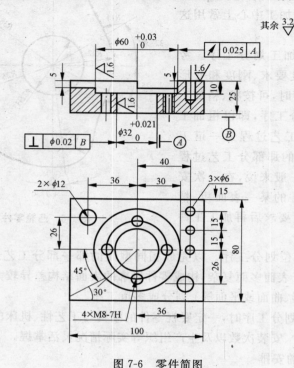

图 7-6　零件简图

　　粗铣顶面;

　　钻 $\phi32$、$\phi12$ 等孔的中心孔(预钻凹坑);

　　钻 $\phi32$、$\phi12$ 孔至 $\phi11.5$;

　　扩 $\phi32$ 孔至 $\phi30$;

　　钻 $3\times\phi6$ 的孔至尺寸;

　　粗铣 $\phi60$ 沉孔及沟槽;

　　钻 $4\times M8$ 底孔至 $\phi6.8$;

　　镗 $\phi32$ 孔至 $\phi31.7$;

　　精铣顶面;

　　铰 $\phi12$ 孔至尺寸;

　　精镗 $\phi32$ 孔至尺寸;

　　精铣 $\phi60$ 沉孔及沟槽至尺寸;

　　$\phi12$ 孔口倒角;

3×ϕ6、4×M8 孔口倒角；

攻 4×M8 螺纹完成。

3）数控加工工序与普通工序的衔接

这里所说的普通工序是指常规的加工工序、热处理工序和检验等辅助工序。数控工序前后一般都穿插其他普通工序，若衔接不好就容易产生矛盾。较好的解决办法是建立工序间的相互状态联系，在工艺文件中做到互审会签。例如，是否预留加工余量、留多少、定位基准的要求、零件的热处理等，这些问题都需要前后衔接，统筹兼顾。

4. 数控加工工序的设计

数控加工工序设计的主要任务是为每一道工序选择机床、夹具、刀具及量具，确定定位夹紧方案、走刀路线、工步顺序、加工余量、工序尺寸及其公差、切削用量和工时定额等，为编制加工程序做好充分准备。

1）确定走刀路线和工步顺序

走刀路线是刀具在整个加工工序中相对于工件的运动轨迹，不但包括了工步的内容，而且也反映出工步的顺序。走刀路线是编写程序的依据之一。在确定走刀路线时，主要遵循以下原则。

（1）保证零件的加工精度和表面粗糙度。例如，在铣床上进行加工时，因刀具的运动轨迹和方向不同，可能是顺铣或逆铣，其不同加工路线所得到的零件表面质量就不同。究竟采用哪种铣削方式，应视零件的加工要求、工件材料的特点以及机床刀具等具体条件综合考虑，确定原则与普通机械加工相同。数控机床一般采用滚珠丝杠传动，其运动间隙很小，并且顺铣优点多于逆铣，所以应尽可能采用顺铣。在精铣内外轮廓时，为了改善表面粗糙度，应采用顺铣的走刀路线加工方案。

对于铝镁合金、钛合金和耐热合金等材料，建议也采用顺铣加工，这对于降低表面粗糙度值和提高刀具耐用度都有利。但如果零件毛坯为黑色金属锻件或铸件，表皮硬而且余量较大，这时采用逆铣较为有利。

加工位置精度要求较高的孔系时，应特别注意安排孔的加工顺序。若安排不当，就可能将坐标轴的反向间隙带入，直接影响位置精度。镗削图 7-7（a）所示零件上六个尺寸相同的孔，有两种走刀路线。按图 7-7（b）所示路线加工时，由于 5、6 孔与 1、2、3、4 孔定位方向相反，X 向反向间隙会使定位误差增加，从而影响 5、6 孔与其他孔的位置精度。按图 7-7（c）所示路线加工时，加工完 4 孔后往上多移动一段距离至 P 点，然后折回来在 5、6 孔处进行定位加工，从而使各孔的加工进给方向一致，避免反向间隙的引入，提高了 5、6 孔与其他孔的位置精度。

刀具的进退刀路线要尽量避免在轮廓处停刀或垂直切入切出工件，以免留下刀痕。

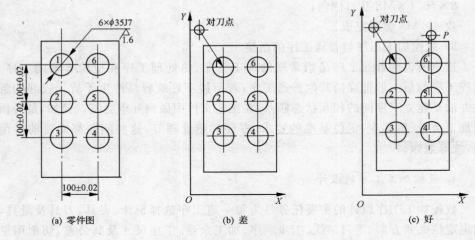

图 7-7　镗削孔系走刀路线比较

（2）使走刀路线最短，减少刀具空行程时间，提高加工效率。图 7-8 所示为正确选择钻孔加工路线的例子。按照一般习惯，总是先加工均布于同一圆周上的一圈孔后，再加工另一圈孔，如图 7-8（a）所示，这不是最好的走刀路线。对点位控制的数控机床而言，要求定位精度高，定位过程尽可能快。若按图 7-8（b）所示的进给路线加工，可使各孔间距的总和最小，空程最短，从而节省定位时间。

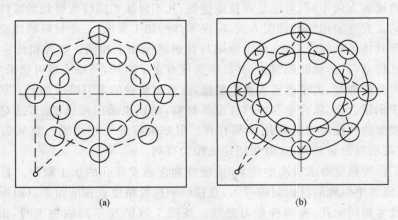

图 7-8　最短加工路线选择

（3）最终轮廓一次走刀完成。图 7-9（a）所示为采用行切法加工内轮廓。加工时不留死角，在减少每次进给重叠量的情况下，走刀路线较短，但两次走刀的起点和终点间留有残余高度，影响表面粗糙度。图 7-9（b）是采用环切法加工，表面粗糙度较小，但刀位计算略为复杂，走刀路线也较行切法长。采用图 7-9（c）所示的走刀路线，先用行切法加工，最后再沿轮廓切削一周，使轮廓表面光整。三种方案中，

图 7-9（a）方案最差，图 7-9（c）方案最佳。

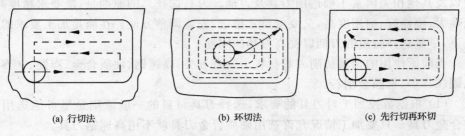

(a) 行切法	(b) 环切法	(c) 先行切再环切

图 7-9　封闭内轮廓加工走刀路线

2）工件的定位与夹紧方案的确定

工件的定位基准与夹紧方案的确定，应遵循前面所述有关定位基准的选择原则与工件夹紧的基本要求。此外，还应该注意下列三点。

（1）力求设计基准、工艺基准与编程原点统一，以减少基准不重合误差和数控编程中的计算工作量。

（2）设法减少装夹次数，尽可能做到在一次定位装夹中能加工出工件上全部或大部分待加工表面，以减少装夹误差，提高加工表面之间的相互位置精度，充分发挥数控机床的效率。

（3）避免采用占机人工调整方案，以免占机时间太多，影响加工效率。

3）夹具的选择

数控加工的特点对夹具提出了两个基本要求：一是保证夹具的坐标方向与机床的坐标方向相对固定；二是要能协调零件与机床坐标系的尺寸。除此之外，重点考虑以下几点。

（1）单件小批量生产时，优先选用组合夹具、可调夹具和其他通用夹具，以缩短生产准备时间和节省生产费用。

（2）在成批生产时才考虑采用专用夹具，并力求结构简单。

（3）零件的装卸要快速、方便、可靠，以缩短机床的停顿时间，减少辅助时间。

（4）为满足数控加工精度，要求夹具定位、夹紧精度高。

（5）夹具上各零部件应不妨碍机床对零件各表面的加工，即夹具要敞开，其定位、夹紧元件不能影响加工中的走刀（如产生碰撞等）。

（6）为提高数控加工的效率，批量较大的零件加工可采用气动或液压夹具、多工位夹具。

4）刀具的选择

刀具的选择是数控加工工艺中重要的内容之一，不仅影响机床的加工效率，而且直接影响加工质量。与传统加工方法相比，数控加工对刀具的要求在刚性和耐用度方面更为严格。应根据机床的加工能力、工件材料的性能、加工工序、切削用量以及其他相关因素正确选用刀具及刀柄。刀具选择总的原则是:既要求精度高、强度大、刚性好、耐用度高,又要求尺寸稳定、安装调整方便。在满足加工要求的前提下,尽量选择较短的刀柄以提高刀具的刚性。

当前所使用的金属切削刀具材料主要有五类:高速钢、硬质合金、陶瓷、立方氮化硼(CBN)、聚晶金刚石。

(1) 根据数控加工对刀具的要求,选择刀具材料的一般原则是尽可能选用硬质合金刀具。只要加工情况允许选用硬质合金刀具就不用高速钢刀具。

(2) 陶瓷刀具不仅用于加工各种铸铁和不同钢料,也适用于加工有色金属和非金属材料。使用陶瓷刀片,无论什么情况都要用负前角,为了不易崩刃,必要时可将刃口倒钝。陶瓷刀具在下列情况下使用效果欠佳:短零件的加工;冲击大的断续切削和重切削;铍、镁、铝和钛等单质材料及其合金的加工(易产生亲和力,导致切削刃剥落或崩刃)。

(3) 金刚石和立方氮化硼都属于超硬刀具材料,它们可用于加工任何硬度的工件材料,具有很高的切削性能,加工精度高,表面粗糙度值小。一般可用切削液。

聚晶金刚石刀片一般仅用于加工有色金属和非金属材料。

立方氮化硼刀片一般适用加工硬度>450HBS的冷硬铸铁、合金结构钢、工具钢、高速钢、轴承钢以及硬度≥350HBS的镍基合金、钴基合金和高钴粉末冶金零件。

(4) 从刀具的结构应用方面,数控加工应尽可能采用镶嵌式机夹、可转位刀片以减少刀具磨损后的更换和预调时间。

(5) 选用涂层刀具以提高耐磨性和耐用度。

5) 切削用量的确定

切削用量包括主轴转速(切削速度)、背吃刀量和进给量(进给速度)。主轴转速要根据机床和刀具允许的切削速度来确定;背吃刀量主要受机床刚度的制约,在机床刚度允许的情况下,尽可能加大背吃刀量;进给量要根据零件的加工精度、表面粗糙度、刀具和工件材料来选。切削用量的合理选择将直接影响加工精度、表面质量、生产率和经济性,其确定原则与普通加工相似。具体数据应根据机床使用说明书、切削用量手册,并结合实际经验加以修正确定。

应考虑如下因素:

(1) 刀具差异。不同厂家生产的刀具质量差异较大,因此切削用量须根据实际所用刀具和现场经验加以修正。

(2) 机床特性。切削用量受机床电动机的功率和机床刚性的限制,必须在机床说明书规定的范围内选取。避免因功率不够而发生闷车,因刚性不足而产生大的机床变形或振动,影响加工精度和表面粗糙度。

(3) 数控机床的生产率。数控机床的工时费用较高,刀具损耗费用所占比重较低,应尽量用高的切削用量,通过适当降低刀具寿命来提高数控机床的生产率。

7.2　数控车削的加工工艺

7.2.1　数控车削主要加工的对象

(1) 轮廓形状特别复杂或难于控制尺寸的回转体零件。因车床数控装置都具有直线和圆弧插补功能,还有部分车床数控装置具有某些非圆曲线插补功能,故能车削由任意直线和平面曲线轮廓组成的形状复杂的回转体零件。

(2) 精度要求高的零件。零件的精度要求主要指尺寸、形状、位置和表面等精度要求,其中的表面精度主要指表面粗糙度。例如,尺寸精度高达 0.001mm 或更小的零件;圆柱度要求高的圆柱体零件;素线直线度、圆度和倾斜度均要求高的圆锥体零件;通过恒线速度切削功能,加工表面精度要求高的各种变径表面类零件等。

(3) 带特殊螺纹的回转体零件。这些零件指特大螺距、等螺距与变螺距或圆柱与圆锥螺纹面之间作平滑过渡的螺纹零件等。

(4) 淬硬工件的加工。在大型模具加工中,有不少尺寸大而形状复杂的零件。这些零件热处理后的变形量较大,磨削加工有困难,因此可用陶瓷车刀在数控机床上对淬硬后的零件进行车削加工,以车代磨,提高加工效率。

7.2.2　工件的装夹与夹具选择

1. 用通用夹具装夹

在三爪自定心卡盘上装夹。三爪自定心卡盘的三个卡爪是同步运动的,能自动定心,一般不需找正。三爪自定心卡盘装夹工件方便、省时,自动定心好,但夹紧力较小,所以适用于装夹外形规则的中、小型工件。三爪自定心卡盘可装成正爪或反爪两种形式。反爪用来装夹直径较大的工件。用三爪自定心卡盘装夹精加工过的表面时,被夹住的工件表面应包一层铜皮,以免夹伤工件表面。

数控车床多采用三爪自定心卡盘夹持工件,轴类工件还可使用尾座顶尖支持工件。数控车床主轴转速较高,为便于工件夹紧,多采用液压高速动力卡盘。这种卡盘在生产厂已通过了严格平衡检验,具有高转速(极限转速可达 8000r/min 以上)、高夹紧力(最大推拉力为 2000~8000N)、高精度、调爪方便、通孔、使用寿命长等优点。通过调整油缸的压力可改变卡盘的夹紧力,以满足夹持各种薄壁和易变形工件的特殊需要。还可使用软爪夹持工件,软爪弧面由操作者随机配制,可获得理想的夹持精度。为减少细长轴加工时的受力变形,提高加工精度,以及在加工带孔轴类工件内孔时,可采用液压自动定心中心架,其定心精度可达 0.03mm。

在两顶尖之间装夹对于长度尺寸较大或加工工序较多的轴类工件,为保证每次装夹时的装夹精度,可用两顶尖装夹。两顶尖装夹工件方便,不需找正,装夹精度高,但必须先在工件的两端面钻出中心孔。该装夹方式适用于多工序加工或精加工。

用两顶尖装夹工件时须注意的事项:

(1)前后顶尖的连线应与车床主轴轴线同轴,否则车出的工件会产生锥度误差。

(2)尾座套筒在不影响车刀切削的前提下,应尽量伸出得短些,以增加刚性,减少振动。

(3)中心孔应形状正确、表面粗糙度值小。轴向精确定位时,中心孔倒角可加工成准确的圆弧形倒角,并以该圆弧形倒角与顶尖锋面的切线为轴向定位基准定位。

(4)两顶尖与中心孔的配合应松紧合适。

用卡盘和顶尖装夹工件虽然精度高,但刚性较差。因此,车削质量较大工件时要一端用卡盘夹住,另一端用后顶尖支撑,如图 7-10 所示。为了防止工件由于切削力的作用而产生轴向位移,必须在卡盘内装一限位支承或利用工件的台阶面限位。这种方法比较安全,能承受较大的轴向切削力,安装刚性好,轴向定位准确,所以应用比较广泛。

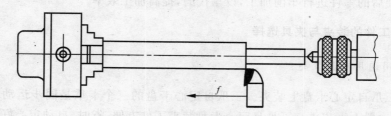

图 7-10　用工件的台阶面限位

用双三爪自定心卡盘装夹对于精度要求高、变形要求小的细长轴类零件可采用双主轴驱动式数控车床加工,机床两主轴轴线同轴、转动同步,零件两端同时分

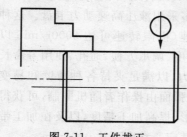

图 7-11　工件找正

别由三爪自定心卡盘装夹并带动旋转,这样可减小切削加工时切削力矩引起的工件扭转变形。

2. 用找正方式装夹

(1)找正要求。找正装夹时必须将工件的加工表面回转轴线(同时也是工件坐标系 Z 轴)找正到与车床主轴回转中心重合(图 7-11)。

(2)找正方法。与普通车床上找正工件相

同,一般为打表找正。通过调整卡爪,使工件坐标系 Z 轴与车床主轴的回转中心重合。

单件生产工件偏心安装时常采用找正装夹;用三爪自定心卡盘装夹较长的工件时,工件离卡盘夹持部分较远处的旋转中心不一定与车床主轴旋转中心重合,这时必须找正;当三爪自定心卡盘使用时间较长,已失去应有精度,而工件的加工精度要求又较高时也需要找正。

(3)装夹方式。一般采用四爪单动卡盘装夹。四爪单动卡盘的四个卡爪是各自独立运动的,可以调整工件夹持部位在主轴上的位置,使工件加工面的回转中心与车床主轴的回转中心重合,但四爪单动卡盘找正比较费时,只能用于单件小批生产。四爪单动卡盘夹紧力较大,所以适用于大型或形状不规则的工件。四爪单动卡盘也可装成正爪或反爪两种形式。

3. 其他类型的数控车床夹具

为了充分发挥数控车床的高速度、高精度和自动化功能,必须有相应的数控夹具与之配合。数控车床夹具除了使用通用三爪自定心卡盘、四爪卡盘、顶尖、大批量生产中使用便于自动控制的液压、电动及气动卡盘、顶尖外,还有其他类型的夹具,主要分为两大类:用于轴类工件的夹具和用于盘类工件的夹具。

(1)用于轴类工件的夹具。数控车床加工一些特殊形状的轴类工件(如异形杠杆)时,坯件可装卡在专用车床夹具上,夹具随同主轴一同旋转。用于轴类工件的夹具还有自动夹紧拨动卡盘、三爪拨动卡盘和快速可调万能卡盘等。图 7-12 为加工实心轴所用的拨齿顶尖夹具,其特点是在粗车时可传递足够大的转矩,以适应主轴高速旋转车削要求。

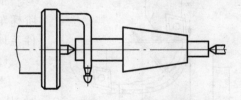

图 7-12　加工实心轴所用的拨齿顶尖夹具

(2)用于盘类工件的夹具。这类夹具适用在无尾座的卡盘式数控车床上,主要有可调卡爪式卡盘和快速可调卡盘。

7.2.3　加工顺序和进给路线的确定

进给路线是刀具在整个加工工序中相对于工件的运动轨迹,它不但包括了工步的内容,而且也反映出工步的顺序。进给路线也是编程的依据之一。

加工路线的确定首先必须保持被加工零件的尺寸精度和表面质量,其次考虑数值计算简单、走刀路线尽量短、效率较高等。精加工的进给路线基本上都是沿其零件轮廓顺序进行的,因此确定进给路线的工作重点是确定粗加工及空行程的进给路线。下面将对该部分内容作具体分析。

1) 加工路线与加工余量的关系

在数控车床还未达到普及使用的条件下,一般应把毛坯件上过多的余量,特别是含有锻、铸硬皮层的余量安排在普通车床上加工。如必须用数控车床加工时,要注意程序的灵活安排。安排一些子程序对余量过多的部位先做一定的切削加工。

（1）对大余量毛坯进行阶梯切削时的加工路线。

图 7-13 所示为车削大余量工件的两种加工路线,图 7-13(a)是错误的阶梯切削路线,图 7-13(b)按 1→5 的顺序切削,每次切削所留余量相等,是正确的阶梯切削路线。因为在同样背吃刀量的条件下,按图 7-13(a)方式加工所剩的余量过多。

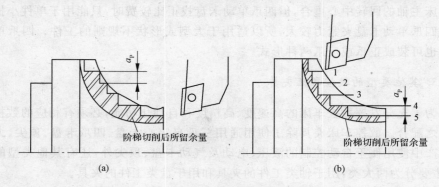

(a)　　　　　　　　　　　　　　　　　　　　(b)

图 7-13　车削大余量毛坯的阶梯路线

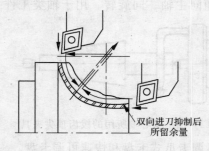

图 7-14　双向进刀走刀路线

根据数控加工的特点,还可以放弃常用的阶梯车削法,改用依次从轴向和径向进刀、顺工件毛坯轮廓走刀的路线(图 7-14)。

（2）分层切削时刀具的终止位置。

当某表面的余量较多需分层多次走刀切削时,从第二刀开始就要注意防止走刀到终点时切削深度的猛增。如图 7-15 所示,设以 90°主偏角刀分层车削外圆,合理的安排应是每一刀的切削终点依次提前一小段距离 e(如可取 $e=$ 0.05mm)。如果 $e=0$,则每一刀都终止在同一轴向位置上,主切削刃就可能受到瞬时的重负荷冲击。当刀具的主偏角大于 90°但仍然接近 90°时,也宜作出层层递退的安排,经验表明这对延长粗加工刀具的寿命是有利的。

2) 刀具的切入、切出

在数控机床上进行加工时,要安排好刀具的切入、切出路线,尽量使刀具沿轮廓的切线方向切入、切出。尤其是车螺纹时,必须设置升速段 δ_1 和降速段 δ_2(图 7-16),这样可避免因车刀升降而影响螺距的稳定。

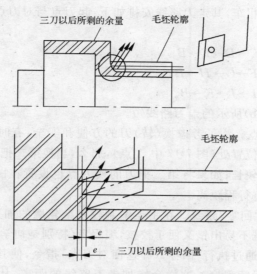

图 7-15　分层切削时刀具的终止位置

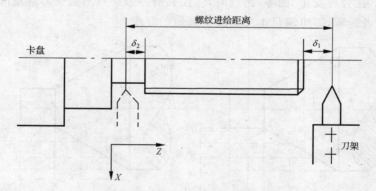

图 7-16　车螺纹时的引入距离和超越距离

3）确定最短的走刀路线

确定最短的走刀路线，除了依靠大量的实践经验外，还应善于分析，必要时辅以一些简单计算。现将实践中的部分设计方法或思路介绍如下。

（1）巧用对刀点。图 7-17(a)为采用矩形循环方式进行粗车的一般情况示例。其起刀点 A 的设定是考虑到精车等加工过程中需方便地换刀，故设置在离坯料较远的位置，同时将起刀点与其对刀点重合，按三刀粗车的走刀路线安排如下：

第一刀为 $A \to B \to C \to D \to A$；

第二刀为 $A \to E \to F \to G \to A$；

第三刀为 $A \to H \to I \to J \to A$。

图 7-17(b)则是巧将起刀点与对刀点分离，并设于图示 B 点位置，仍按相同的

切削用量进行三刀粗车,其走刀路线安排如下:起刀点与对刀点分离的空行程为 A →B。

　　第一刀为 B→C→D→E→B;

　　第二刀为 B→F→G→H→B;

　　第三刀为 B→I→J→K→B。

　　显然,图 7-17(b)所示的走刀路线短。

　　(2) 巧设换刀点。为了考虑换(转)刀的方便和安全,有时将换(转)刀点也设置在离坯件较远的位置处(图 7-17 中 A 点),那么,当换第二把刀后,进行精车时的空行程路线必然也较长;如果将第二把刀的换刀点也设置在图 7-17(b)中的 B 点位置上,则可缩短空行程距离。

　　(3) 合理安排"回零"路线。在手工编制较复杂轮廓的加工程序时,为使其计算过程尽量简化,既不易出错又便于校核,编程者(特别是初学者)有时将每一刀加工完后的刀具终点通过执行"回零"(即返回对刀点)指令,使其全都返回到对刀点位置,然后再进行后续程序。这样会增加走刀路线的距离,从而大大降低生产效率。因此,在合理安排"回零"路线时,应使其前一刀终点与后一刀起点间的距离尽量减短或者为零,即可满足走刀路线为最短的要求。

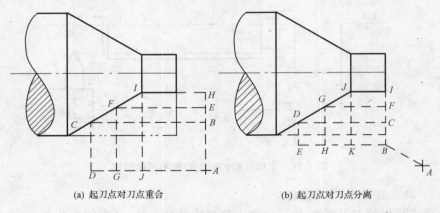

(a) 起刀点对刀点重合　　　　　　　　(b) 起刀点对刀点分离

图 7-17　巧用起刀点

　　4) 确定最短的切削进给路线

　　切削进给路线短可有效地提高生产效率、降低刀具损耗等。在安排粗加工或半精加工的切削进给路线时,应同时兼顾被加工零件的刚性及加工的工艺性等要求,不要顾此失彼。

　　图 7-18 为粗车工件时几种不同切削进给路线的安排示例。图 7-18(a)表示利用数控系统具有的封闭式复合循环功能,控制车刀沿着工件轮廓进行走刀的路线;图 7-18(b)为利用其程序循环功能安排的"三角形"走刀路线;图 7-18(c)为利用其

矩形循环功能而安排的"矩形"走刀路线。

对以上三种切削进给路线,经分析和判断后可知矩形循环进给路线的走刀长度总和最短。因此,在同等条件下,其切削所需时间(不含空行程)最短、刀具的损耗小。另外,矩形循环加工的程序段格式较简单,所以这种进给路线的安排在制定加工方案时应用较多。

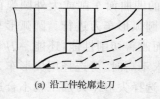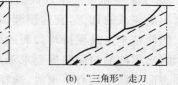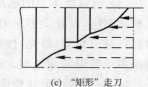

(a) 沿工件轮廓走刀   (b) "三角形"走刀   (c) "矩形"走刀

图 7-18 走刀路线示例

7.2.4 刀具的选择

1. 车刀和刀片的种类

可转位车刀按其用途可分为外圆车刀、仿形车刀、端面车刀、内圆车刀、切槽车刀、切断车刀和螺纹车刀等,见表 7-1。

表 7-1 可转位车刀的种类

类型	主偏角	适用机床
外圆车刀	90°、50°、60°、75°、45°	普通车床和数控车床
仿形车刀	93°、107.5°	仿形车床和数控车床
端面车刀	90°、45°、75°	普通车床和数控车床
内圆车刀	45°、60°、75°、90°、91°、93°、95°、107.5°	普通车床和数控车床
切槽车刀		普通车床和数控车床
切断车刀		普通车床和数控车床
螺纹车刀		普通车床和数控车床

2. 常用车刀的几何参数

刀具切削部分的几何参数对零件的表面质量及切削性能影响极大,应根据零件的形状、刀具的安装位置以及加工方法等,正确选择刀具的几何形状及有关参数。

1) 尖形车刀的几何参数

尖形车刀的几何参数主要指车刀的几何角度。选择方法与使用普通车削时基本相同,但应结合数控加工的特点,如走刀路线及加工干涉等进行全面考虑。

可用作图或计算的方法确定尖形车刀不发生干涉的几何角度。如副偏角不发生干涉的极限角度值为大于作图或计算所得角度的 6°～8°即可。当确定几何角度困难、甚至无法确定(如尖形车刀加工接近于半个凹圆弧的轮廓等)时,则应考虑选择其他类型车刀后再确定其几何角度。

2)圆弧形车刀的几何参数

(1)圆弧形车刀的选用。对于某些精度要求较高的凹曲面车削或大外圆弧面的批量车削,以及尖形车刀所不能完成的加工,宜选用圆弧形车刀进行。圆弧形车刀具有宽刃切削(修光)性质,能使精车余量保持均匀而改善切削性能,还能一刀车出跨多个象限的圆弧面。例如,当零件的曲面精度要求不高时,可选择用尖形车刀进行加工;当曲面形状精度和表面粗糙度均有要求时,选择尖形车刀加工就不合适了,因为车刀主切削刃的实际切削深度在圆弧轮廓段总是不均匀的。当车刀主切削刃靠近其圆弧终点时,该位置上的切削深度将大大超过其圆弧起点位置上的切削深度,致使切削阻力增大,可能产生较大的线轮廓度误差,并增大其表面粗糙度值。

对于同时跨四个象限的外圆弧轮廓,无论采用何种形状及角度的尖形车刀,也不可能由一条圆弧加工程序一刀车出,而采用圆弧形车刀就能十分简便地完成。

(2)圆弧形车刀的几何参数。圆弧形车刀的几何参数除了前角及后角外,主要几何参数为车刀圆弧切削刃的形状及半径。

选择车刀圆弧半径的大小时,应考虑两点:第一,车刀切削刃的圆弧半径应当小于或等于零件凹形轮廓上的最小半径,以免发生加工干涉;第二,该半径不宜选择太小,否则既难于制造还会因其刀头强度太弱或刀体散热能力差,使车刀容易受到损坏。

当车刀圆弧半径已经选定或通过测量并给予确认之后,应特别注意圆弧切削刃的形状误差对加工精度的影响。现对圆弧形车刀的加工原理分析如下。

在车削时,车刀的圆弧切削刃与被加工轮廓曲线做相对滚动运动,车刀在不同的切削位置上,其"刀尖"在圆弧切削刃上也有不同位置(即切削刃圆弧与零件轮廓相切的切点),即切削刃对工件的切削,是以无数个连续变化位置的"刀尖"进行的。

为了使这些不断变化位置的"刀尖"能按加工原理所要求的规律("刀尖"所在半径处处等距)运动并便于编程,规定圆弧形车刀的刀位点必须在该圆弧刃的圆心位置上。

要满足车刀圆弧刃的半径处处等距,必须保证该圆弧刃具有很小的圆度误差,即近似为一条理想圆弧,需要通过特殊的制造工艺(如光学曲线磨削等)才能将其圆弧刃做得准确。

至于圆弧形车刀前、后角的选择,原则上与普通车刀相同,只不过形成其前角(大于 0°时)的前刀面一般都为凹球面,形成其后角的后刀面一般为圆锥面。圆弧形车刀前、后刀面的特殊形状,是为满足在刀刃的每一个切削点上都具有恒定的前角和后角,以保证切削过程的稳定性及加工精度。为了制造车刀的方便,在精车时,其前角多选择为 0°。

7.2.5　切削用量的选择

数控车削加工中的切削用量包括:背吃刀量 a_p、主轴转速 n 或切削速度 v(用于恒线速度切削)、进给速度或进给量 f。这些参数均应在机床给定的允许范围内选取。

车削用量(a_p、f、v)选择是否合理,对于能否充分发挥机床潜力与刀具切削性能,实现优质、高产、低成本和安全操作具有很重要的作用。车削用量的选择原则是粗车时,首先考虑选择尽可能大的背吃刀量 a_p,其次选择较大的进给量 f,最后确定一个合适的切削速度 v。增大背吃刀量 a_p 可使走刀次数减少,增大进给量 f 有利于断屑。

精车时,加工精度和表面粗糙度要求较高,加工余量不大且较均匀,因此选择精车的切削用量时,应着重考虑如何保证加工质量,并在此基础上尽量提高生产率。因此,精车时应选用较小(但不能太小)的背吃刀量 a_p 和进给量 f,并选用性能高的刀具材料和合理的几何参数,尽可能提高切削速度 v。表 7-2 是推荐的切削用量数据,供参考。

表 7-2　数控车削用量推荐表

工件材料	加工内容	切削用量 a_p/mm	切削速度 v/(m/min)	送给量 f(m/r)	刀具材料
碳素钢 σ_b > 600 MPa	粗加工	5~7	60~80	0.2~0.4	YT 类
	粗加工	2~3	80~120	0.2~0.4	
	精加工	2~6	120~150	0.1~0.2	
	钻中心孔		500~800(r/min)		W18Cr4V
	钻孔		~30	0.1~0.2	
	切断(宽度<5mm)		70~110	0.1~0.2	YT 类
铸铁 200HBS 以下	粗加工		50~70	0.2~0.4	YG 类
	精加工		70~100	0.1~0.2	
	切断(宽度<5mm)		50~70	0.1~0.2	

7.2.6　典型零件的加工

1. 模具芯轴的车削工艺

图示是模具芯轴的零件简图。零件的径向尺寸公差为±0.01mm,角度公差为±0.1°,材料为45钢。毛坯尺寸为 $\phi66mm\times100mm$,批量 30 件。

加工方案如下所述。

(1) 工序 1:用三爪卡盘夹紧工件一端,加工 $\phi64\times38$ 柱面并调头打中心孔。

(2) 工序 2:用三爪卡盘夹紧工件 $\phi64$ 一端,另一端用顶尖顶住。加工 $\phi24\times62$ 柱面,如图 7-19(a)所示。

(3) 工序 3:①钻螺纹底孔;②精车 $\phi20$ 表面,加工 14°锥面及背端面;③攻螺纹,如图 7-19(b)所示。

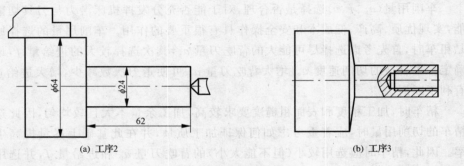

(a) 工序2   (b) 工序3

图 7-19　加工示意图

(4) 工序 4:加工 SR19.4 圆弧面、$\phi26$ 圆柱面、角 15°锥面和角 15°倒锥面,装夹方式如图 7-20 所示。工序 4 的加工过程如下所述。

① 先用复合循环若干次一层层加工,逐渐靠近由 $E—F—G—H—I$ 等基点组成的回转面。后两次循环的走刀路线都与 $B—C—D—E—F—G—H—I—B$ 相似。完成粗加工后,精加工的走刀路线是 $B—C—D—E—F—G—H—I—B$,如图7-20 所示。

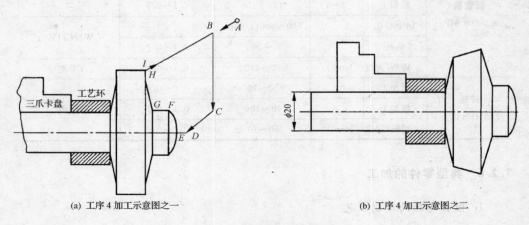

(a) 工序 4 加工示意图之一   (b) 工序 4 加工示意图之二

图 7-20　复合循环加工示意图

② 再加工出最后一个 15°的倒锥面,如图 7-20 所示。

2. 轴套类零件数控车削加工工艺

下面以图 7-21 所示轴承套为例,介绍数控车削加工工艺(单件小批量生产),所用机床为 CJK6240。

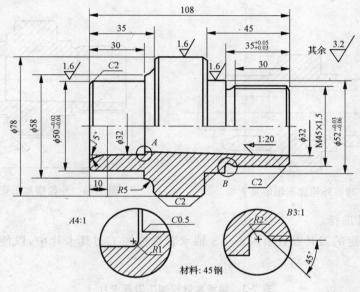

图 7-21 轴承套零件图

1) 零件图工艺分析

该零件表面由内外圆柱面、内圆锥面、顺圆弧、逆圆弧及外螺纹等表面组成,其中多个直径尺寸与轴向尺寸有较高的尺寸精度和表面粗糙度要求。零件图尺寸标注完整,符合数控加工尺寸标注要求;轮廓描述清楚完整;零件材料为 45 钢,切削加工性能较好,无热处理和硬度要求。

通过上述分析,采取以下几点工艺措施。

(1)零件图样上带公差的尺寸,因公差值较小,故编程时不必取其平均值而取基本尺寸即可。

(2)左、右端面均为多个尺寸的设计基准,相应工序加工前应先将左、右端面车出来。

(3)内孔尺寸较小,镗1∶20锥孔、φ32孔及15°斜面时需掉头装夹。

2) 确定装夹方案

内孔加工时以外圆定位,用三爪自动定心卡盘夹紧(图 7-22)。加工外轮廓时,为保证一次安装加工出全部外轮廓,需要设一圆锥心轴装置,用三爪卡盘夹持心轴左端,心轴右端留有中心孔并用尾座顶尖顶紧以提高工艺系统的刚性。

3）确定加工顺序及走刀路线

加工顺序的确定按由内到外、由粗到精、由近到远的原则确定，在一次装夹中尽可能加工出较多的工件表面。结合本零件的结构特征，可先加工内孔各表面，然后加工外轮廓表面（图 7-23）。由于该零件为单件小批量生产，走刀路线设计不必考虑最短进给路线或最短空行程路线，外轮廓表面车削走刀路线可沿零件轮廓顺序进行。

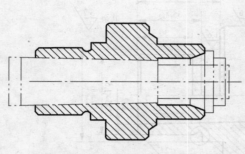

图 7-22　外轮廓车削装夹方案

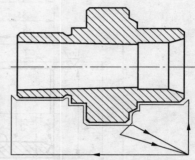

图 7-23　外轮廓加工走刀路线

4）刀具选择

将所选定的刀具参数填入表 7-3 轴承套数控加工刀具卡片中，以便于编程和操作管理。

表 7-3　轴承套数控加工刀具卡片

产品名称或代号		数控车工艺分析实例		零件名称	轴承套	零件图号	Lathe-01
序号	刀具号	刀具规格名称	数量	加工表面		刀尖半径/mm	备注
1	T01	45°硬质合金端面车刀	1	车端面		0.5	25×25
2	T02	$\phi5$ 中心钻	1	钻 $\phi5$mm 中心孔			
3	T03	$\phi26$mm 钻头	1	钻底孔			
4	T04	镗刀	1	镗内孔各表面		0.4	20×20
5	T05	93°右手偏刀	1	自右至左车外表面		0.2	25×25
6	T06	93°左手偏刀	1	自左至右车外表面			
7	T07	60°外螺纹车刀	1	车 M45 螺纹			
编制	×××	审核	×××	批准	×××	××年 ×月×日	共1页	第1页

注：车削外轮廓时，为防止副后对面与工件表面发生干涉，应选择较大的副偏角，必要时可作图检验。本例中选 $k'_r = 55°$。

5）切削用量选择

根据被加工表面的质量要求、刀具材料和工件材料，参考切削用量手册或有关资料选取切削速度与每转进给量，计算结果填入表 7-4 工序卡中。

　　背吃刀量的选择因粗、精加工而有所不同。粗加工时,在工艺系统刚性和机床功率允许的情况下,尽可能取较大的背吃刀量以减少进给次数;精加工时,为保证零件表面粗糙度要求,背吃刀量一般取 0.1～0.4mm 较为合适。

　　6) 数控加工工艺卡片拟订

　　将前面分析的各项内容综合成如表 7-4 所示的数控加工工艺卡片。

表 7-4　轴承套数控加工工序卡

工厂名称			产品名称或代号		零件名称		零件图号
			数控车工艺分析实例		轴承套		Lethe-01
工序号		程序编号	夹具名称		使用设备		车间
001		Letheprg-01	三爪卡盘和自制心轴		CJK6240		数控中心
工步号	工步内容		刀具号	刀具规格 /mm	主轴转速 /(r/min)	进给速度 /(mm/min)	背吃刀量 /mm	备注
1	平端面		T01	25×25	320		1	手动
2	钻 ϕ5 中心孔		T02	ϕ5	950		2.5	手动
3	钻底孔		T03	ϕ26	200		13	手动
4	粗镗 ϕ32 内孔、15°斜面及 C0.5 倒角		T04	20×20	320	40	0.8	自动
5	精镗 ϕ32 内孔、15°斜面及 C0.5 倒角		T04	20×20	400	25	0.2	自动
6	掉头装夹粗镗 1:20 锥孔		T04	20×20	320	40	0.8	自动
7	精镗 1:20 锥孔		T04	20×20	400	20	0.2	自动
8	心轴装夹自右至左粗车外轮廓		T05	25×25	320	40	1	自动
9	自右至右粗车外轮廓		T06	25×25	320	40	1	自动
10	自右至左精车外轮廓		T05	25×25	400	20	0.1	自动
11	自左至右精车外轮廓		T06	25×25	400	20	0.1	自动
12	卸心轴改为三爪装夹粗车 M45 螺纹		T07	25×25	320	480	0.4	自动
13	精车 M45 螺纹		T07	25×25	320	480	0.1	自动
编制	×××	审核	×××	批准	×××	××年×月×日	共1页	第1页

7.3　数控铣削和铣削中心的加工工艺

7.3.1　数控铣削的主要加工对象

　　铣削加工是机械加工中最常用的加工方法之一,它主要包括平面铣削和轮廓铣削,也可以对零件进行钻、扩、铰、镗、锪加工及螺纹加工等。数控铣削主要适合于下列几类零件的加工。

1. 平面类零件

平面类零件是指加工面平行或垂直于水平面,以及加工面与水平面的夹角为一定值的零件,这类加工面可展开为平面。

图 7-24 所示的三个零件均为平面类零件。其中,曲线轮廓面 A 垂直于水平面,可采用圆柱立铣刀加工。凸台侧面 B 与水平面成一定角度,这类加工面可采用专用的角度成形铣刀来加工。对于斜面 C,当工件尺寸不大时可用斜板垫平后加工;当工件尺寸很大、斜面坡度又较小时,常用行切加工法加工,这时会在加工面上留下进刀时的刀锋残留痕迹,要用钳修方法加以清除。

(a) 轮廓面A　　　　　　　(b) 轮廓面B　　　　　　　(c) 轮廓面C

图 7-24　平面类零件

2. 曲面类零件

加工面为空间曲面的零件称为立体曲面类零件。这类零件的加工面不能展成平面,一般使用球头铣刀切削,加工面与铣刀始终为点接触,若采用其他刀具加工,易于产生干涉而铣伤邻近表面。加工立体曲面类零件一般使用三坐标数控铣床,采用行切加工法和三坐标联动加工方法,如图 7-25 和图 7-26 所示。

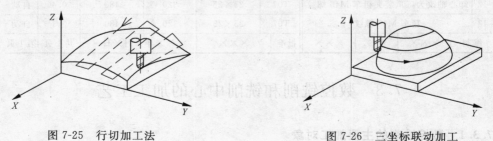

图 7-25　行切加工法　　　　　　　　　　图 7-26　三坐标联动加工

3. 箱体类零件

箱体类零件一般是指具有一个以上孔系,内部有一定型腔或空腔,在长、宽、高方向有一定比例的零件。这类零件在机械行业、汽车、飞机制造等各个行业用得较多,如汽车的发动机缸体,变速箱体;机床的床头箱、主轴箱;柴油机缸体、齿轮泵壳体等。图 7-27 所示为控制阀壳体,图 7-28 所示热力机车主轴箱体。

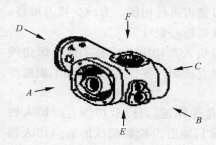

图 7-27　控制阀壳体

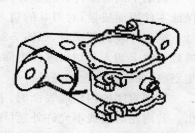

图 7-28　热力机车主轴箱体

7.3.2　加工顺序和进给路线的确定

1. 加工顺序的安排

在确定了某个工序的加工内容后要进行详细的工步设计,即安排这些工序内容的加工顺序,同时考虑程序编制时刀具运动轨迹的设计。一般将一个工步编制为一个加工程序,因此,工步顺序实际上也就是加工程序的执行顺序。

一般数控铣削采用工序集中的方式,这时工步的顺序就是工序分散时的工序顺序,可以按一般切削加工顺序安排的原则进行。通常按照从简单到复杂的原则,先加工平面、沟槽、孔,再加工内腔、外形,最后加工曲面,先加工精度要求低的表面,再加工精度要求高的部位等。在安排数控铣削加工工序的顺序时还应注意以下问题。

(1)上道工序的加工不能影响下道工序的定位与夹紧,中间穿插有通用机床加工工序的也要综合考虑。

(2)一般先进行内型内腔加工工序,后进行外形加工工序。

(3)以相同定位、夹紧方式或同一把刀具加工的工序,最好连续进行,以减少重复定位次数与换刀次数。

(4)在同一次安装中进行的多道工序,应先安排对工件刚性破坏较小的工序。

总之,顺序的安排应根据零件的结构和毛坯状况,以及定位安装与夹紧的需要综合考虑。

2. 进给路线的确定

合理地选择进给路线不但可以提高切削效率,还可以提高零件的表面精度。对于数控铣床,还应重点考虑以下几个方面:能保证零件的加工精度和表面粗糙度的要求;使走刀路线最短,既可简化程序段又可减少刀具空行程时间,提高加工效率;应使数值计算简单、程序段数量少,以减少编程工作量。

1) 铣削平面类零件的进给路线

铣削平面类零件外轮廓时,一般采用立铣刀侧刃进行切削。为减少接刀痕迹,保证零件表面质量,对刀具的切入和切出程序需要精心设计。

铣削外表面轮廓时,如图 7-29 所示,铣刀的切入和切出点应沿零件轮廓曲线的延长线上切入和切出零件表面,而不应沿法向直接切入零件,以避免加工表面产生划痕,保证零件轮廓光滑。

铣削封闭的内轮廓表面时,若内轮廓曲线允许外延,则应沿切线方向切入切出。若内轮廓曲线不允许外延(图 7-30),则刀具只能沿内轮廓曲线的法向切入切出,并将其切入、切出点选在零件轮廓两几何元素的交点处。当内部几何元素相切无交点时(图 7-31),为防止刀补取消时在轮廓拐角处留下凹口(图 7-31(a)),刀具切入切出点应远离拐角(如图 7-31(b))。

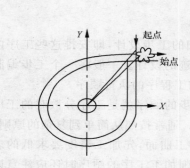

图 7-29　刀具切入和切出时的外延

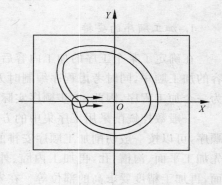

图 7-30　内轮廓加工刀具的切入和切出

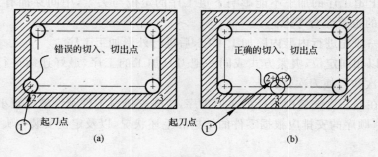

图 7-31　无交点内轮廓加工刀具的切入和切出

图 7-32 所示为圆弧插补方式铣削外整圆时的走刀路线。当整圆加工完毕时,不要在切点 2 处退刀,而应让刀具沿切线方向多运动一段距离,以免取消刀补时刀具与工件表面相碰,造成工件报废。铣削内圆弧时也要遵循从切向切入的原则,最

好安排从圆弧过渡到圆弧的加工路线(图 7-33),这样可以提高内孔表面的加工精度和加工质量。

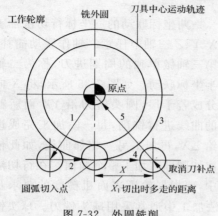

图 7-32　外圆铣削

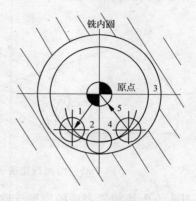

图 7-33　内圆铣削

2) 铣削曲面类零件的加工路线

在机械加工中常会遇到各种曲面类零件,如模具、叶片螺旋桨等。由于这类零件型面复杂,需用多坐标联动加工,多采用数控铣床、数控加工中心进行加工。

(1) 直纹面加工。对于边界敞开的直纹曲面,加工时常采用球头刀进行"行切法"加工,即刀具与零件轮廓的切点轨迹是一行一行的,行间距按零件加工精度要求而确定,如图 7-34 所示,发动机大叶片可采用两种加工路线。采用图 7-34(a)的加工方案时,每次沿直线加工,刀位点计算简单,程序少,加工过程符合直纹面的形成,可以准确保证母线的直线度。当采用图 7-34(b)所示的加工方案时,符合这类零件数据给出情况,便于加工后检验,叶形的准确度高,但程序较多。由于曲面零件的边界是敞开的,没有其他表面限制,所以曲面边界可以延伸,球头刀应由边

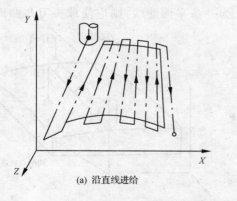

(a) 沿直线进给

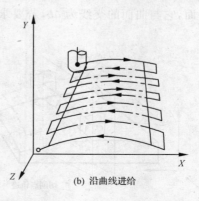

(b) 沿曲线进给

图 7-34　直纹曲面的加工路线

界外开始加工。

（2）曲面轮廓加工。立体曲面加工应根据曲面形状、刀具形状以及精度要求采用不同的铣削方法。

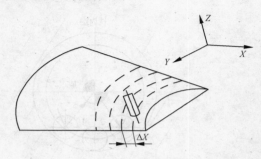

图 7-35　曲面行切法

两坐标联动的三坐标行切法加工 X、Y、Z 三轴中任意二轴作联动插补，第三轴做单独的周期进刀，称为二轴半坐标联动。如图 7-35 所示，将 X 向分成若干段，圆头铣刀沿 YZ 面所截的曲线进行铣削，每一段加工完成进给 ΔX，再加工另一相邻曲线，如此依次切削即可加工整个曲面。在行切法中，要根据轮廓表面粗糙度的要求及刀头不干涉相邻表面的原则选取 ΔX。行切法加工中通常采用球头铣刀。球头铣刀的刀头半径应选得大些，有利于散热，但刀头半径不应大于曲面的最小曲率半径。

用球头铣刀加工曲面时，总是用刀心轨迹的数据进行编程。图 7-36 为二轴半坐标加工的刀心轨迹与切削点轨迹示意图。$ABCD$ 为被加工曲面，P_{YZ} 平面为平行于 YZ 坐标面的一个行切面，其刀心轨迹 O_1O_2 为曲面 $ABCD$ 的等距面 $IJKL$ 与平面 P_{YZ} 的交线，显然 O_1O_2 是一条平面曲线。在此情况下，曲面的曲率变化会导致球头刀与曲面切削点的位置改变，因此切削点的连线 ab 是一条空间曲线，从而在曲面上形成扭曲的残留沟纹。

由于二轴半坐标加工的刀心轨迹为平面曲线，故编程计算比较简单，数控逻辑装置也不复杂，常在曲率变化不大及精度要求不高的粗加工中使用。

（3）三坐标联动加工。X、Y、Z 三轴可同时插补联动。用三坐标联动加工曲面时，通常也用行切方法。如图 7-37 所示，P_{YZ} 平面为平行于 YZ 坐标面的一个行切面，它与曲面的交线为 ab，若要求 ab 为一条平面曲线，则应使球头刀与曲面的

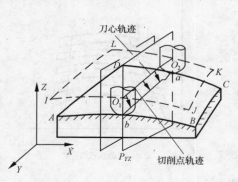

图 7-36　二轴半坐标加工

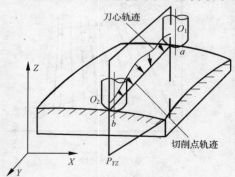

图 7-37　三坐标加工

切削点总是处于平面曲线 ab 上（即沿 ab 切削），以获得规则的残留沟纹。显然，这时的刀心轨迹 O_1O_2 不在 P_{YZ} 平面上，而是一条空间曲面（实际是空间折线），因此需要 X、Y、Z 三轴联动。

三轴联动加工常用于复杂空间曲面的精确加工（如精密锻模），但编程计算较为复杂，所用机床的数控装置还必须具备三轴联动功能。

3. 切削用量的选择

在数控机床上加工零件时，切削用量都预先编入程序中。在正常加工情况下，人工不予改变，只有在试加工或出现异常情况时，才通过速率调节旋钮或电手轮调整切削用量。因此程序中选用的切削用量应是最佳的、合理的切削用量。只有这样才能提高数控机床的加工精度、刀具寿命和生产率，降低加工成本。

影响切削用量的因素有以下几种。

1）机床

切削用量的选择必须在机床主传动功率、进给传动功率以及主轴转速、进给速度范围之内。机床—刀具—工件系统的刚性是限制切削用量的重要因素。切削用量的选择应使机床—刀具—工件系统不发生较大的"振颤"。如果机床的热稳定性好、热变形小，可适当加大切削用量。

2）刀具

刀具材料是影响切削用量的重要因素。表 7-5 是常用刀具材料的性能比较。

数控机床所用的刀具多采用可转位刀片（机夹刀片）并具有一定的寿命。机夹刀片的材料和形状尺寸必须与程序中的切削速度和进给量相适应并存入刀具参数中去。标准刀片的参数请参阅有关手册及产品样本。

表 7-5　常用刀具材料的性能比较

刀具材料	切削速度	耐磨性	硬度	硬度随温度变化
高速钢	最低	最差	最低	最大
硬质合金	低	差	低	大
陶瓷刀片	中	中	中	中
金刚石	高	好	高	小

3）工件

不同的工件材料要采用与之适应的刀具材料、刀片类型，要注意到可切削性。可切削性良好的标志是在高速切削下，有效地形成切屑同时具有较小的刀具磨损和较好的表面加工质量。较高的切削速度、较小的背吃刀量和进给量，可以获得较好的表面粗糙度。合理的恒切削速度、较小的背吃刀量和进给量可以得到较高的加工精度。

4）冷却液

冷却液同时具有冷却和润滑作用。带走切削过程产生的切削热,降低工件、刀具、夹具和机床的温升,减少刀具与工件的摩擦和磨损,提高刀具寿命和工件表面加工质量。使用冷却液后,通常可以提高切削用量。冷却液必须定期更换,以防因其老化而腐蚀机床导轨或其他零件,特别是水溶性冷却液。

以上讲述了机床、刀具、工件、冷却液对切削用量的影响。下面主要论述铣削加工的切削用量选择原则。

铣削加工的切削用量包括:切削速度、进给速度、背吃刀量和侧吃刀量。从刀具耐用度出发,切削用量的选择方法是:先选择背吃刀量或侧吃刀量,其次选择进给速度,最后确定切削速度。

1）背吃刀量 a_p 或侧吃刀量 a_e

背吃刀量 a_p 为平行于铣刀轴线测量的切削层尺寸,单位为 mm。端铣时,a_p 为切削层深度,而圆周铣削时为被加工表面的宽度;侧吃刀量 a_e 为垂直于铣刀轴线测量的切削层尺寸,单位为 mm。端铣时,a_e 为被加工表面宽度,而圆周铣削时,a_e 为切削层深度,见图 7-38。

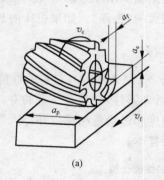
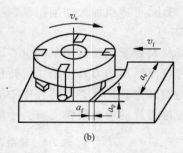

(a)　　　　　　　　　　　　　　　(b)

图 7-38　铣削加工的切削用量

背吃刀量或侧吃刀量的选取主要由加工余量和对表面质量的要求决定。

（1）当工件表面粗糙度值要求为 $Ra=25\sim12.5\mu m$ 时,如果圆周铣削加工余量小于 5mm,端面铣削加工余量小于 6mm,粗铣一次进给就可以达到要求。但是在余量较大,工艺系统刚性较差或机床动力不足时,可分为两次进给完成。

（2）当工件表面粗糙度值要求为 $Ra=12.5\sim3.2\mu m$ 时,应分为粗铣和半精铣两步进行。粗铣时背吃刀量或侧吃刀量选取同前。粗铣后留 0.5～1.0mm 余量,在半精铣时切除。

（3）当工件表面粗糙度值要求为 $Ra=3.2\sim0.8\mu m$ 时,应分为粗铣、半精铣、精铣三步进行。半精铣时背吃刀量或侧吃刀量取 1.5～2mm;精铣时,圆周铣侧吃刀量取 0.3～0.5mm,面铣刀背吃刀量取 0.5～1mm。

2) 进给量 f 与进给速度 v_f 的选择

铣削加工的进给量 $f(\mathrm{mm/r})$ 是指刀具转一周,工件与刀具沿进给运动方向的相对位移量;进给速度 $v_f(\mathrm{mm/min})$ 是单位时间内工件与铣刀沿进给方向的相对位移量。进给速度与进给量的关系为 $v_f = nf$(n 为铣刀转速,单位 $\mathrm{r/min}$)。进给量与进给速度是数控铣床加工切削用量中的重要参数,根据零件的表面粗糙度、加工精度要求、刀具及工件材料等因素,参考切削用量手册选取或通过选取每齿进给量 f_z,再根据公式 $f = z f_z$(z 为铣刀齿数)计算。

每齿进给量 f_z 的选取主要依据工件材料的力学性能、刀具材料、工件表面粗糙度等因素。工件材料的强度和硬度越高,f_z 越小,反之则越大。硬质合金铣刀的每齿进给量高于同类高速钢铣刀;工件表面粗糙度要求越高,f_z 就越小。每齿进给量的确定可参考表 7-6 选取。工件刚性差或刀具强度低时,应取较小值。

表 7-6　铣刀每齿进给量参考值

工件材料	f_z/mm			
	粗铣		精铣	
	高速钢铣刀	硬质合金铣刀	高速钢铣刀	硬质合金铣刀
钢	0.10～0.15	0.10～0.25	0.02～0.05	0.10～0.15
铸铁	0.12～0.20	0.15～0.30		

3) 切削速度 v_c

铣削的切削速度 v_c 与刀具的耐用度、每齿进给量、背吃刀量、侧吃刀量以及铣刀齿数成反比,而与铣刀直径成正比。其原因是当 f_z、a_p、a_e 和 z 增大时,刀刃负荷增加,而且同时工作的齿数也增多,使切削热增加,刀具磨损加快,从而限制了切削速度的提高。为提高刀具耐用度,允许使用较低的切削速度。但加大铣刀直径可改善散热条件提高切削速度。

铣削加工的切削速度 v_c 可参考表 7-7 选取,也可参考有关切削用量手册中的经验公式通过计算选取。

表 7-7　铣削加工的切削速度参考值

工件材料	硬度(HBS)	$v_c/(\mathrm{m/min})$	
		高速钢铣刀	硬质合金铣刀
钢	＜225	18～42	66～150
	225～325	12～36	54～120
	325～425	6～21	36～75
铸铁	＜190	21～36	66～150
	190～260	9～18	45～90
	260～320	4.5～10	21～30

7.3.3　典型工件的工艺分析

图 7-39 所示为槽形凸轮零件。在铣削加工前,该零件是一个经过加工的圆盘,圆盘直径为 $\phi280$mm,带有两个基准孔 $\phi35$mm 及 $\phi12$mm。$\phi35$mm 及 $\phi12$mm 两个定位孔,X 面已在前面加工完毕,本工序是在铣床上加工槽。该零件的材料为 HT200,试分析其数控铣削加工工艺。

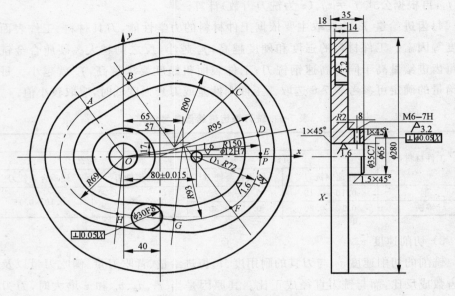

图 7-39　槽形凸轮零件

1) 零件图工艺分析

该零件凸轮轮廓由 HA、BC、DE、FG 和直线 AB、HG 以及过渡圆弧 CD、EF 所组成。组成轮廓的各几何元素关系清楚、条件充分,所需要基点坐标容易求得。凸轮内外轮廓面对 X 面有垂直度要求。材料为铸铁,切削工艺性较好。

根据分析,采取以下工艺措施:凸轮内外轮廓面对 X 面有垂直度要求,只要提高装夹精度,使 X 面与铣刀轴线垂直,即可保证。

2) 选择设备

加工平面凸轮的数控铣削,一般采用两轴以上联动的数控铣床,因此首先要考虑的是零件的外形尺寸和重量,使其在机床的允许范围内。其次,考虑数控机床的精度是否能满足凸轮的设计要求。第三,看凸轮的最大圆弧半径是否在数控系统允许的范围内。根据以上三条即可确定所要使用的数控机床为两轴以上联动的数控铣床。

3) 确定零件的定位基准和装夹方式

（1）定位基准。采用"一面两孔"定位,即用圆盘 X 面和两个基准孔作为定位基准。

（2）根据工件特点,用一块 320mm×320mm×40mm 的垫块,在垫块上分别精镗 $\phi35$mm 及 $\phi12$mm 两个定位孔（当然要配定位销）,孔距离（80±0.015）mm,垫板平面度为 0.05mm,该零件在加工前,先固定夹具的平面,使两定位销孔的中心连线与机床 X 轴平行,夹具平面要保证与工作台面平行,并用百分表检查（如图 7-40 所示）。

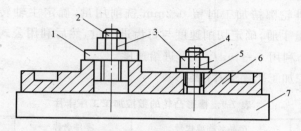

图 7-40　凸轮加工装夹示意图

1-开口垫圈;2-带螺纹圆柱销;3-压紧螺母;4-带螺纹削边销;5-垫圈;6-工件;7-垫块

4) 确定加工顺序及走刀路线

整个零件加工顺序的拟订按照基面先行、先粗后精的原则确定。因此应先加工用作定位基准的 $\phi35$mm 及 $\phi12$mm 两个定位孔、X 面,然后再加工凸轮槽内外轮廓表面。由于该零件的 $\phi35$mm 及 $\phi12$mm 两个定位孔、X 面已在前面工序加工完毕,在这里只分析加工槽的走刀路线,走刀路线包括平面内进给走刀和深度进给走刀两部分路线。平面内的进给走刀,对外轮廓是从切线方向切入;对内轮廓是从过渡圆弧切入。在数控铣床上加工时,对铣削平面槽形凸轮,深度进给有两种方法:一种是在 XZ（或 YZ）平面内来回铣削逐渐进刀到既定深度;另一种是先打一个工艺孔,然后从工艺孔进刀到既定深度。

进刀点选在 P(150,0)点,刀具来回铣削,逐渐加深到铣削深度。当达到既定深度后,刀具在 XY 平面内运动,铣削凸轮轮廓。为了保证凸轮的轮廓表面有较高的表面质量,采用顺铣方式,即从 P 点开始,对外轮廓按顺时针方向铣削,对内轮廓按逆时针方向铣削。

5) 刀具的选择

根据零件结构特点,铣削凸轮槽内、外轮廓（即凸轮槽两侧面）时,铣刀直径受槽宽限制,同时考虑铸铁属于一般材料,加工性能较好,选用 $\phi18$mm 硬质合金立铣刀,见表 7-8。

表 7-8　数控加工刀具卡片

产品名称或代号		×××		零件名称	槽形凸轮	零件图号	×××
序号	刀具号	刀具规格名称/mm		数量	加工表面		备注
1	T01	φ18 硬质合金立铣刀		1	粗铣凸轮槽内外轮廓		
2	T02	φ18 硬质合金立铣刀		1	精铣凸轮槽内外轮廓		
编制	×××	审核	×××	批准	×××	共　页	第　页

6）切削用量的选择

凸轮槽内、外轮廓精加工时留 0.2mm 铣削用量，确定主轴转速与进给速度时，先查切削用量手册，确定切削速度与每齿进给量，然后利用公式 $v_c = \pi dn/1000$ 计算主轴转速 n，利用 $v_f = nzf_z$ 计算进给速度。

7）填写数控加工工序卡片（表 7-9）

表 7-9　槽形凸轮的数控加工工序卡片

单位名称		×××	产品名称或代号		零件名称		零件图号	
			×××		槽形凸轮		×××	
工序号		程序编号	夹具名称		使用设备		车间	
×××		×××	螺旋压板		XK5025		数控中心	
工步号	工步内容		刀具号	刀具规格/mm	主轴转速/(r/min)	进给速度/(mm/min)	背吃刀量/mm	备注
	来回铣削，逐渐加深铣削深度		T01	φ18	800	60		分两层铣削
	粗铣凸轮槽内轮廓		T01	φ18	700	60		
	粗铣凸轮槽外轮廓		T01	φ18	700	60		
	精铣凸轮槽内轮廓		T02	φ18	1000	100		
	精铣凸轮槽外轮廓		T02	φ18	1000	100		
编制	×××	审核	×××	批准	×××	年　月　日	共　页	第　页

本 章 小 结

本章主要介绍了数控加工的基本过程、数控加工工艺设计等主要内容。

编制数控车削与数控车削中心加工工艺的方法，首先是分析数控车削的主要加工对象，然后对这些加工对象的数控车削加工工艺的制订方法进行了详细的阐述。

通过对数控车削加工工艺的制订方法和轴类、套类、盘类等典型零件的数控工艺分析的学习，希望能掌握如何编制中等复杂程度零件的数控车削与数控车削中心加工工艺。

　　铣削加工是机械加工中最常用的加工方法之一,它主要包括平面铣削和轮廓铣削,也可以对零件进行钻、扩、铰、镗、锪加工及螺纹加工等。数控铣削主要适合于平面类零件、曲面类零件、箱体类零件的加工。

　　通过本章对平面凸轮、异形件、箱体、模具等典型零件的数控工艺分析,希望能加深对数控铣削加工工艺的理解,掌握编制中等复杂程度零件的数控铣削与数控铣削中心加工工艺。

<h2 align="center">思考与习题</h2>

　　1. 数控车削的主要加工对象有哪些?

　　2. 数控车削对刀具有哪些要求? 如何合理选择数控车床刀具?

　　3. 如何确定数控车削的加工顺序?

　　4. 在数控车床上加工时,选择粗车、精车切削用量的原则是什么?

　　5. 数控铣床的主要加工对象有哪些?

　　6. 如何对数控铣削加工零件的零件图进行工艺分析?

　　7. 数控铣削加工零件的加工工序是如何划分的?

　　8. 试述数控铣削加工工序的加工顺序安排原则。

　　9. 如何选用数控铣削刀具?

　　10. 加工轴类零件如图 7-41 所示,毛坯为 φ85mm×340mm 棒材,零件材料为45 钢,无热处理和硬度要求,图中 φ85mm 外圆不加工。对该零件进行精加工。根据图纸要求和毛坯情况,编制该零件数控车削工艺。

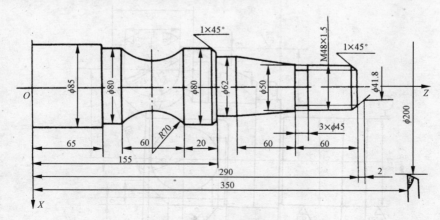

图 7-41　车削轴类零件

　　11. 如图 7-42 所示,支架零件材料为 HT200,试编制其数控加工工艺卡片。

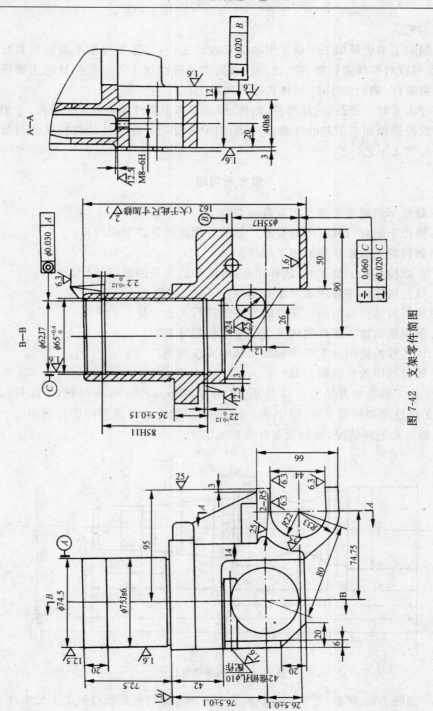

图 7-42　支架零件简图

第 8 章　特种加工工艺

8.1　概　　述

特种加工是指那些不属于常规加工工艺范畴的且主要是利用电能、声能、光能、热能以及化学能来切除材料的一种新型加工方法。

特种加工的材料去除原理不同于常规的切削加工方法,加工过程中工具与工件之间不存在显著的机械切削力,工具材料的硬度可低于工件材料的硬度,"以柔克刚",用软的工具加工硬的工件。

特种加工适应性强、加工范围广,一般不受工件材料的机械物理性能限制,可以加工任何硬、软、脆、热敏、耐腐蚀、高熔点、高强度、特殊性能的金属和非金属材料。可在加工过程中实现能量转换或组合,便于实现控制和操作自动化,故适于加工二维或三维复杂型面、微细表面、微小孔、窄缝、低刚度零件。不存在加工中的机械应变或大面积的热应变,可获得较低的表面粗糙度,其热应力、残余应力,冷作硬化等均比较小,尺寸稳定性好。两种或两种以上不同类型的能量可相互组合形成新的复合加工,其综合加工效果明显,且便于推广应用。

特种加工对简化加工工艺、变革新产品的设计及零件结构工艺性等产生积极的影响。特种加工可以解决传统加工难以或无法加工的难题,在加工范围、加工质量、生产率及经济性方面,显示了许多优越性和独到之处,而且其自身的加工工艺及机床设备等方面也都得到了迅速发展。

本章主要介绍电火花加工(即电火花成形加工,工厂通称电火花加工)、电火花线切割加工、激光加工、超声波加工等几种常用的特种加工方法。

8.2　电火花加工

电火花加工是直接利用电能、热能对工件实施成形加工,尤其对那些具有特殊性能(硬度高、强度高、脆性大、韧性好、熔点高)的金属材料和结构复杂、工艺特殊的工件实现成形加工特别有效。在模具的制造过程中,对于一些形状复杂的型腔、型孔和型槽往往都采用电火花加工。电火花加工主要有电火花成形加工和电火花线切割加工,本节主要介绍电火花成形加工。

8.2.1　电火花加工的基本原理

电火花加工是通过工件和工具电极相互靠近时极间形成脉冲性火花放电,在电火花通道中产生瞬时高温,使金属局部熔化甚至汽化,从而将金属腐蚀下来,达到按要求改变材料的形状和尺寸的加工工艺,又称放电加工或电蚀加工。

进行电火花加工时,工具电极和工件分别接脉冲电源的两极并浸入工作液中,或将工作液充入放电间隙,通过间隙自动控制系统控制工具电极向工件进给,当两电极间的间隙达到一定距离时,两电极上施加的脉冲电压将工作液击穿,产生火花放电。这一过程大致分为以下几个阶段(图 8-1)。

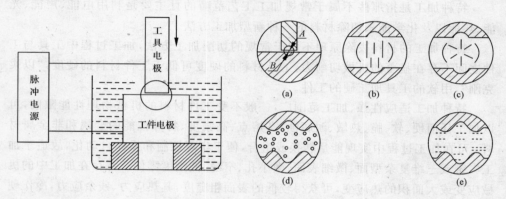

图 8-1　电火花加工原理图

1) 极间介质的电离、击穿,形成放电通道(图 8-1(a))

工具电极与工件电极缓慢靠近,极间的电场强度越来越大,由于两电极的微观表面是凹凸不平的,因此在两极间距离最近的 A、B 两点初电场强度最大。工具电极与工件电极之间充满着液体介质,液体介质中不可避免地含有杂质及自由电子,它们在强大的电场作用下,形成了带负电的粒子和带正电的粒子,电场越大带电粒子就越多,最终导致液体介质电离、击穿,形成放电通道。放电通道是由大量高速运动的带正电、带负电和中性粒子组成,由于通道截面很小,通道内因高温热膨胀形成的压力高达几万帕,高温高压的放电通道急速扩展,产生了一个强烈的冲击波向四周传播。在放电的同时还伴随着光效应和声效应,这就形成了肉眼看到的电火花现象。

2) 电极材料的熔化、汽化热膨胀(图 8-1(b)、(c))

液体介质被电离、击穿,形成放电通道后,通道间带负电的粒子在电场的加速作用下奔向正极,带正电的粒子在电场作用下奔向负极,这一过程中粒子间相互撞击,产生大量的热量,使得通道瞬间达到很高的温度。通道高温首先使工作液汽化,然后高温向四周扩散,使两电极表面的金属材料开始熔化直至沸腾汽化。汽化后的工作液和金属蒸气瞬间体积急剧膨胀,形成了爆炸性的特性。所以在观察电火花加工时,可以看到工件与工具电极之间有冒烟和轻微爆炸的现象。

3) 电极材料的抛出(图 8-1(d))

正负电极间产生的电火花现象,使放电通道产生高温高压。通道中心的压力最高,工作液和金属汽化后不断向外膨胀,形成内外瞬间压力差,高压力处的熔融金属液体和蒸气被排挤,抛出放电通道,大部分被抛出到工作液中。如果仔细观察电火花加工,可以看到火花四溅,这就是被抛出的高温金属熔融颗粒和碎屑。

4) 极间介质的消电离(图 8-1(e))

在一个放电过程完成后,加工液流入放电间隙将电腐蚀产物及残余的热量带走,并恢复绝缘状态。若电火花放电过程中产生了电蚀产物来不及排除和扩散,产生的热量将不能及时传出,使该处介质局部过热,局部过热的工作液高温分解、积碳,使得加工无法继续进行并烧坏电极。因此,为了保证电火花加工过程的正常进行,在两次放电之间必须有足够的时间间隔让电蚀产物充分排除,恢复放电通道的绝缘性,使工作液介质消电离。

上述步骤 1)～4)在一秒内数千次甚至数万次地往复进行,即单个脉冲放电结束,经过一段时间间隔(即脉冲间隔)使工作液恢复绝缘后,第二个脉冲又作用到工具电极和工件上,在当时极间距离相对最近或绝缘强度最弱处击穿放电,蚀出另一个小凹坑。这样以相当高的频率连续不断地放电,工件不断地被蚀除,故工件加工表面将由无数个相互重叠的小凹坑组成(图 8-2)。所以电火花加工是大量的微小放电痕迹逐渐累积而成的去除金属的加工方式。

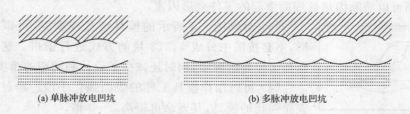

(a) 单脉冲放电凹坑　　　　　　　　　　(b) 多脉冲放电凹坑

图 8-2　电火花加工平面的形成

8.2.2　电火花加工的主要特点

电火花加工是靠局部热效应实现加工的,它和一般切削加工相比有如下特点。

(1) 以柔克刚。由于电火花加工是一种腐蚀作用,电极与工件材料的相对硬度没有必须的要求,工具电极的材料硬度可以比工件材料的硬度低。所以,电火花加工适合难于切削加工甚至无法加工的特殊材料,如淬火钢、硬质合金、耐热合金以及各种超硬材料。

(2) 工件不变形　。由于电火花加工没有机械力作用,工件加工完后不会产生变形,适合加工小孔、深孔、窄槽等,不会因为工具和工件的刚性太差而无法加工。对于各种型腔、型孔、立体型面和形状复杂的工件,均可采用成形电极一次成形。

(3) 连续进行粗、半精和精加工。脉冲参数可以任意调节。加工中不需要更换工具电极就可在同一台机床上通过改变电规准(指脉冲宽度、电流、电压)连续进行粗、半精和精加工。精加工的尺寸精度可达 0.01mm,表面粗糙度 $Ra0.8\mu m$,微精加工的尺寸精度可达 $0.002\sim0.004mm$,表面粗糙度 $Ra0.1\sim0.05\mu m$。

(4) 易于实现控制和加工自动化。

(5) 工具电极的制造有一定难度。电火花加工是根据电极形状复制工件的工艺过程,工件加工的好坏很大程度上取决于电极制造,因此,精确地制造电极是加工过程的第一步,型腔或型孔越复杂,电极形状也就越复杂,加工制造也就越困难。

(6) 电火花加工效率较低。电火花加工蚀除率不高,一般情况下,能采用切削机床加工的简单型面就尽量不采用电火花加工。

(7) 电火花加工只适用于导电材料的工件。

8.2.3　电火花加工的应用

电火花加工由于具有其他加工方法无法替代的加工能力和独特仿形效果,在模具制造行业得到了广泛应用。

(1) 加工各种形状复杂的型腔和型孔。如冲模的型孔、锻模的型槽和注射模、吹塑模、压铸模等的型腔。

(2) 电火花加工常作为模具工件淬火后的精加工工序。不仅是因为“以柔克刚”,还可以消除因热处理而引起的工件变形因素。

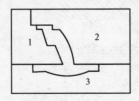

(3) 对如图 8-3 所示的模具型孔或型腔,可以整体成形,不必按图中分成 1、2、3 块的方式进行镶拼。这样不但提高了模具的强度,同时还减少了设计和制造的难度。

(4) 可以用作模具工件的表面强化手段。经过电火花表面强化的模具,其寿命可提高 $2\sim3$ 倍。

图 8-3　镶拼凹模　　　　(5) 可以进行电火花磨削。对淬硬钢件、硬质合金工件进行平面磨削、内外圆磨削、坐标孔磨削以及成形磨削等。

(6) 电火花加工可以刻字和刻制图案。

8.2.4　电火花成形加工机床简介

1. 机床型号、规格、分类

我国国标规定,电火花成形机床均用 D71 加上机床工作台面宽度的 1/10 表示。例如,D7132 中 D 表示电加工成形机床(若该机床为数控电加工机床,则在 D

后加 K,即 DK);71 表示电火花成形机床;32 表示机床工作台的宽度为 320mm。

在中国内地外,电火花成形加工机床的型号没有采用统一标准,由各个生产企业自行确定,如日本沙迪克(Sodick)公司生产的 A3R、A10R,瑞士夏米尔(Charmilles)技术公司的 ROBOFORM20/30/35,台湾乔懋机电工业股份有限公司的 JM322/430 等。

2. 电火花成形加工机床结构

电火花成形加工机床也称电火花成形机。它主要由机械部分(包括床身、立柱、纵横工作台、主轴头等);脉冲电源(内有脉冲电源、电极自动跟踪系统、操作系统);工作液循环处理系统等组成,如图 8-4 所示。

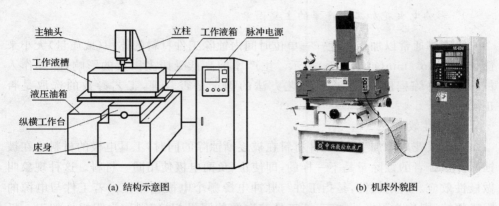

(a) 结构示意图	(b) 机床外貌图

图 8-4　单立柱式电火花成形加工机床

脉冲电源是连续产生火花放电的能源,它对加工速度、表面粗糙度、工具电极损耗等都有很大影响。电极自动跟踪系统是保证电极与工件间的放电间隙,同时检测极间电压或电流的变化,并通过液压伺服机构使主轴头按要求上下调节。操作部分是操作控制面板上各种按钮、按键,以实现电火花加工的自动化控制和 CNC 控制。

工作液循环处理系统是用来净化加工环境和工作液本身的循环过滤装置,包括工作液箱、工作液槽和液压油箱等。工作液的循环是在一定压力下的强迫循环,在循环过程中要带走电火花加工的电蚀产物(即前述的球状小颗粒)和加工热量,以达到净化加工环境的目的。

机械部分的床身起支撑作用,纵横工作台可以带着工件在水平面内沿 X、Y 方向移动。主轴头上装有主轴,可以在竖直(Z 方向)方向移动,并使主轴与工作台保持垂直关系。X、Y、Z 三个方向互为垂直关系,是空间三坐标。

加工时,工件放置在工作液槽内。工具电极通过合适的夹具装在主轴上,与工件在一定的间隙下同时放置(淹没)在工作液中;脉冲电源给工件和工具电极提供脉冲电压和电流,使得工件与工具电极之间产生火花放电,实现电蚀效果,形成电火花加工。

电火花成形机床是机床行业中发展最快的机床之一。除单立柱式电火花机床外,还有台式、滑枕式和龙门式等。随着数控技术的不断发展与应用,近年来,一些能满足不同需要的新型电火花成形加工机床不断涌现,如三轴数控精密电火花加工机、三轴数控高速电火花小孔加工机、数控电火花内圆磨床以及微孔加工机等。

8.2.5　影响电火花加工的主要因素

本节从工艺角度通过对基本规律的认识介绍影响电火花加工的主要因素。

1. 影响电火花加工生产率的主要因素

生产率通常以加工速度——单位时间内蚀除工件材料的体积(或质量)大小来衡量,用 mm^3/min(或 g/min)表示。生产率的高低受诸多因素的影响,除操作人员的技术熟练程度外,重点是工艺方法的确定是否合理,工艺参数的选取是否正确。

1) 极性效应

在电火花成形加工中,工件材料在被逐渐蚀除的同时,工具电极的材料也在被蚀除。但二者的蚀除量是不一样的,即使正、负两电极使用同一材料。这种现象叫做极性效应。所谓极性,是指工件与脉冲电源哪个电极相连接。若工件与电源的阳极相接,则称为阳极性加工;若工件与电源的阴极相接,则称为阴极性加工。极性效应的本质是相当复杂的,与脉冲宽度和脉冲能量都有关。一般认为,极性不同,在工具电极和工件上所引起的能量分布就不同。在实际生产中,极性的选择靠经验确定。阳极性加工一般用于精加工,阴极性加工一般用于粗加工或者半精加工。

2) 电参数的影响

对电火花加工速度造成影响的电参数主要有三个,即脉冲宽度、脉冲间隔和脉冲能量。

(1) 脉冲宽度。脉冲宽度又称放电持续时间,简称脉宽,用符号 T_{on} 表示。脉冲宽度对蚀除速度的影响很大。一般来讲,当其他参数不变时,增大脉宽,工具电极损耗减小,生产率提高,加工稳定性变好。但不同的材料脉冲宽度都有一个最优的范围,并存在一个最大值。当脉冲宽度超过最大值时,工件的蚀除率反而会下降。因此,在实际工作中,应该针对不同的电极材料、不同的工件材料和加工要求,选择脉冲宽度。例如,用石墨作电极,粗加工钢件时,其脉冲宽度应大于 $600\mu s$,而精加工时则应小于 $10\mu s$。

（2）脉冲间隔。脉冲间隔又称脉冲放电停歇时间，用符号 T_{off} 表示。脉冲间隔对脉冲频率（单位时间内的放电次数）有直接影响。脉冲间隔减小，放电频率提高，生产率相应提高。但脉冲频率的提高也是有限制的。因为频率过高，脉冲间隔过短，工作液来不及恢复绝缘，时常处于击穿导电状态，形成了连续的电弧放电，破坏了电火花成形加工的"放电⇒击穿介质⇒蚀除金属⇒介质恢复绝缘⇒第二次放电"过程，反而会使生产率下降。

（3）脉冲能量。脉冲能量也称为脉冲平均功率，等于脉冲峰值电流与脉冲宽度的乘积，即 $I_p \times T_{on}$。脉冲峰值电流 I_p 就是正常放电时的脉冲电流。在正常情况下，蚀除速度与脉冲能量成正比。增加单个脉冲能量可通过提高脉冲电流和电压来实现，但随着单个脉冲能量的增加，工件表面粗糙度也随之加大。这是因为脉冲能量 W 提高，脉冲放电强度增大，蚀除的"微小凹坑"就增大，由此形成的平面或曲面的粗糙度就增大。

2. 影响电火花加工精度的主要因素

影响电火花成形加工精度的因素很多，除机床精度（机械精度、传动精度、控制精度及电极装夹定位精度）有直接影响外，影响成形精度的工艺因素有如下几点。

1）加工斜度

电火花成形加工是一个放电蚀除过程。在此过程中，工件不断被蚀除，工具电极也有少量的损耗，在二者的放电间隙中存在着电蚀产物（俗称电屑）。它们在经放电间隙排除时产生"二次放电"，尤其在工件的上口和电极进口处，二次放电的几率最大，累计时间最长，造成这两个部位被腐蚀的程度最严重。因此，电火花加工型孔时，其孔壁是有斜度的"上大下小"。斜度的大小，主要与二次放电的次数及单个脉冲能量大小有关。次数越多、能量越大，则斜度就越大。而二次放电的次数主要与排屑条件、排屑方向及加工余量有关。三者都可以通过改变操作方法和工艺设计得到改善。

2）工具电极的精度及损耗

由于电火花加工属仿形加工，工具电极的加工缺陷会直接复印在工件上，因此，工具电极的制造精度对工件的加工精度会造成直接影响。为了减弱工具电极制造精度对加工对象的精度影响，实践中，均采用电极的制造精度高于工件精度。同时，采用耐蚀性的材料作工具电极，工业上常用紫铜和石墨作电极。

3）电极和工件的装夹及定位

装夹、定位的精度和校正的准确度都会直接影响工件的加工精度。在多电极加工中，还要考虑重复定位造成的精度影响。

4）机床的热变形

电火花加工是将工件的加工部分一边熔化一边抛蚀的，由此产生的加工热很高,虽然采取了种种措施降低加工热,但残留的加工热仍会造成机床的热变形,使得机床主轴轴线产生偏转,从而影响工件的加工精度。

8.2.6　电火花加工规准的选择

电火花加工的加工规准又称为电规准、电加工规准,指根据不同的加工要求选择的一组电参数。其内容有:脉冲宽度 T_{on}、脉冲电流峰值 I_p 和脉冲频率 f。

电火花加工规准根据加工所能得到的型面质量及放电间隙的大小分为粗规准、中规准和精规准三种。其中粗规准主要用于粗加工,去除大部分加工余量;中规准是由粗规准转为精规准的过渡规准;精规准是达到电火花加工指标的主要规准。

正确选择电加工规准是保证电火花加工质量、提高加工速度的重要环节。对于不同的加工情况,对规准的选择也不同。在电规准的选择过程中,经验非常重要。表 8-1 中给出了一般情况下的加工规准选择。

表 8-1　加工规准的选择

规准	挡数	工艺性能	电 规 准 要 求			适用范围
			脉冲宽度 /μs	脉冲峰值电流/A	脉冲频率 /(Hz/s)	
粗	1～3	电极损耗低(<1%),生产率高,阴极性加工,加工时不平动,不用强迫排屑	石墨加工钢,大于600	3～5 紫铜加工钢可适当大些	400～600	可达 Ra12.5,作一般零件加工和型面粗加工
中	2～4	电极损耗较低(<5%),平动修型,需要强迫排屑	20～400	小于 20	>2000	是粗精规准的转换规准,也可提高表面质量,达到尺寸要求
精	2～4	损耗大(20%～30%),余量小(0.01～0.05),须强迫排屑、定时抬刀、平动修光	小于 10	小于 2	>20000	型面最终加工,达到图纸规定的表面粗糙度和尺寸精度

8.2.7　电火花加工的工作液选择

1. 工作液的作用

电火花加工是在具有一定绝缘性能的液体介质中进行,这种液体介质通常称为工作液。其主要作用如下:

(1)压缩放电通道,使放电能量高度集中在极小的区域内,既加强蚀除效果,又提高放电仿形的精确度。

（2）加速电极间隙的冷却，有助于防止金属表面局部热量积累，防止烧伤和电弧放电的产生。

（3）加剧放电的流体动力过程，有助于金属的抛出，加速了电蚀产物的排除。

（4）有助于加强电极表面的覆盖效应和改变工件表面层的物理化学性能。

2. 对工作液的要求

（1）工作液应具有一定的绝缘性。绝缘能力过高，介质击穿所耗能量过大，会降低蚀除量；绝缘能力过低，工作液成了导电体，则不能产生火花放电。

（2）有较好的冷却性能。

（3）有较好的洗涤性能，利于排屑。

（4）有较好的防锈性能，利于机床维护和工件防锈。

（5）工作液对人体应无害。工作时，不放出有害气体。

3. 常用工作液的种类及其应用

电火花加工最常用的工作液为煤油。其次是机油、锭子油。水和水基工作液（包括去离子水等）用得较少。

煤油由于黏度低、排屑方便、击穿间隙小，对电火花加工精度有好处，因此是目前国内应用最普遍的工作液。不但在电火花穿孔、成形中使用，还在电火花磨削及精密线切割加工中应用。

机油、锭子油的黏度稍大但燃点高，常用于大能量加工，即大型腔电火花粗加工。

水和水溶液由于价廉易得，并有不燃、无味等特性，越来越受到重视。在有的专用电火花机床中，如小孔加工、喷丝板异形孔加工已经采用水作工作液。

工作液中千万不能掺入汽油、香蕉水之类易燃易爆的液体。

8.2.8　电火花成形加工的主要加工方法

电火花成形加工方法主要有穿孔加工方法和型腔加工方法。对于穿孔加工只要按常规正确设计电极、正确装夹电极、正确选择电规准及排屑方式，通常都能加工出合格的产品。但用电火花加工方法进行模具型腔的加工，由于大多属于盲孔加工，在工艺条件上存在诸多不良因素。例如，金属蚀除量大、工作液循环困难、排屑条件差、加工面积变化大、加工过程中要求电规准的调节范围大、当型腔较复杂时，电极损耗不均匀，直接影响加工精度等。因此，型腔加工需从设备、电源、工艺等各方面采取措施来弥补或补偿上述因素造成的影响，以保证加工精度和提高生产率。

与机械加工相比,电火花加工的型腔加工质量好、表面粗糙度值小,减少了切削加工和手工劳动,缩短了模具生产周期。特别是近年来由于电火花设备和工艺日趋完善,电火花成形加工已成为模具型腔加工的重要手段。在本部分内容中主要介绍型腔加工的工艺方法。

常用的电火花型腔加工方法有单电极平动法、多电极加工法、分解电极加工法和程控电极加工法。

1. 单电极平动法

单电极平动法是采用一个电极完成粗、半精、精加工。首先用低损耗、高生产率的粗规准加工,利用平动头做小圆运动,如图 8-5 所示。按粗、中、精顺序逐级改变电参数,同时依次加大电极平动量,以补偿前后两个加工规准之间型腔侧面的放电间隙差和表面微观不平度差,实现型腔侧面仿形修光,直至完成整个型腔加工。单电极平动法在模具型腔加工中应用非常广泛。平动加工的特点是只需一个电极、一次安装便可完成加工,并且排屑方便。但难以获得高精度的型腔,尤其是清棱、清角差。

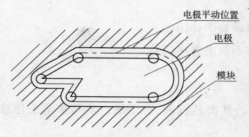

图 8-5　单电极平动头加工示意图

2. 多电极加工法

多电极加工法将粗、精加工分开,用不同的电极更换加工同一个型腔,每个电极加工时必须把上一规准的放电痕迹去掉。多电极加工仿形精度高,适于尖角、窄缝多的型腔加工。

3. 分解电极加工法

分解电极加工法是单电极平动法和多电极加工法的综合应用。根据型腔形状特点,将电极分解为主、副型腔电极制造。配合不同的电规准,先加工主型腔,再用副型腔电极加工尖角、窄缝等处的副型腔。这种方法有利于提高加工速度和改善加工表面质量。

4. 程控电极加工法

程控电极加工法是将型腔分解为更为简单的表面,制造相应简单的电极。在数控电火花机床上,由程序控制自动更换电极和转换电规准,实现复杂型腔的加工。

8.3　电火花线切割加工

电火花线切割加工简称线切割加工,它是在电火花加工基础上于 20 世纪 50 年代末发展起来的一种新型工艺,已获得广泛应用。目前国内外的线切割机床已占电加工机床的 60% 以上。

8.3.1　电火花线切割加工的原理、特点和分类

1. 电火花线切割加工的原理

电火花线切割加工与电火花成形加工都是直接利用电能对金属材料进行加工的,同属蚀除加工,其加工原理相似。线切割加工是利用不断运动的电极丝与工件之间产生火花放电,从而将金属蚀除下来,实现轮廓切割的,如图 8-6 所示。

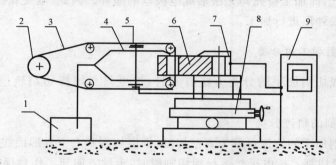

图 8-6　电火花线切割加工原理图
1-工作液箱;2-储丝筒;3-电极丝;4-供液管;5-进电块;6-工件;7-夹具;8-脉冲电源;9-控制器

电火花线切割加工时,工件 6 接脉冲电源 8 的阳极,电极丝 3 接脉冲电源的阴极并在驱动电机的带动下按一定速度运行(称为走丝),在电极丝与工件间浇注工作液。当高频脉冲电源接通后,电极丝与工件之间形成脉冲放电火花,在放电通道的中心产生间歇性瞬间高温,使工件金属熔化甚至汽化。同时,喷到放电间隙中的工作液在高温作用下也急剧汽化、膨胀,如同爆炸一样,冲击波将熔化和汽化的金属从放电部位抛出。脉冲电源不断地发出电脉冲,形成一次次火花放电,将工作材料不断地去除,达到加工的目的。通常电极丝与工件之间的放电间隙在 0.01mm 左右(若脉冲电源发出的脉冲电压高,放电间隙会大一些)。在进行线切割加工程序编制时,放电间隙一般都取 0.01mm。

2. 电火花线切割加工的特点

与电火花成形加工相比,电火花线切割加工有如下特点。

（1）不需要单独制造电极。电火花成形加工必须精确地制造出电极,而电火花线切割加工用的电极是成品的金属丝(如钨丝、钼丝、黄铜丝,其中钼丝最常用),不需要重新制造。这对模具制造来说,节约了生产成本、缩短了制造周期。

（2）不需考虑电极损耗。电火花成形加工中电极损耗是不可避免的,并且因电极损耗还会影响加工精度。在线切割加工中,电极丝始终按一定速度移动,不但和循环流动的工作液一道带走电蚀产物,而且自身的损耗很小,其损耗量在一般精度的工件加工中可忽略不计。因此,也不会因电极损耗造成对工件精度的影响,仅当精度较高时才考虑电极丝损耗。

（3）能加工精密细小、形状复杂的通孔零件或零件外形。线切割用的电极丝极细(一般为 $\phi0.04\sim0.2mm$),适合加工微细模具、电极、窄缝和锐角以及贵重金属的下料等。

（4）不能加工盲孔。根据加工原理,电火花线切割加工时,电极丝的运行状态是"循环走丝",而加工盲孔却无法形成电极丝的循环。因此,电火花线切割只能对零件的通孔或外形进行加工。

3. 线切割加工的分类

电火花线切割加工的分类方法有多种,这里只介绍按切割轨迹和走丝速度分类。

1）按切割的轨迹分类

按线切割加工的轨迹可分为直壁切割、锥度切割和上下异形面线切割加工。

（1）直壁切割。指电极丝运行到切割段时,走丝方向与工作台保持垂直关系。

（2）锥度切割。锥度切割又分为圆锥面切割和斜(平)面切割。锥度切割时,电极丝与工作台有一定斜度,同时工作台要按规定的轨迹运动。

（3）上下异形面切割。在前两种切割中,工件的上下表面轮廓是相似的,在上下异形面切割中,工件的上下表面轮廓不是相似的。例如,上表面是圆形,下表面是矩形(即所谓"天圆地方"),上下表面之间平滑过渡。这种异形面常采用四轴联动的线切割机床加工,工件除了在程序控制下的 X、Y 轴方向运动外,电极丝的上导轮在水平面内也可做小范围的运动,即 U、V 轴运动。

2）按走丝速度分类

（1）高速(快)走丝机床。

采用钼丝、钨钼合金丝作为电极丝,电极丝往复循环运动。

（2）低速(慢)走丝机床。

采用黄铜丝、紫铜丝作为电极丝,也有采用镀锌铜丝的,电极丝只使用一次。加工精度高于高速(快)走丝机床,表面粗糙度值低于高速(快)走丝机床,即表面质量更好。

8.3.2　电火花线切割加工的程序编制

国内线切割程序常用格式有 3B(个别扩充为 4B 或 5B)格式和 ISO 格式。其中慢走丝机床普遍采用 ISO 格式,快走丝机床大部分采用 3B 格式,其发展趋势是采用 ISO 格式(如北京阿奇公司生产的快走丝线切割机床)。本节主要介绍 3B 格式程序编制。

1. 线切割 3B 代码程序格式

线切割加工轨迹图形是由直线和圆弧组成的,它们的 3B 程序指令格式如表 8-2 所示。

表 8-2　3B 程序指令格式

B	X	B	Y	B	J	G	Z
分隔符	X 坐标值	分隔符	Y 坐标值	分隔符	计数长度	计数方向	加工指令

注:B 为分隔符,它的作用是将 X、Y、J 数码区分开来;X、Y 为增量(相对)坐标值;J 为加工线段的计数长度;G 为加工线段计数方向;Z 为加工指令。

2. 直线的 3B 代码编程规则

1) X、Y 的确定

以直线的起点为原点,建立正常的直角坐标系,X、Y 表示直线终点的绝对值坐标,单位为 μm。

注:若直线与 X 或 Y 轴重合,为区别一般直线,X、Y 均可写作 0,也可以不写。

如图 8-7(a)所示的轨迹形状,请读者试着写出图 8-7(b)~(d)中各终点的 X、Y 值(注:在本章图形所标注的尺寸中若无说明,单位都为 mm)。

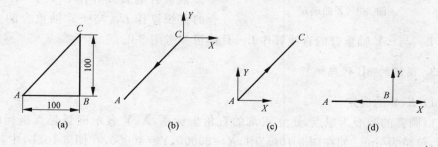

图 8-7　直线轨迹

2) G 的确定

G 用来确定加工时的计数方向,分 G_X 和 G_Y。直线的计数方向取直线的终点坐标值中较大值的方向,即当直线终点坐标值 X>Y 时,取 $G=G_X$;当直线终点坐

标值 $X<Y$ 时,取 $G=G_Y$;当直线终点坐标值 $X=Y$ 时,直线在一、三象限时,取 $G=G_Y$,二、四象限取 $G=G_X$。G 的确定如图 8-8 所示。

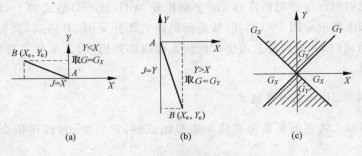

图 8-8　G 的确定

3) J 的确定

J 为计数长度,以 μm 为单位。以前编程应写满六位数,不足六位前面补零,现在的机床基本上可不用补零。

J 的取值方法为:由计数方向 G 确定投影方向,若 $G=G_X$,则直线向 X 轴投影得到长度的绝对值即为 J 的值;若 $G=G_Y$,则直线向 Y 轴投影得到长度的绝对值即为 J 的值。

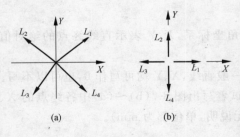

图 8-9　Z 的确定

直线编程可直接取直线终点坐标值中的大值,即 $X>Y,J=X$;$X<Y,J=Y$,$X=Y,J=X=Y$。

4) Z 的确定

加工指令 Z 按照直线走向和终点的坐标不同,可分为 L_1、L_2、L_3、L_4,其中与 $+X$ 轴重合的直线算作 L_1,与 $-X$ 轴重合的直线算作 L_3,与 $+Y$ 轴重合的直线算作 L_2,与 $-Y$ 轴重合的直线算作 L_4,具体可参考图 8-9。

3. 圆弧的 3B 代码编程

1) X、Y 的确定

以圆弧的圆心为原点,建立正常的直角坐标系,X、Y 表示圆弧起点坐标的绝对值,单位为 μm。如在图 8-10(a)中,$X=30000,Y=40000$;在图 8-10(b)中,$X=40000,Y=30000$。

2) G 的确定

圆弧的计数方向取圆弧的终点坐标值中较小值的方向,即当圆弧终点坐标值 $X>Y$ 时,取 $G=G_Y$;当圆弧终点坐标值 $X<Y$ 时,取 $G=G_X$;(图 8-10(b))当圆弧

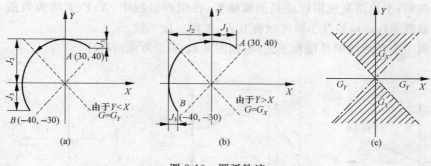

图 8-10　圆弧轨迹

终点坐标值 $X = Y$ 时,在一、三象限时,取 $G = G_X$,二、四象限取 $G = G_Y$-(图 8-10(a))。

由上可见,圆弧计数方向由圆弧终点的坐标绝对值大小决定,其确定方法与直线刚好相反,即取与圆弧终点处走向较平行的轴作为计数方向,具体可参见图 8-10(c)。

3) J 的确定

圆弧编程中 J 的取值方法为:由计数方向 G 确定投影方向,若 $G = G_X$,则将圆弧向 X 轴投影;若 $G = G_Y$,则将圆弧向 Y 轴投影。J 值为各个象限圆弧投影长度绝对值的和。如在图 8-10(a)、(b)中,J_1、J_2、J_3 大小分别如图中所示,$J = |J_1| + |J_2| + |J_3|$。

4) Z 的确定

由圆弧起点所在象限和圆弧加工走向确定。按切割的走向可分为顺圆 S 和逆圆 N,于是共有 8 种指令:SR1、SR2、SR3、SR4、NR1、NR2、NR3、NR4,具体可参考表 8-3 和图 8-11。

表 8-3　圆弧加工指令

	第一象限	第二象限	第三象限	第四象限
逆圆	NR1	NR2	NR3	NR4
顺圆	SR1	SR2	SR3	SR4

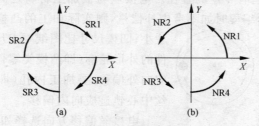

图 8-11　Z 的确定

提示:不论是直线编程还是圆弧编程,在编程过程中,X、Y、J均为数值,数值单位取微米(μm),如有小数应四舍五入,保留三位小数。

例　不考虑间隙补偿和工艺,编制图 8-12 所示直线的程序。

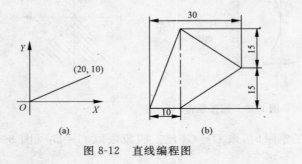

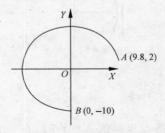

图 8-12　直线编程图　　　　　　　　图 8-13　圆弧编程图

(1) B20000　B10000　B20000　GX　L1

(2) 以左下角点为起始切割点逆时针方向编制程序

B10000　B0　B10000　　　GX　L1

B20000　B15000　B20000　GX　L1

B20000　B15000　B20000　GX　L2

B10000　B30000　B30000　GY　L3

技巧:与 X 或 Y 轴重合的直线,编程时 X、Y 均可写作 0,且可省略不写。

例如, B10000　B0　B10000　GX　L1 可简写成 B　B　B10000　GX　L1

例　不考虑工艺,编制图 8-13 所示圆弧的程序。

(A→B)　B9800　B2000　B29800　GX　NR1

(B→A)　B0　　B10000　B28000　GY　SR3

8.3.3　电火花线切割加工工艺

1. 间隙补偿方法

电火花线切割加工时,控制台所控制的是电极丝中心移动的轨迹,在实际加工中,所采用的电极丝有一定的直径。电极丝与被加工材料之间有一定的放电间隙(0.01mm)。因此,编程时如不考虑补偿量,则实际加工的凸模尺寸比图纸要求尺寸小;凹模尺寸比图纸要求尺寸大。要加工出工件的外形轮廓(即凸模类零件),电极丝中心轨迹应向外偏移;要加工内孔(即凹模类零件),电极丝中心轨迹应向内偏移。

电极丝偏移方向选择如图 8-14 所示。

图 8-14　电极丝偏移方向

1）基准件补偿值的确定

基准件：按图纸要求加工，符合图纸尺寸要求的零件。

　　　　　基准件补偿值＝实际电极丝半径＋单边放电间隙

编程时按电极丝中心运动轨迹线尺寸来编程（圆弧与直线相切处没有补偿值）。

编制如图 8-15（a）所示的凸模程序：先画出电极丝偏移后的切割轨迹线，如图 8-15（b）所示虚线，并计算出切割轨迹线的尺寸，最后按照偏移后的电极丝切割轨迹线尺寸编程。

例　如图 8-15（b）所示，已知钼丝半径为 0.18，单边放电间隙为 0.01mm，以 A 点为起始切割点逆时针方向编写凸模程序。

程序如下

B42200	B0	B42200	GX	L1
B0	B20100	B20100	GY	L2
B8100	B0	B16200	GY	NR1
B0	B11900	B11900	GY	L4
B9800	B0	B9800	GX	L3
B0	B12000	B12000	GY	L2
B16200	B0	B16200	GX	L3
B0	B20200	B20200	GY	L4

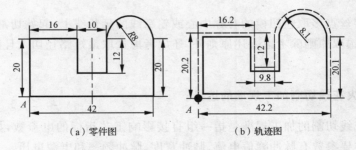

图 8-15　凸模零件

2）配合件补偿值确定

配合件：与基准件按一定间隙配合的零件。例如，在冷冲模中，以凸模为基准件，凹模、固定板、卸料板、推板为配合件。

　　　　　配合件补偿值＝基准件补偿值－单边配合间隙

2. 正确选取引入、引出线位置和切割方向

1）起始切割点（引入线的终点）的确定

加工中,由于电极丝切入点处很容易造成加工痕迹,使工件精度受到影响,为了避免这一影响,起始切割点的选择原则如下所述。

(1)首选图样上直线与直线的交点,其次选择直线与圆弧的交点和圆弧与圆弧的交点。

(2)当切割工件各表面粗糙度要求不一致时,应在较粗糙的面上选择起始切割点。

(3)当工件各面粗糙度相同时,又没有相交面,起始切割点应选择在钳工容易修复的凸出部位。

(4)避免将起始切割点选择在应力集中的夹角处,以防止造成断丝、短路。

2)引入、引出线位置与切割路线的确定

凸模引入线长度一般取 3~5mm,其切割路线选择与工件的装夹有关。选择原则是使工件与其夹持部位分离的切割段安排在总的切割程序末端。

例　切割图 8-16 所示凸模零件,图 8-16(b)合理。引出线一般与引入线重合。

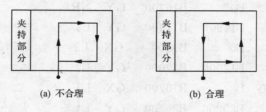

(a) 不合理　　　　　　　(b) 合理

图 8-16　凸模零件

凹模穿丝点多取在凹模的对称中心或轮廓线的延长线上,起始切割点(引入线的终点)的选取原则除考虑上述原则外,还应考虑选取最短路径切入且钳工容易修复的位置。

8.3.4　电火花线切割加工规准的选择

电火花线切割的加工规准是指一组直接影响工艺指标的电参数,如矩形波脉冲电源的主要参数有脉冲峰值电流、脉冲宽度、脉冲频率和电源电压。

1. 电火花线切割加工的工艺指标及影响因素

电火花线切割加工的工艺指标主要包括切割速度、表面粗糙度和加工精度。此外,放电间隙、电极丝损耗和加工表面层变化也是反映加工效果的重要内容。其中加工精度指加工后工件的尺寸精度、形状精度和位置精度。

影响工艺指标的因素很多,如机床精度、脉冲电源的性能、工作液的清洁度、电极丝与工件的材料及线切割工艺路线等。其中,脉冲电源的波形及参数(即加工规准)的影响是最直接也是最大的,决定着放电痕(表面粗糙度)、蚀除率、切缝宽度的大小和电极丝的损耗。

1) 峰值电流对工艺指标的影响

在其他参数不变的情况下,脉冲峰值电流的增大会增加单个脉冲放电的能量,加工电流也会增大,所以切割速度便会明显增加。但由于脉冲能量增大,使得放电强度增大,造成了切割条纹(相当于机械加工的刀痕)更加明显,最后影响加工表面的粗糙度。

2) 脉冲宽度对工艺指标的影响

在加工电流保持不变的情况下增加脉冲宽度,切割速度随之增大,但有一最佳脉冲宽度值超过这个最佳值,由于热量散失大,切割速度反而会下降。一般线切割加工的脉冲宽度不大于 $50\mu s$。

试验证明,脉冲宽度增大,电极丝的损耗明显减小,反之,当脉冲宽度减小时,电极丝损耗急剧增加。

3) 脉冲频率对工艺指标的影响

在单个脉冲能量一定的情况下,提高单位时间内脉冲放电的次数即脉冲频率,会使切割速度增大。但实践证明,因为脉冲频率的增加,会使得加工电流的变大,引起切割条纹更加明显,造成加工表面的粗糙度增大。同时,增加了脉冲频率,势必减少脉冲间隔时间,如果脉冲间隔太小,放电产物来不及排除,放电间隙不能充分抵消电离,这将使加工不稳定,脉冲效率下降和脉冲电流急剧增大,严重时会引起烧丝,造成电极丝断裂。

4) 电源电压对工艺指标的影响

在峰值电流和加工电流保持不变的条件下,改变电源电压时表面粗糙度变化不大,而切割速度却有明显变化。尤其是排屑条件差,小能量小粗糙度切割以及高阻抗、高熔点材料加工时电源电压的升高会明显地提高加工稳定性、切割速度以及加工面质量都会有所改善。

2. 电火花线切割加工规准的选择

选择加工规准是一个实践性很强的工作,很难说在哪一种加工条件下就一定应该选择哪一组电参数,因为影响电火花线切割加工工艺指标的因素太多,而且这些因素间既互相关联又互相矛盾。这里介绍的参数选择,只是针对不同的加工条件给出的一个定性方案。

(1) 当要求切割速度高时。若要高的切割速度,对表面粗糙度的要求一般就不高,可选择高的电源电压、大的峰值电流和大的脉冲宽度。但由于切割速度与表面粗糙度相互矛盾的关系,在选择电规准时要掌握一个原则,即在满足粗糙度要求的前提下再追求高的切削速度。

(2) 当要求表面粗糙度小时。单个脉冲能量的大小对加工表面的粗糙度影响较大,应该选择小的脉冲宽度、小的峰值电流、低的电源电压,同时脉冲频率要适当。

(3) 当要求电极丝损耗小时。如前所述,脉冲宽度增大,电极丝损耗减小。因此,当要求电极丝损耗小时,应选择大的脉冲宽度。

(4) 当切割厚度加大时。切割厚工件时,有两个明显的特点,一是切割量大,二是排屑困难。考虑这两方面的因素,应选择高电压、大电流、大的脉冲宽度和大的脉冲间隔。脉冲间隔选得大一些,有利于排除电蚀产物,保证加工的稳定性。

8.3.5　电火花线切割自动编程

不同厂家生产的自动编程系统有所不同,具体可参见使用说明书。本处以 CAXA 线切割 V2 系统为例,说明自动编程的方法。

CAXA 软件中进行自动编程的步骤:绘图——生成加工轨迹——生成 3B 代码(或 G 代码)程序。

1. 绘图

利用 CAXA 软件的 CAD 功能能很方便地绘出加工零件图,为作引入线方便,可把图形的左上角移到(0,0)点(图 8-17)。

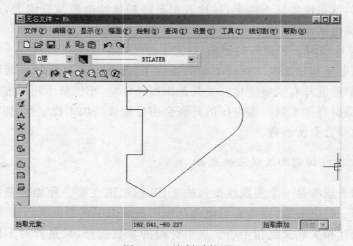

图 8-17　绘制零件图

2. 生成加工轨迹

(1) 点击"线切割"菜单下的"轨迹生成"(图 8-18)。

(2) 系统弹出[线切割轨迹生成参数]对话框。切割参数项[切入方式]有三种。

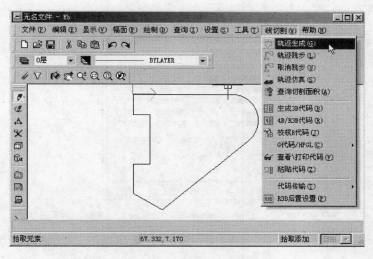

图 8-18　选择"轨迹生成"

［直线］切入：电极丝直接从穿丝点切入到加工起始点。

［垂直］切入：电极丝从穿丝点垂直切入到加工起始段。

［指定切入点］切入：此方式要求在轨迹上选择一个点作为加工的起始点，电极丝直接从穿丝点切入到加工起始点。

其他参数可采用默认值。

已知电极丝直径为 0.18mm，单边放电间隙为 0.01mm，则电极丝偏移量为 0.1mm。如图示填写切割参数和偏移量参数，单击确定（图 8-19、图 8-20）。

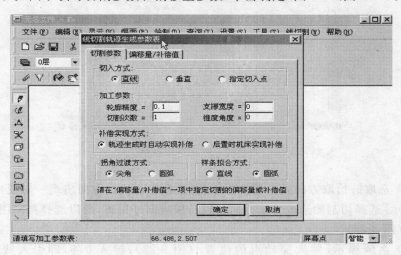

图 8-19　切割参数设置

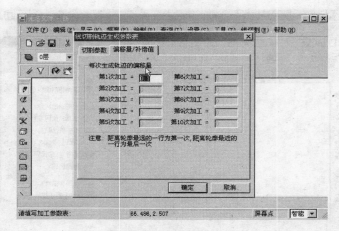

图 8-20　偏移量设置

　　（3）系统提示[选择轮廓]，选取所绘图的一线段（图 8-21），被选取的线段变为红色虚线，并沿轮廓方向出现一对反向箭头，系统提示[选取链拾取方向]，如工件左边装夹，引入点可取在工件左上角点，并选择顺时针方向箭头，使工件装夹面最后切削。

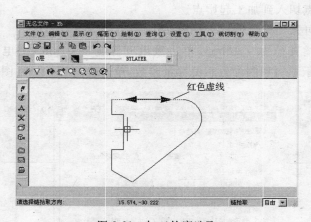

图 8-21　加工轮廓选取

　　（4）选取链拾取方向后全部变为红色，且在轮廓法线方向出现一对反向箭头，系统提示[选择切割侧边或补偿方向]，因凸模应向外偏移，所以选择指向图形外侧的箭头（图 8-22）。

　　（5）系统提示[输入穿丝点的位置]（图 8-23），键入 0,5，即引入线长度取 5mm，回车。

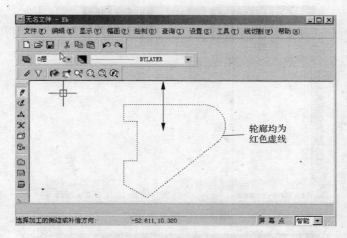

图 8-22　补偿方向选取

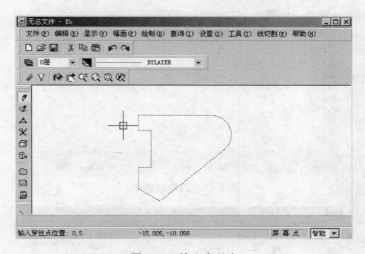

图 8-23　输入穿丝点

（6）系统提示[输入退出点（回车与穿丝点重合）]（图 8-24），直接回车，穿丝点与回退点重合，系统按偏移量 0.1mm 自动计算出加工轨迹。凸模类零件轨迹线在轮廓线外面（图 8-25）。

3. 生成代码

（1）选取线切割菜单下的[生成 3B 加工代码]（图 8-26）。

（2）系统提示[生成 3B 加工代码]对话框，要求用户输入文件名，选择存盘路径，单击保存按钮（图 8-27）。

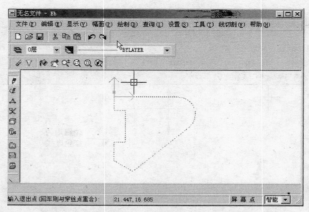

图 8-24　输入退出点

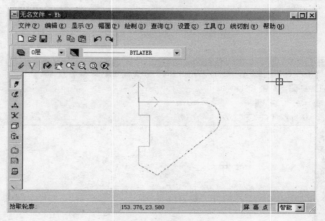

图 8-25　凸模轨迹图

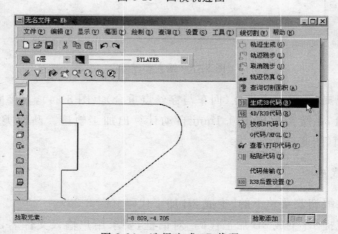

图 8-26　选择生成 3B 代码

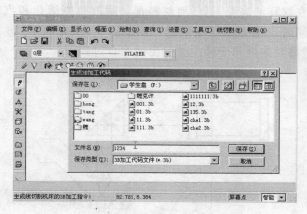

图 8-27　程序存盘

（3）系统出现新菜单，并提示［拾取加工轨迹］，先将立即菜单中的第 1 格改为"对齐指令格式"，然后选绿色的加工轨迹，右击结束轨迹拾取，系统自动生成 3B 程序，并在本窗口中显示程序内容（图 8-28）（程序可选对齐指令格式）。

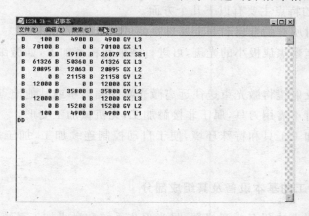

图 8-28　程序内容

8.4　激光加工技术

8.4.1　激光加工的原理与特点

1. 激光加工的原理

激光是一种强度高、方向性好、单色性好的相干光。由于激光的发散角小和单色性好，理论上可聚焦到尺寸与光的波长相近的（微米甚至亚微米）小斑点上，加上它本身强度高，故可使其焦点处的功率密度达到 $107 \sim 1011 \mathrm{W/cm}^2$，温度可达

10000℃以上。在这样的高温下,任何材料都将瞬时急剧熔化和汽化,并爆炸性地高速喷射出来,同时产生方向性很强的冲击。因此,激光加工(图 8-29)是工件在光热效应下产生高温熔融和受冲击波抛出的综合过程。

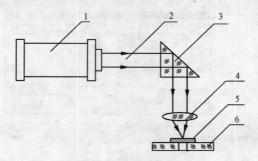

图 8-29　激光加工示意图
1-激光器；2-激光束；3-全反射棱镜；4-聚焦物镜；5-工件；6-工作台

2. 激光加工的特点

激光加工的特点主要有以下几个方面。

(1)几乎对所有的金属和非金属材料都可以进行激光加工。

(2)激光能聚焦成极小的光斑,可进行微细和精密加工,如微细窄缝和微型孔的加工。

(3)可用反射镜将激光束送往远离激光器的隔离室或其他地点进行加工。

(4)加工时不需用刀具,属于非接触加工,无机械加工变形。

(5)无需加工工具和特殊环境,便于自动控制连续加工,加工效率高、加工变形和热变形小。

8.4.2　激光加工的基本设备及其组成部分

激光加工的基本设备由激光器、导光聚焦系统和激光加工系统三部分组成。

1)激光器

激光器是激光加工的重要设备,它的任务是把电能转变成光能,产生所需要的激光束。按工作物质的种类可分为固体激光器、气体激光器、液体激光器和半导体激光器四大类。由于 He-Ne(氦-氖)气体激光器所产生的激光不仅容易控制,而且方向性、单色性及相干性都比较好,因而在机械制造的精密测量中被广泛采用。在激光加工中要求输出功率与能量大,目前多采用 CO_2 气体激光器及红宝石、钕玻璃、YAG(掺钕钇铝石榴石)等固体激光器。

2)导光聚焦系统

根据被加工工件的性能要求,光束经放大、整形、聚焦后作用于加工部位,这种从激光器输出窗口到被加工工件之间的装置称为导光聚焦系统。

3) 激光加工系统

激光加工系统主要包括床身、能够在三维坐标范围内移动的工作台及机电控制系统等。随着电子技术的发展,许多激光加工系统已采用计算机来控制工作台的移动,实现激光加工的连续工作。

8.4.3　激光加工的应用

1. 激光打孔

随着近代工业技术的发展,硬度大、熔点高的材料应用越来越多,并且常常要求在这些材料上打出又小又深的孔。例如,钟表或仪表的宝石轴承、钻石拉丝模具、化学纤维的喷丝头以及火箭或柴油发动机中的燃料喷嘴等。这类加工任务,用常规的机械加工方法很困难,有的甚至是不可能的,而用激光打孔则能比较好地完成任务。

激光打孔中,要详细了解打孔的材料及打孔要求。从理论上讲,激光可在任何材料的不同位置打出浅至几微米、深至二十几毫米以上的小孔,但具体到某一台打孔机,它的打孔范围是有限的。在打孔之前,最好要对现有激光器的打孔范围进行充分的了解,以确定能否打孔。

激光打孔的质量主要与激光器输出功率和照射时间、焦距与发散角、焦点位置、光斑内能量分布、照射次数及工件材料等因素有关。在实际加工中应合理选择这些工艺参数。

2. 激光切割

激光切割(图 8-30)的原理与激光打孔相似,但工件与激光束要相对移动。在实际加工中,采用工作台数控技术可实现激光数控切割。

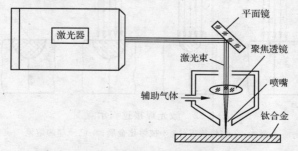

图 8-30　CO_2 气体激光器切割钛合金示意图

激光切割大多采用大功率的 CO_2 激光器,对于精细切割,也可采用 YAG 激光器。激光可以切割金属也可以切割非金属。在激光切割过程中,由于激光对被切割材料不产生机械冲击和压力,再加上激光切割切缝小,便于自动控制,故在实际中常用来加工玻璃、陶瓷、各种精密细小的零部件。激光切割过程中,影响激光切割参数的主要因素有激光功率、吹气压力、材料厚度等。

3. 激光打标

激光打标是指利用高能量的激光束照射在工件表面,光能瞬时变成热能,使工件表面迅速产生蒸发,从而在工件表面刻出任意所需要的文字和图形,以作为永久防伪标志,如图 8-31 所示。

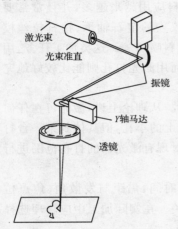

图 8-31　振镜式激光打标原理

激光打标的特点是非接触加工,可在任何异型表面标刻,工件不会变形和产生内应力,适于金属、塑料、玻璃、陶瓷、木材、皮革等各种材料;标记清晰、永久、美观,并能有效防伪;标刻速度快、运行成本低、无污染,可显著提高被标刻产品的档次。

激光打标广泛应用于电子元器件、汽(摩托)车配件、医疗器械、通讯器材、计算机外围设备、钟表等产品和烟酒食品防伪等行业。

4. 激光焊接

当激光的功率密度为 $105 \sim 107W/cm^2$,照射时间为 $1/100s$ 左右时,可进行激光焊接。激光焊接一般无需焊料和焊剂,只需将工件的加工区域"热熔"在一起即可,如图 8-32 所示。激光焊接速度快、热影响区小、焊接质量高、既可焊接同种材料也可焊接异种材料,还可透过玻璃进行焊接。

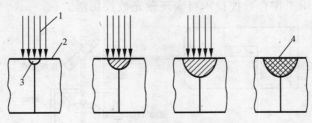

图 8-32　激光焊接过程示意图
1-激光;2-被焊接零件;3-被熔化金属;4-已冷却的熔池

5. 激光表面处理

当激光的功率密度为 $103 \sim 105W/cm^2$ 时,便可实现对铸铁、中碳钢、甚至低碳钢等材料进行激光表面淬火。淬火层深度一般为 0.7～1.1mm,淬火层硬度比常规淬火约高 20%。激光淬火变形小,还能解决低碳钢的表面淬火强化问题。图 8-33 为激光表面淬火处理应用实例。

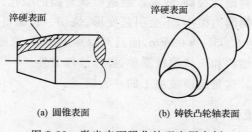

(a) 圆锥表面   (b) 铸铁凸轮轴表面

图 8-33 激光表面强化处理应用实例

8.5 超声波加工技术

8.5.1 超声波加工的原理与特点

1. 加工原理

超声波加工是利用振动频率超过 16000Hz 的工具头,通过悬浮液磨料对工件进行成形加工的一种方法,其加工原理如图 8-34 所示。

当工具以 16000Hz 以上的振动频率作用于悬浮液磨料时,磨料便以极高的速度强力冲击加工表面。同时由于悬浮液磨料的搅动,使磨粒以高速抛磨工件表面。此外,磨料液受工具端面的超声振动而产生交变的冲击波和"空化现象"。所谓空化现象,指当工具端面以很大的加速度离开工件表面时,加工间隙内形成负压和局部真空,在磨料液内形成很多微空腔。当工具端面以很大的加速度接近工件表面时,空泡闭合,引起极强的液压冲击波,从而使脆性材料产生局部疲劳,引起显微裂纹。

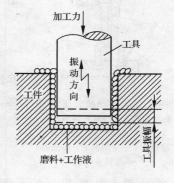

图 8-34 超声波加工原理图

这些因素使工件的加工部位材料粉碎破坏,随着加工的不断进行,工具的形状就逐渐"复制"在工件上。由此可见,超声波加工是磨粒的机械撞击和抛磨作用以及超声波空化作用的综合结果,磨粒的撞击作用是主要的。因此,材料越硬脆越易遭受撞击破坏,越易进行超声波加工。

2. 特点

超声波加工的主要特点如下所述。

（1）适合于加工各种硬脆材料,特别是某些不导电的非金属材料,如玻璃、陶瓷、石英、硅、玛瑙、宝石、金刚石等,也可加工淬火钢和硬质合金等材料,但效率相对较低。

（2）由于工具材料硬度很高,故易于制造形状复杂的型孔。

（3）加工时宏观切削力很小,不会引起变形、烧伤。表面粗糙度 Ra 很小,可达 $0.2\mu m$,加工精度可达 $0.05\sim0.02mm$,而且可以加工薄壁、窄缝、低刚度的零件。

（4）加工机床的结构和工具均较简单,操作维修方便。

（5）生产率较低。这是超声波加工的一大缺点。

8.5.2　超声波加工设备

超声波加工装置如图 8-35 所示。尽管不同功率大小、不同公司生产的超声波加工设备在结构形式上各不相同,但一般都由高频发生器、超声振动系统（声学部件）、机床本体和磨料工作液循环系统等部分组成。

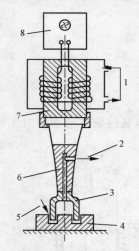

图 8-35　超声波加工装置
1-冷却器; 2-磨料悬浮液抽出;
3-工具; 4-工件; 5-磨料悬浮
液送出; 6-变幅杆; 7-换能器;
8-高频发生器

1. 高频发生器

高频发生器即超声波发生器,其作用是将低频交流电转变为具有一定功率输出的超声频电振荡,以供给工具往复运动和加工工件的能量。

2. 声学部件

声学部件的作用是将高频电能转换成机械振动,并以波的形式传递到工具端面。声学部件主要由换能器、振幅扩大棒及工具组成。换能器的作用是把超声频电振荡信号转换为机械振动。振幅扩大棒又称变幅杆,其作用是将振幅放大。

由于换能器材料伸缩变形量很小,在共振情况下的变形量（即振幅）也不超过 $0.005\sim0.01mm$,而超声波加工却需要 $0.01\sim0.1mm$ 的振幅,因此必须用上粗下细(按指数曲线设计)的变幅杆放大振幅。变幅杆应用的原理是：因为通过变幅杆的每一截面的振动能量是不变的,所以随着截面积的减小,振幅就会增大。

变幅杆的常见形式如图 8-36 所示,加工

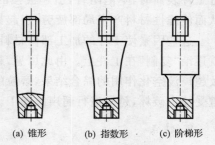

（a）锥形　　（b）指数形　　（c）阶梯形

图 8-36　几种形式的变幅杆

中工具头与变幅杆相连,其作用是将放大后的机械振动作用于悬浮液磨料对工件进行冲击。工具材料应选用硬度和脆性不很大的韧性材料,如 45 钢,这样可以减少工具的相对磨损。工具的尺寸和形状取决于被加工表面,它们相差一个加工间隙值(略大于磨料直径)。

　　3. 机床本体和磨料工作液循环系统

　　超声波加工机床的本体一般很简单,包括支撑声学部件的机架、工作台面以及使工具以一定压力作用在工件上的进给机构等。磨料工作液是磨料和工作液的混合物。常用的磨料有碳化硼、碳化硅、氧化硒或氧化铝等;常用的工作液是水,有时用煤油或机油。磨料的粒度大小取决于加工精度、表面粗糙度及生产率的要求。

8.5.3　超声波加工的应用

　　超声波加工虽然比电火花、电解加工生产率低,但其加工精度和表面粗糙度都比它们好,而且能加工半导体、非导体的脆硬材料,如玻璃、石英、宝石、锗、硅甚至金刚石等。在实际生产中,超声波广泛应用于型(腔)孔加工(图 8-37)、切割加工(图 8-38)、清洗(图 8-39)等方面。

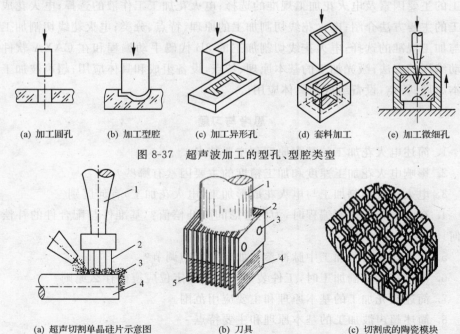

|(a) 加工圆孔|(b) 加工型腔|(c) 加工异形孔|(d) 套料加工|(e) 加工微细孔|

图 8-37　超声波加工的型孔、型腔类型

(a) 超声切割单晶硅片示意图　　　(b) 刀具　　　(c) 切割成的陶瓷模块

(a) 1-变幅杆;2-工具(薄钢片);3-磨料液;4-工件(单晶硅)
(b) 1-变幅杆;2-焊缝;3-铆钉;4-导向片;5-软钢刀片
图 8-38　超声波切割加工

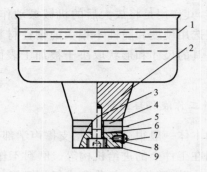

图 8-39　超声波清洗装置

1-清洗槽；2-变幅杆；3-压紧螺钉；4-压电陶瓷换能器；5-镍片（＋）；

6-镍片（一）；7-接线螺钉；8-垫圈；9-钢垫块

本 章 小 结

本章主要内容为：特种加工技术的特点及主要类别；电火花加工的基本原理、主要特点及应用范围；电火花成形加工机床的基本组成及各部分作用；影响电火花加工的主要因素及电火花加工规准的选择；电火花加工工作液的选择；电火花成形加工的主要方法介绍；电火花线切割加工的原理、特点、分类；电火花线切割加工工艺与加工规准的选择；电火花线切割加工的 3B 代码手动编程和在 CAXA 软件中自动编程的方法；激光加工的基本原理、特点，设备组成和具体应用；超声波加工的基本原理、特点，设备组成和具体应用。

思考与习题

1. 简述电火花加工的基本原理和主要特点。

2. 影响电火花加工速度和加工精度的主要因素有哪些？

3. 电火花线切割加工与电火花成形加工（电火花加工）有何区别？

4. 在电火花线切割编程时，为何考虑间隙补偿值？基准件与配合件的补偿值如何计算？

5. 电火花线切割加工中脉冲参数如何设置与调节？

6. 电火花线切割加工时，工件装夹与电极丝定位应遵循什么原则？

7. 简述激光加工的基本原理和主要应用范围。

8. 简述超声波加工的基本原理和主要特点。

9. 按图 8-40 所示零件尺寸，编写凸模和凹模的程序。

已知：凸模为基准件，按图纸尺寸加工；凹模为配合件，与凸模双面配合间隙为 0.06mm，材料厚度为 8mm ，材料为 45 钢。钼丝直径 0.18mm，单边放电间隙

0.01mm。

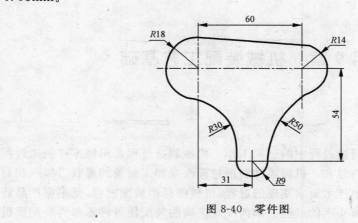

图 8-40　零件图

提示：

（1）编制程序时，正确选择引入线位置和切割方向，根据电极丝直径，正确计算基准件和配合件的偏移量。

（2）根据材料种类和厚度，正确设置脉冲参数。

（3）根据程序的引入位置和切割方向，注意工件的装夹和电极丝的正确定位。

第 9 章　机械装配工艺基础

9.1　概　　述

机械装配是机械制造过程中的后期工作。机械制造过程是机械零件制造过程和机械产品装配过程的总和。机械零件制造过程改变加工对象的形状、尺寸、相对位置和表面质量及其他技术要求实现的过程;机械产品的装配过程,是根据产品装配精度和其他技术要求实现的过程。如何经过正确的装配使各种零部件装配成机器、如何分析确保零件精度与产品精度的关系、如何保证装配精度,这些都是装配工艺所要解决的问题。

9.1.1　装配的概念

机械产品由若干零部件按规定的相互关系装配而成。根据规定的技术要求,将若干个零件接合成部件或将若干个零件和部件接合成产品的过程称为装配。前者称为部件装配,后者称为总装配。

装配过程是保证产品质量的重要环节。产品质量除了受到结构设计的正确性、零件的加工质量的影响外,还需要在装配过程中根据产品的装配精度不同,选择不同的装配工艺方法和装配技术。因此,研究和发展新的装配技术和装配方法、提高产品的装配质量和装配生产效率,是机械制造工艺的一项重要的任务。

9.1.2　装配工艺的基本内容

1. 清洗

在装配过程中,零件的清洗工作对提高装配质量、延长产品的使用寿命具有重要意义,特别是对轴承、精密配合件、液压元件、密封件以及有特殊清洗要求的零件更为重要。其目的是去除零件表面的污物。清洗的方法有擦洗、浸洗、喷洗和超声波清洗等。常用的清洗液有煤油、汽油、碱液和各种化学清洗液。零部件适用的各种清洗方法必须配用相应的清洗液才能充分发挥效用。

2. 刮削

为了在装配过程中达到工艺上的高精度配合要求,需对有关零件进行刮削。刮削工艺简单,切削力小,产生热量少,操作灵活,不受工件形状、位置及设备条件的限制,普遍应用于装配中,特别适用于机器的修配。但刮削的劳动强度较大,目前常采用高精密机械加工来代替刮削。

3. 联接

联接是将零件、组件联接成产品的过程。在装配过程中有大量的联接工作。联接方式有以下两种:

(1) 可拆联接。相互联接的零件拆卸时不损坏任何零件,且拆卸后还能装在一起。常见的可拆联接有螺纹联接、键联接、销钉联接及间隙配合等。其中以螺纹联接应用最广。

(2) 不可拆联接。被联接的零件或元件在使用过程中是不拆卸的,若要拆卸则会损坏某些零件。常见的不可拆联接有焊接、铆接和过盈联接等。

4. 校正、调整与配作

在装配过程中,特别在批量不大的情况下,为了保证部装和总装的精度,常需进行校正、调整与配作工作。这是因为完全靠零件互换法来保证装配精度是不经济的,有时甚至是不可能的。

校正是指相关零部件相互位置的找正、找平,并通过各种调整方法以达到装配精度。调整是指相关零部件相互位置的调节,通过相关零部件位置的调整来保证其位置精度或某些运动副的间隙。配作是指装配过程中附加的一些钳工和机械加工工作,有配钻、配铰、配刮及配磨等。配钻用于螺纹联接,配铰多用于定位销孔加工,而配刮、配磨则多用于运动副的接合表面。配作和校正、调整工作是结合进行的。在装配过程中,为消除加工和装配时产生和累积的误差,只有利用校正工艺进行测量和调整之后,才能进行配作。

5. 平衡

有些机器,特别是转速较高、运转平稳性要求高的机器(如精密磨床、电动机和高速内燃机等),为了防止使用中出现振动,对其有关的旋转零部件需进行平衡工作。

对于旋转体内的不平衡可采用下述方法校正:

(1) 用补焊、铆焊或螺纹联接等方法加配质量。

(2) 用钻、铣、磨或锉等方法去除部分质量。

(3) 在预制的平衡槽内改变平衡块的位置和数量等。

6. 验收试验

机械产品装配后,应根据有关技术标准和规定,对产品进行较全面的检验和试验工作,合格后才准出厂。

各类机械产品的整机质量验收测试要求各有不同,但是机械的振动、噪声、液体和气体泄漏往往容易发生,应重视检测。以金属切削机床为例,验收试验工作通常包括机床几何精度的检验、空运转试验、负荷试验和工作精度试验等。

9.1.3　装配的组织形式

在装配过程中,可根据生产类型和产品的复杂程度不同,以及装配结构特点和批量大小的不同,采用固定式装配和移动式装配两种装配组织形式。

1. 固定式装配

固定式装配是将零件和部件的全部装配工作安排在一固定的工作地上进行,装配过程中产品位置不变,装配所需的零部件都汇集在工作地附近。

在单件和中小批量生产中,对那些因重量和尺寸较大,装配时不便移动的重型机械或机体刚性较差,装配时移动会影响装配精度的产品,均宜采用固定式装配的组织形式。

2. 移动式装配

移动式装配是将零件和部件置于装配线上,通过连续或间歇的移动使其顺次经过各装配工作地,以完成全部装配工作。采用移动式装配时,装配过程分得较细,每个工作地重复完成固定的工序,广泛采用专用的设备及工具,生产率很高,多用于大批量生产。

9.1.4　机械装配精度

任何机械产品,设计时不仅应根据使用要求进行合理的结构设计,而且要确定整机或有关部件的运动精度和相互位置精度。设计的装配精度要求可根据国家标准或其他资料予以确定。

产品的装配精度是指机器装配以后,各工作面间的相对位置和相对运动参数与规定指标的相符合程度,包括工作面相互间的平行度、垂直度、同轴度、距离、间隙、过盈、运动轨迹以及速度的稳定性等。配合精度的高低是保证机器性能、质量和寿命的重要因素。产品装配精度一般包括尺寸、相互位置、相对运动和接触精度。

1. 尺寸精度

尺寸精度是指相关机械产品零部件间的距离尺寸精度和配合精度。它是零部件之间的相对距离尺寸要求,如普通车床主轴中心尾座顶尖对床身导轨的等高要求,就是一个距离尺寸关系,称为距离精度。配合精度是指配合表面间的间隙或过盈的精度要求。

2. 相互位置精度

位置精度是指相关机械产品中相互关联零部件之间的位置精度,包括零部件间平行度、垂直度、同轴度及各种跳动等。例如,普通车床主轴轴线对床身导轨的平行度等,就属于相互位置精度。

3. 相对运动精度

相对运动精度是相关机械产品中相对运动的零部件间相对运动方向、运动轨迹和运动速度的精度。运动方向精度是指运动部件之间相对运动的直线度、平行度、垂直度等,如普通车床溜板移动轨迹对主轴轴线的平行度要求;运动轨迹精度如车床主轴回传时轴线漂移、机床工作台移动的直线度等;运动速度精度是指传动精度,如车床传动系统的传动元件相对运动(转角)精度,如车床车削螺纹时主轴与刀架移动的相对运动精度。

4. 接触精度

接触精度是指相关机械产品零部件间相互配合的表面、接触表面达到规定接触面积的大小,如齿轮啮合、锥体与锥孔配合以及导轨副之间均有接触精度要求。接触精度常以接触面积的大小或接触点的数量及分布情况来衡量,如车床主轴箱与床身之间的安装联接面接触精度、导轨的接触精度等。

9.1.5　装配精度与零件精度的关系

在机械产品的装配中可以看出,产品的装配精度和零件加工精度有很密切的关系。零件精度是保证装配精度的基础,但装配精度并不完全取决于零件精度。装配精度的合理保证应从产品结构、机械加工和装配等方面进行综合考虑。一般说来,机械产品的装配精度要求越高,与此项装配精度有关的零件加工精度要求也越高。有关零件加工误差的累积将影响产品的装配精度和整机的装配精度,就必须控制相关零件的加工精度。

有些情况下,产品的某一项精度只与一个零件的加工精度有关,如图 9-1 所示,在动柱式加工中心装配时,要保证立柱式运动与工作台运动的垂直度,只要保证床身上工作台导轨与立柱式导轨的垂直度即可。这种由一个零件精度保证某项情况称为单件自保。

在更多的情况下,装配精度要求与多个零件的相关精度要求有关。相关零件

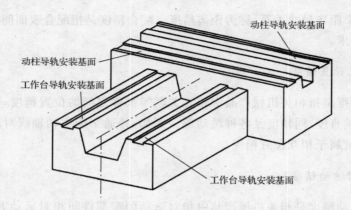

图 9-1　床身结构示意图

加工误差的累积将影响装配精度。如图 9-2 所示,卧式车床主轴锥孔中心线和尾座顶尖套锥孔中心线对机床导轨的等高精度有要求。这一精度与床身、主轴、主轴箱、尾座以及尾座底板等零部件的加工精度有关。

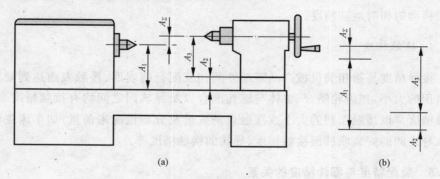

图 9-2　床头箱主轴中心线与尾架中心线等高示意图

　　为保证装配精度的要求,必须合理地确定有关零部件的制造精度。当零部件的加工精度不能直接满足装配精度的要求,需要在装配时通过一定的工艺措施和方法来解决。产品的装配技术要求、生产类型及生产条件不同,所采用的装配工艺措施和方法也不相同。正确采用和选择合理装配方法是很重要的。

　　但是,生产实际中,往往由于工艺技术水平和经济性的限制,按装配精度要求所确定的零部件加工精度难以达到。不同的装配工艺方法所对应的零件精度与装配精度之间的相互关系也不相同。这种关系表现为装配精度要求与相关零部件的加工精度要求所共同形成的定量的封闭尺寸组合关系,这种关系就是装配工艺尺寸链的实质。

9.2　装配工艺尺寸链

在机械产品的装配过程中,产品或部件的装配精度与构成产品或部件的零件精度有着密切关系。为了定量地分析这种关系,将尺寸链的基本理论用于装配过程,建立起装配工艺尺寸链进行分析。装配尺寸链虽然起源于产品设计中,但应用装配工艺尺寸链原理可以指导制定装配工艺、合理安排装配工序、解决装配中的质量问题、分析产品结构的合理性等。

9.2.1　装配工艺尺寸链的概念

在机器的装配过程中,由某项装配精度相关零件的相关尺寸或相互位置关系所组成的尺寸链,称为装配工艺尺寸链。装配后必须达到的装配精度和技术要求就是装配工艺链的封闭环。在装配关系中,与装置精度要求发生直接影响的零件、组件或部件的尺寸和位置关系为装配工艺组成环。组成环分为增环和减环。

装配工艺尺寸链是尺寸链的一种,它与一般尺寸链相比,具有不同的特点。

(1) 装配工艺尺寸链的封闭环一定是机械产品或部件的某项装配精度或装配技术要求,装配尺寸链的封闭环是十分明显的。

(2) 装配精度只有在机械产品装配后才能测量。因此,封闭环只有在装配后才能形成,不具有独立性。

(3) 装配工艺尺寸链中的各组成环不是仅在一个零件上的尺寸,而是在一组零件或部件之间与装配精度有关的尺寸。

根据装配工艺尺寸链中各组成环的几何特征和空间位置不同,装配工艺尺寸链可分为直线尺寸链、角度尺寸链、平面尺寸链和空间尺寸链四种类型。其中,以前三种较为常见,直线尺寸链是由彼此平行的长度尺寸组成的尺寸链,图 9-2 中的尺寸链就是直线尺寸链。现以直线尺寸链为例,介绍装配工艺尺寸链的建立和计算方法。

9.2.2　装配工艺尺寸链的建立步骤

在建立装配工艺尺寸链时,可根据下列步骤进行:

(1) 确定封闭环。在装配工艺尺寸链中,封闭环一般是装配精度或装配技术要求。在分析产品的技术要求、性能以及各部件作用的基础上,正确地确定要保证的装配精度内容,确定封闭环。

(2) 查找组成环。在装配工艺尺寸链中,组成环是对装配精度有直接影响的有关零部件的有关尺寸。因此,查找组成环时,一般是从封闭环的两端开始沿装配精度要求的位置方向,从相邻零件开始由近及远查找影响该装配精度的相关零件,直到找到同一个零件或同一个装配基准面为止。

（3）画出装配工艺尺寸链。根据上述分析结果，画出尺寸链，判断增、减环。

在装配工艺尺寸链建立以后，尺寸链的计算方法与 3.5.2 节工艺尺寸及其计算所述方法相同。

9.2.3　装配工艺尺寸链建立的原则

1）简化原则

在机械产品中，影响装配精度的因素很多。在建立装配工艺尺寸链时，应通过对装配精度的分析，在保证装配精度的前提下，尽量简化组成环的构成。只保留对装配精度有直接、较大影响的组成环。如图 9-2 所示的车床主轴与尾座的等高性问题，影响等高性 A_Σ 因素有：

A_1——主轴箱主轴孔轴线到床身装配基准面的距离；

A_2——尾座底板的厚度；

A_3——尾座顶尖套座孔到尾座底板的距离；

e_1——主轴滚动轴承与内孔的同轴度误差；

e_2——尾座套筒外圆与内锥孔的同轴度误差；

e_3——尾座孔与尾座套筒外圆的配合间隙产生的两者轴线同轴度误差；

e_4——主轴支承轴径轴线与锥孔轴线的同轴度误差；

e_5——主轴箱安装基准面与尾座底板安装基准面的等高性误差。

根据上述分析，图 9-2 的装配尺寸链应表示为图 9-3 所示。由于 e_1、e_2、e_3、e_4、e_5 相对于其他组成环很小，对封闭环的影响也很小，因而可忽略其影响，把尺寸链简化为图 9-2（b）所示。但在精密装配时，必须注意要计入所有因素的影响，不能进行简化。

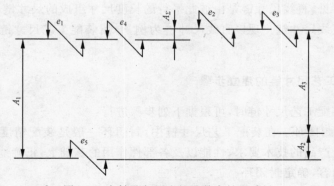

图 9-3　主轴孔与尾座锥孔等高性尺寸链

2）最短路线原则

为便于零部件的加工，在装配精度既定的情况下，应尽量简化结构，使各组成环能有较大的公差值；在查找组成环时，每个相关零部件上只有一个尺寸作为组成环进入尺寸链，即组成环的数目应等于相关零部件的数目，即"一件一环"。如图 9-4(a)所示的传动箱在装配时，装配精度要求为轴向间隙 A_Σ。图 9-4(b)的装配工艺尺寸链中，右半箱体有两个尺寸进入尺寸链，就多了一个尺寸。显然右半箱体上只有凸台高度尺寸 A_5 与装配精度有关，因而，该尺寸链应改为图 9-4(c)所示。

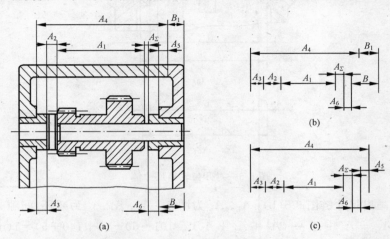

图 9-4 传动箱局部装配结构示意图

3）方向性原则

一个装配精度要求只在其所在位置方向中形成尺寸链，同一装配结构在不同方向中有装配精度要求时，应在各自的方向中分别建立装配尺寸链。

9.2.4 装配尺寸链的求解方法

装配尺寸链的应用包括两个方面：其一，在已有产品装配图和全部零件图即尺寸链的封闭环的情况下，组成环的基本尺寸、公差及偏差都已知，由已知组成环的基本尺寸、公差及偏差求封闭环的基本尺寸、公差及偏差，然后与已知条件相比，看是否满足装配精度的要求，验证组成环的基本尺寸、公差及偏差确定得是否合理。这种应用一般称为"正计算"。其二，在产品设计阶段，根据产品装配精度要求（封闭环），确定各组成环的基本尺寸、公差及偏差，然后将这些已确定的基本尺寸、公差标注到零件图上，这种应用通常称为"反计算"。但无论哪一种应用方法，装配尺寸链的计算方法只有两种，即极值法和概率法，常用的是极值法。装配尺寸链的极值法计算所应用的公式与前章节工艺尺寸链的计算公式相同。

例 一只对开齿轮箱如图 9-5(a)所示，根据使用要求间隙 A_Σ 为 1～1.75mm。已知各零件的有关基本尺寸：$A_1 = 101$mm，$A_2 = 50$mm，$A_3 = A_5 = 5$mm，$A_4 = 140$mm，求各环尺寸偏差。

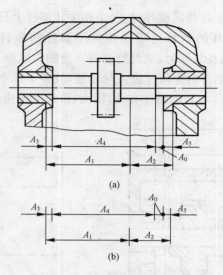

图 9-5　对开齿轮箱尺寸链

解　画出尺寸链图 9-5(b)，A_1、A_2 为增环，A_3、A_4、A_5 为减环，间隙 A_Σ 为封闭环，即 $A_\Sigma = A_1 + A_2 - (A_3 + A_4 + A_5) = 101 + 50 - (5 + 140 + 5) = 1(\text{mm})$。

由题 $A_\Sigma = 1.75 - 1 = 0.75\text{mm}$，则 $A_0 = 1^{+0.75}_0 \text{mm}$。

封闭环公差为各组成环公差之和。求各环公差时可采用等精度法，先初步估算公差值，然后根据实际情况合理确定各环公差。各组成环的平均公差为

$$T_{av} = \frac{T_0}{M} = \frac{0.75}{5} = 0.15(\text{mm})$$

$$T_1 = 0.22\text{mm}, \quad T_2 = 0.16\text{mm}, \quad T_3 = T_5 = 0.075\text{mm}$$

则 $T_4 = T_0 - (T_1 + T_2 + T_3 + T_5) = 0.22\text{mm}$，为取标准公差值，查标准公差表确定 $T_4 = 0.16\text{mm}(\text{IT}10)$。根据"入体原则"，各组成环的尺寸应为 $A_1 = 101^{+0.22}_0$，$A_2 = 50^{+0.16}_0$，$A_3 = A_5 = 5^{\ 0}_{-0.075}$，$A_4 = 140^{\ 0}_{-0.16}$。

验算结果是：$ES_0 = 0.69$，$EI_0 = 0$，满足 $A_0 = 1^{+0.75}_0 \text{mm}$ 的要求。

9.3　保证装配精度的方法

机械产品是由若干机械零件按确定的相互关系装配而成的。机械产品的质量除了受结构设计的正确性、零件加工的质量影响外，主要由设计时确定产品零部件之间的相对位置关系（即位置关系）和装配关系（即配合精度）等保证。在生产实践中，应选择不同的装配方法和工艺过程保证装配精度要求，从而保证机械产品质量。这些方法也是装配工艺过程设计的依据。

在长期生产实践中,人们根据不同的机器、不同的生产类型,创造出许多行之有效的装配方法。这些方法可归纳为互换法、选配法、修配法和调整法四大类。

1. 互换法

互换法可根据互换的程度分完全互换和不完全互换。

1) 完全互换

完全互换法是机器大装配过程中每个待装配零件不需挑选、修配和调整,装配后就能达到装配精度的一种装配方法。这种方法用控制零件的制造精度来保证机器的装配精度。

完全互换法的装配尺寸公差是按极值法计算的。完全互换法的装配过程简单、生产效率高;对装配工人的技术水平要求不高;便于组织流水作业及自动化装配;容易实现零部件的专业协作;便于备件供应及维修工作等。

由于完全互换法具有上述优点,无论何种生产类型,只要零件在经济精度保证的情况下,装配后又能保证机器的装配精度,都应采用完全互换法进行装配。

2) 不完全互换法

当机器的装配精度要求较高,组成机器零件的数目较多时,用极值法计算各零件的尺寸公差较小,难于满足零件的经济加工精度的要求,甚至很难加工出这些高精度要求的零件。因此,在大批生产条件下采用概率法计算装配尺寸公差,用不完全互换法保证机器的装配精度。

与完全互换法相比,采用不完全互换法进行装配时,零件的加工误差可以放大一些,使零件加工容易、成本低,同时也达到部分互换的目的。其缺点是往往出现一部分产品的装配精度差,需要进行一些补救措施或进行经济论证以决定能否采用不完全互换法。

2. 选配法

在成批或大量生产条件下,若组成机器的零件数目不多而装配精度要求很高时,可采用选配法进行装配。采用这种方法时,组成机器零件按经济加工精度加工,然后选择合适的零件进行装配,以保证规定的装配精度。

选配法又分为三种:

1) 直接选配法

此法是由装配工人从许多待装零件中,凭经验挑选合适的零件装配在一起,保证装配精度。这种方法的优点是简单,但工人挑选零件的时间较长,而装配精度在很大程度上取决于工人的技术水平,不宜用于大批量的流水线上装配。

2）分组选配法

此法是先将被加工零件的制造公差放宽几倍（一般 3～4 倍），零件加工后测量分组（公差带放宽几倍分几组），并按对应组进行装配以保证装配精度。分组选配法在机床装配中用得较少，而在内燃机、轴承等大批生产中有一定的应用。

例如，如图 9-6 所示活塞与活塞销的联接情况，根据装配技术要求，活塞销孔与活塞销外径在冷状态装配时应有 0.0025～0.0075mm 的过盈量。但与此相应的配合公差仅为 0.005mm。若活塞与活塞销采用完全互换法装配，且按"等公差"原则分配孔与销的直径公差时，各处的公差只有 0.0025mm。如果配合采用基轴制原则，活塞销外径直径 $d=28_{-0.0025}^{0}$，相应孔的直径 $D=28_{-0.0075}^{-0.005}$。加工这样精度的零件是困难的也是不经济的。

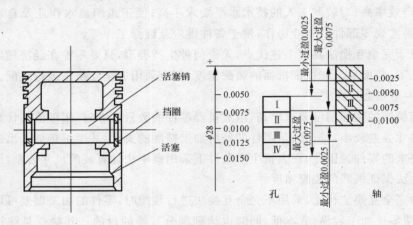

图 9-6　活塞与活塞销联接

生产中将上述零件的公差放大四倍 $d=28_{-0.01}^{0}$，$D=28_{-0.015}^{-0.005}$，用高效率的无心磨床加工，然后用精密量具测量，并按尺寸大小分成四组，涂上不同的颜色以便进行分组装配。具体分组情况见表 9-1。从表中可以看出，各组公差和配合性质与原来的要求相同。

采用分组选配法应当注意以下几点。

（1）为了保证分组后各组的配合精度符合原设计要求，各组的配合公差应相等，配合公差增大的方向应相同，增大的倍数要等于以后的分组数，如图 9-6 所示。

（2）分组不宜过多，以免使零件的储存、运输及装配工作复杂化。

（3）分组后零件表面的粗糙度及形位公差不能扩大，仍按原设计要求制造。

（4）分组后应尽量使组内相配零件数相等，如不相等可专门加工一些零件与之相配。

表 9-1　活塞销与活塞孔直径分组（mm）

组　别	标志颜色	活塞销直径 $d=28_{-0.01}^{0}$	活塞销孔直径 $D=28_{-0.015}^{-0.005}$	配　合　情　况	
				最小过盈	最大过盈
Ⅰ	红	$\phi28_{-0.0025}^{0}$	$\phi28_{-0.0075}^{-0.0050}$		
Ⅱ	白	$\phi28_{-0.0050}^{-0.0025}$	$\phi28_{-0.0100}^{-0.0075}$	0.0025	0.0075
Ⅲ	黄	$\phi28_{-0.0075}^{-0.0050}$	$\phi28_{-0.0125}^{-0.0100}$		
Ⅳ	绿	$\phi28_{-0.0100}^{-0.0075}$	$\phi28_{-0.0150}^{-0.0125}$		

3）复合选配法

此法是上述两种方法的复合，先将零件预先测量分组，装配时再在对应组内凭工人的经验直接选择装配。这种装配方法的特点是配合分差可以不等、装配质量高、速度较快，能满足一定生产节拍的要求。在发动机的气缸与活塞的装配中多采用这种方法。

3．修配法

在单件小批生产中，对于产品中装配精度要求较高的多环尺寸链，各组成环先按经济精度加工，装配时通过修配某一组成环的尺寸，使封闭环的精度达到产品精度的要求。这种装配方法称为修配法。

在装配中，被修的组成环称为修配环，其零件称为修配件。修配件上一般留有修配量，修配尺寸的改变通常采用刨削、铣削、磨削及刮研等方法达到。修配法的优点是能利用较低的制造精度获得很高的装配精度。其缺点是零件修配工作量较大，要求装配工人技术水平高，不易预计工时，不便组织流水作业。

1）修配方法

（1）单件修配法。在多环尺寸链中，预先选定某一固定的零件作修配件，装配时在非装配位置上进行再加工以达到装配精度。例如，图 9-7 所示装配关系中，床身与压板之间的间隙 A_0 靠修配压板的 C 面或 D 面来改变尺寸 A_2，保证 A_2 为修配环。装配时须经过多次试装、测量、拆下修配 C 面或 D 面，最后保证装配间隙 A_0 要求。

（2）合并修配法。将两个或多个零件合并在一起进行加工修配。合并加工所得的尺寸看作一个组成环，这样既减少了组成环的数目，又

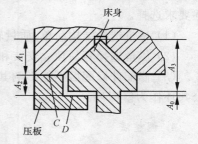

图 9-7　机床导轨间隙装配关系

减少了修配工作量，使修配加工更容易。例如，图 9-1 所示车床尾座装配，为了减

少总装时对尾座底板的刮研量,一般先把尾座和底板的配合面分别加工好,并配刮横向小导轨,然后将两者装配为一体,以底板的底面为定位基准,镗尾座的套筒孔,直接控制尾座的套筒孔至底板面的尺寸,这样,组成环 A_2、A_3 合并为 A_{23} 一个环,使原来三个组成环减少为两个,加工精度容易保证。

合并加工修配法虽有上述优点,但这种方法要求合并零件对号入座(配对加工),给组织生产带来不便,因此,多在单件小批生产中应用。

(3)自身加工修配法。在机床制造业中,常用机床本身有切削加工的能力,在装配中采用自己加工自己的方法来保证某些装配精度,这种方法称为自身加工修配法。

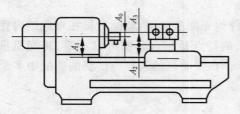

图 9-8　转塔车床的自身加工修配法

如图 9-8 所示的转塔车床,装配后利用在车床主轴上安装的镗刀做切削运动,转塔做纵向进给运动,依次镗削转塔的六个刀具安装孔。经加工,主轴轴线与转塔各孔轴线的等高度、同轴度要求就可方便地达到。若再在主轴上安装一个可以自动径向进给的专用刀具还可分别加工塔上的六个平面,以保证孔与端面的垂直度。此外,平面磨床装配时自己磨削自己的工作台面,以保证工作台面与砂轮轴平行;牛头刨床、龙门刨床等总装时,用自刨工作台平面的方法达到滑枕或导轨与工作台面的平行度要求;立式车床装配时对自己工作台面的"自车"以保证立式车床主轴相对工作台面的垂直度要求;万能铣床总装时,为了保证刀杆支架孔对主轴中心线的同轴度要求,可采用一专用工具对支架锥孔进行修整。自身加工修配法效果理想,加工也较为方便,但必须是具有切削能力的产品才能采用,所以常用于生产的机床制造。

2)修配环的选择

采用修配法来保证装配精度时,正确选择修配环很重要。修配环一般应按下述要求选择。

(1)尽量选择结构简单、质量轻、加工面积小、易加工的零件。

(2)尽量选择容易独立安装和拆卸的零件。

(3)修配件修配后不能影响其他装配精度。因此,不能选择并联尺寸链中的公共环作为修配环。

4. 调整法

对于装配精度要求高而组成较多的尺寸链,可以采用调整法进行装配。调整法和修配法相似,各组成环可按经济精度加工,由此引起的封闭环累积误差的超出部分,通过改变某一组成环的尺寸来补偿。但两者的方法不同,修配法是在装配时通过对某一组成环(修配环)的补充加工来补偿;调整法是在装配时通过调整某一零件的位置或变更组成环(调整环)来补偿封闭环的超差部分。常见的调整法有以下三种。

1) 可动调整法

可动调整法是通过改变调整件的位置来保证装配精度的装配方法。这种方法不必拆卸零件,调整方便,广泛应用于成批和大量生产中。常用的调整件有螺栓、楔铁、挡环等。如图 9-9 所示为一可动调整的装配实例。其中图 9-9(a)是通过螺钉调整轴承间隙;图 9-9(b)是通过调整套筒的位置来保证它与齿轮的轴向位置要求;图 9-9(c)是用调整螺钉使楔块上下移动来调整丝杠和螺母的间隙。

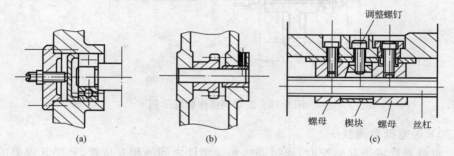

图 9-9　可动调整示例

可动调整法不但用于装配中,而且在零件加工过程中,机床及工艺装备等因磨损、受力变形、热变形等使精度发生变化时,可以及时进行调整以保持和恢复要求的精度。正由于这些突出的优点,该方法在生产中广泛应用。

2) 固定调整法

在装配尺寸链中,选择某一组成环为调整环,将该环按一定的尺寸级别制造一套专用零件,装配时根据各组成环所形成的累积误差的大小,在这套零件中选择一个合适的零件进行装配,以保证装配精度的要求,这种装配方法称为固定调整法。

如图 9-10(a)所示的车床主轴大齿轮装配图,按照装配的技术要求,当隔套(A_2)、齿轮(A_3)、垫圈(固定调整件 A_k)和弹性挡圈(A_4)装在轴上以后,齿轮的轴向间隙 A_0 应在 $0.05 \sim 0.2 \text{mm}$。如图 9-10(b)所示的是尺寸链简图,其中 $A_1 = 115 \text{mm}$,$A_2 = 8.5 \text{mm}$,$A_3 = 95 \text{mm}$,$A_4 = 2.5 \text{mm}$,$A_k = 9 \text{mm}$。如果采用完全互换法进行装配,则各组成环的平均公差

$$T_{av} = \frac{T(A_0)}{5} = \frac{0.2 - 0.05}{5} \text{mm} = 0.03 \text{mm}$$

显然按这样小的公差制造零件是不经济的。如果将尺寸 A_2、A_3 及 A_4 按经济精度加工,装配时暂不装入调整环 A_k,装配后出现"空位",而空位尺寸 A_s 将随 $A_1 \sim A_4$ 各环尺寸的变化而变化。"空位"尺寸 A_s 包括封闭环 A_0 和调整环 A_k 两

个环。由于封闭环的要求是确定的,其公差 $T(A_0)$ 又远小于"空位"尺寸的变动范围 T_s。为了使调整环进入"空位"尺寸后能保证封闭环的要求,调整环的尺寸应随着"空位"尺寸的变化而变化。因此,调整环应是一个变量。

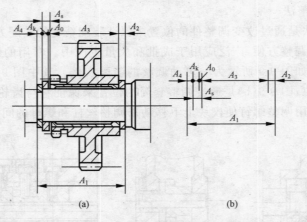

图 9-10　固定调整法装配示例

3)误差抵消调整法

机器部件或产品装配时,通过调整相关零件之间的相互位置,利用其误差的大小和方向,使其相互抵消,以便扩大组成环公差,同时又保证了封闭环的精度和装配方法,称为误差抵消调整法。

采用误差抵消调整法装配时,均需测出相关零部件误差的大小和方向,并需计算出数值。这种方法增加了辅助时间,影响生产率,对工人技术水平要求也较高,但可获得较高的装配精度,一般适用在批量不大的机床装配中。

9.4　装配工艺规程的制定

装配工艺规程是指导装配生产的主要技术文件,制定装配工艺规程是生产技术装配工作的主要内容之一。

9.4.1　制定装配工艺规程的基本原则及原始资料

1. 制定装配工艺规程的原则

(1)在保证产品装配质量的前提下,延长产品的使用寿命。

(2)合理安排装配工序,减少钳工装配工作量,提高效率,缩短装配周期。

(3)尽可能减少作业面积。

2. 制定装配工艺时所需的原始资料

(1) 产品的总装配图、部件装配图和重要的零件图。

(2) 产品的验收标准。它规定产品主要技术性能的检验、试验工作的内容及方法,它是制定装配工艺的主要依据之一。

(3) 产品的生产纲领。

(4) 现有的生产条件主要包括现有的装配工艺条件、车间的作业面积、工人的技术水平以及时间定额标准等。

9.4.2　装配工艺规程的内容

制定装配工艺规程包括以下工作:

(1) 产品分析。根据装配图分析尺寸链,在弄清零部件相对位置和尺寸关系的基础上,根据生产规模合理安排装配顺序和装配方法,编制装配工艺系统图和工艺规程卡片。

(2) 根据生产纲领,选择装配的组织形式。

(3) 选择和设计所需要的工具、夹具和设备。

(4) 规定总装配和部件装配的技术条件和检查方法。

(5) 规定合理的运输方式和运输工具。

9.4.3　制定工艺规程的步骤

1. 进行产品分析

(1) 分析产品样图,装配的技术要求和验收标准。此为读图阶段。

(2) 对产品的结构进行尺寸分析和工艺分析。尺寸分析就是对装配尺寸链进行分析和计算,对装配尺寸链及其精度进行验算,并确定保证达到装配精度。工艺分析就是对产品结构的装配工艺性进行分析,确定产品结构是否便于装配、拆卸和维修。此为审图阶段。在审图中发现属于结构上的问题时,及时会同设计人员加以解决。

(3) 研究产品分解成"装配单元"的方案,以便组织平行或流水作业。

一般情况下装配单元可划分成五个等级:零件、合件、组件、部件和机器。

零件——构成机器和参加装配的最基本单元。大部分零件先装成合件、组件和部件后再进入总装配。

合件——合件是比零件大一级的装配单元。下列情况属于合件:

① 若干个零件用不可拆卸联接法(如焊、铆、热装、冷压、合铸等)装配在一起的装配单元。

② 少数零件组合后还需要进行加工,如齿轮减速器的箱体与箱盖,曲柄连杆机构的连杆与连杆盖等,都要在组合后镗孔。零件对号入座,不能互换。

③ 以一个基准件和少数零件组合成的装配单元,如图 9-11(a)所示。

组件——由一个或几个合件与若干零件组合而成的装配单元。如图 9-11(b)所示的结构即属于组件,其中蜗轮与齿轮为一个先装好的合件,轴为一个基准零件。

部件——一个基准零件和若干个零件、合件和组件组合而成的装配单元。

机器——由上述各装配单元组合而成的整机。

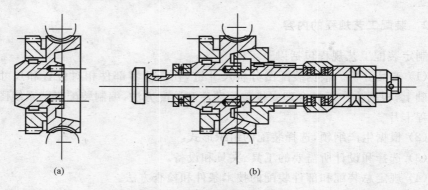

图 9-11　合件和组件示意图

装配单元系统如图 9-12 所示,同一级的装配单元在进入总装前互相独立,可以同时平等装配。各级单元之间可以流水作业。这对组织装配、安排计划、提高效率和保证质量均十分有利。

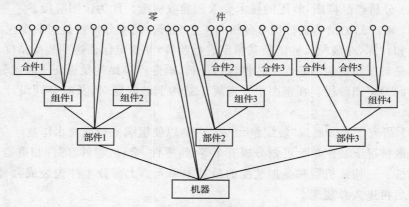

图 9-12　装配单元系统图

2. 确定装配的组织形式

装配的组织形式根据产品的批量、尺寸和重量的大小分为固定式和移动式装配两种。固定式装配工作地点不变。移动式又分为间隙移动和连续移动,其工作地点是随着运输带而移动的。单件小批、重量大的产品用固定装配的组织形式,其余用移动装配的组织形式。

装配的组织形式确定以后,装配方法、工作地点的布置相应也就易于确定。工序的分散与集中以及每道工序的具体内容也根据装配的组成形式而确定。固定式装配工序集中,移动式装配工序分散。

3. 拟定装配工艺过程

(1) 确定装配工作的具体内容。根据产品的结构和装配精度的要求确定各装配工序的具体内容。

(2) 确定装配工艺方法及设备。选择合适的装配方法及所需的设备、工具、夹具和量具等。

当车间没有现成的设备及工、夹、量具时,还需要提出设计任务书,设计工艺装备所需的技术参数可参照经验数据或经试验计算确定。

(3) 确定装配顺序。各级装配单元装配时,先确定一个基准,然后根据具体情况安排其他单元陆续进入装配。如车床装配时,床身是基准件先进入总装,其他的装配单元再依次进入装配。

(4) 确定工时定额及工人的技术等级。目前装配的工时定额都根据实践经验估计。工人的技术等级不作严格规定,但必须安排有经验、技术熟练的工人在关键岗位上操作,把好质量关。

4. 编写装配工艺文件

装配工艺规程设计完成后,以文件的形式将其内容固定下来,此文件称为装配工艺文件,也称为装配工艺规程,其主要内容有装配图(产品设计的装配总图)或装配工序卡片、装配工艺系统图、装配工艺设计说明书等。

装配工艺规程中的装配工艺过程卡片和装配工序卡片的编写方法与机械加工的工艺过程卡和工序卡基本相同。在单件小批量生产中,一般只编写工艺过程卡,对关键工序才编写工序卡。在生产批量较大时,除编写工艺过程卡还需要编写详细的工序卡及工艺守则。

如果在装配过程中需要进行一些必要的配作加工,如配刮、配钻、攻螺纹等,可在装配单元系统图上补充说明工序内容、操作要点等,工艺系统图如图 9-13 所示。它对指导装配分析和编制工艺规程十分有利。

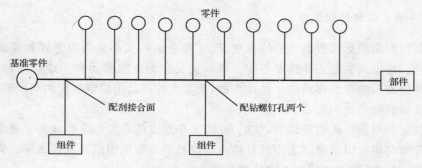

图 9-13　装配工艺系统图

9.4.4　制定装配工艺过程注意事项

（1）预处理工序在前。例如，零件的清洗、倒角、去毛刺和飞边等工序安排在前。

（2）先下后上。先装配机器下部的零部件再装处于机器上部的零部件，使机器在整个装配过程中其重心始终处于稳定状态。

（3）先内后外。使先装部分不成为后续作业的障碍。

（4）先难后易。先装难于装配的零部件，因为开始装配时的活动空间较大，便于安装、调整、检测及机器翻转。

（5）先重大后轻小。一般先安装体积、重量较大的零部件，后安装体积、重量较小的零部件。

（6）先精密后一般。先将影响整台机器精度的零部件安装调试好，再装一般要求的零部件。

（7）安排必要的检验工序。特别是对产品质量和性能有影响的工序，在它的后面一定要安排检验工序，检验合格后方可进行后续装配。

（8）电线、油管的安装工序应合理的穿插在整个装配过程中，不能疏忽。

9.4.5　减速器装配工艺编制实例

图 9-14 为减速器装配简图。减速器的运动由输入轴 1 传来，经小齿轮传至大齿轮，最后由输出轴 19 传出。它具有结构紧凑、工作平稳、噪声小等特点。主要技术有：滚动轴承的轴向间隙为 0.05～0.1mm；齿面接触斑点沿全长不小于 50％，沿齿高不小于 40％；齿侧间隙为 0.185mm 等。滚动轴承的轴向间隙采用调整法装配，即控制零件的加工精度来保证。根据减速器为成批生产、结构简单、尺寸不大，确定其装配组织形式为移动式流水线装配。

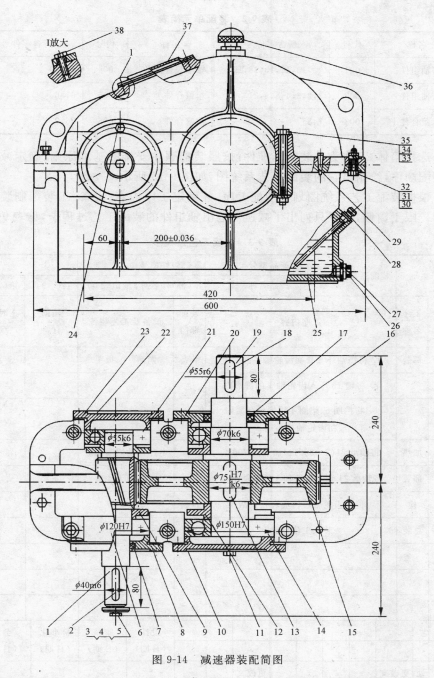

图 9-14　减速器装配简图

　　根据减速器的结构,将其划分为六个装配单元:输入轴组件、输出轴组件、轴承盖合件Ⅰ、轴承盖合件Ⅱ、箱盖合件、油塞合件。它们所包含的零件见表 9-2。

表 9-2　装配单元简表

名称	代号	所含零件号	名称	代号	所含零件号
输出轴组件	001	12,13,14,15,18,19	轴承盖合件Ⅱ	004	17,20
输入轴组件	002	1,2,3,4,5,9,21	箱盖合件	005	6,36
轴承盖合件Ⅰ	003	7,8	油塞合件	006	26,27

　　选择箱体 25 作为总装的基准件,按照装配顺序安排的基本原则,确定减速器的装配顺序,绘制出它的装配工艺系统图,如图 9-15 所示。

　　根据装配工艺系统图划分装配工序,并确定工序内容、设备、工装编制装配工艺卡。限于篇幅,这里只列出了减速器输出轴组件的装配工艺过程卡,见表 9-3。

表 9-3　装配工艺过程卡

工序号	工序名称	工序内容	装配部门	设备及工艺装备	辅助材料	工时定额/min
		装配工艺过程卡片　产品型号　　　零(部)件型号　　　　　　　　　　共( )页　第( )页				
		产品名称　　　　零(部)件名称　输出轴 001				
10	部装	1. 将挡油环 9 套在齿轮轴 1 两端上	装备	铜锤　　扳手		
		2. 将键 13 压入齿轮轴 1 的键槽内				
		3. 将挡圈 5、垫圈 4 用螺栓 3 紧固在齿轮轴的小端				
20	加热	将轴承 21(2—36211)加热到 200℃		电热自动恒温油炉		
30	部装	将轴承 21 套入齿轮轴 1 的两轴承位		钳子	手套	
40	检	检查齿轮轴旋转应轻松灵活	检验			
50	总装	装入工位器具				
				设计（日期）	审核（日期）	标准化（日期）	会签（日期）
标记	处数	更改文件号　签字　日期　标记　处数　更改文件号　签字　日期				

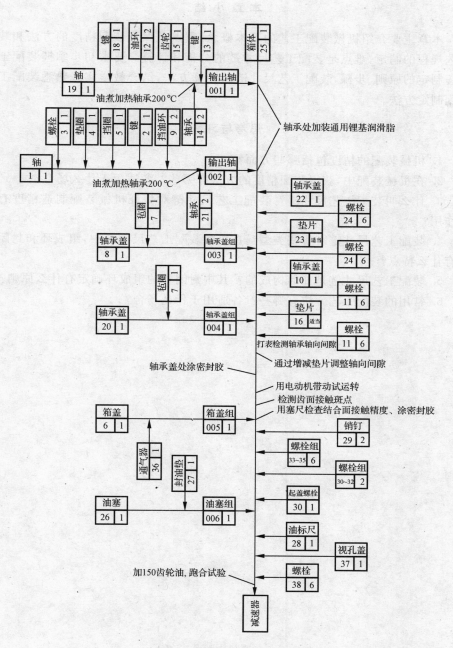

图 9-15　减速器装配工艺系统图

本 章 小 结

　　本章主要介绍机械装配工艺的基本概念,重点是保证装配精度的方法和装配工艺规程的制定,难点是装配工艺尺寸链的分析和计算。要求初步掌握装配工艺规程制定的原则、步骤,装配工艺尺寸链的计算方法,结合教学实践熟悉装配工艺规程制定方法。

思考与习题

　　1. 机械装配的精度包括哪些方面?

　　2. 在机械装配中,获得装配精度的方法有哪些? 各适用于什么场合?

　　3. 什么叫装配工艺尺寸链? 装配工艺尺寸链对保证机械装配制造精度有什么作用?

　　4. 装配工艺尺寸链有哪些类型? 在机械装配工艺尺寸链中,组成环和封闭环各有什么特点?

　　5. 装配工艺尺寸链是如何构成的? 其中封闭环的组成环确定有什么原则?

　　6. 常用的装配工艺方法有哪些? 各适用于什么场合?

参 考 文 献

曹凤国.2004.电火花加工技术.北京:化学工业出版社

傅建军.2004.模具制造工艺.北京:机械工业出版社

高以智 2007.激光原理学习指导.北京:国防工业出版社

何七荣.2003.机械制造工艺与工装.北京:高等教育出版社

李华.2005.机械制造技术.北京:高等教育出版社

李志华.2005.数控加工工艺与装备.北京:清华大学出版社

祁红志.2005.机械制造基础.北京:电子工业出版社

邱建忠.2004.CAXA 线切割 V2 实例教程.北京:机械工业出版社

邵堃.2006.机械制造技术.西安:西安电子科技大学出版社

司乃钧.2001.机械加工工艺基础.北京:高等教育出版社

王明耀等.2003.机械制造技术.北京:高等教育出版社

王先逵.2006.机械制造工艺学.北京:机械工业出版社

王小彬.2006.机械制造技术.北京:电子工业出版社

王晓霞.2007.机械制造技术.北京:科学出版社

魏康民.2006.机械加工技术.西安:西安电子科技大学出版社

曾淑畅.2003.机械制造工艺及计算机辅助工艺设计.北京:高等教育出版社

张亮峰.1999.机械加工工艺基础与实习.北京:高等教育出版社

张亮峰.2006.机械加工工艺基础与实习.北京:高等教育出版社

张晓翠.2007.模具制造工艺学.北京:科学出版社

张永康.2004.激光加工技术.北京:化学工业出版社

赵长旭.2006.数控加工工艺.西安:西安电子科技大学出版社

周炳琨等.2004.激光原理.第 5 版.北京:国防工业出版社

朱焕池.2006.机械制造工艺学.北京:机械工业出版社

朱江峰等.2007.先进制造技术.北京:北京理工大学出版社